普通高等教育机械类"十二五"规划系列教材

中文版UG NX 8.0基础教程

毛炳秋　李云霞　张　俊　唐友亮　编著

U0255484

电子工业出版社
Publishing House of Electronics Industry
北京·BEIJING

内 容 简 介

本书是 Siemens PLM Software 最新推出的 CAD/CAE/CAM 一体化软件——中文版 UG NX 8.0 快速入门教程。全书共 8 章，内容包括 UG NX 8.0 基础知识、绘制曲线、绘制草图、实体建模、曲面造型、装配设计、工程图和综合实例。每一章的最后一节均为操作实例，最后一章通过综合实例完整地介绍零件设计和装配设计等内容。同时，使用本书的读者可通过华信教育资源网（www.hxedu.com.cn）免费下载与本书配套的全部实例文件及习题中全部操作题的答案，详见本书前言。

本书面向 UG 软件的初级和中级用户，除了可作为高等院校机械类相关专业开设的 UG 软件课程的教材外，还可以作为各种培训机构的培训教材，以及企事业单位相关专业技术人员从事三维建模工作的理想参考书。

未经许可，不得以任何方式复制或抄袭本书之部分或全部内容。

版权所有，侵权必究。

图书在版编目（CIP）数据

中文版 UG NX 8.0 基础教程 / 毛炳秋等编著. —北京：电子工业出版社，2012.8
普通高等教育机械类"十二五"规划系列教材
ISBN 978-7-121-17729-3

I. ①中⋯ II. ①毛⋯ III. ①计算机辅助设计－应用软件－高等学校－教材 IV. ①TP391.72

中国版本图书馆 CIP 数据核字（2012）第 170705 号

策划编辑：余　义
责任编辑：余　义
印　　刷：北京季蜂印刷有限公司
装　　订：北京季蜂印刷有限公司
出版发行：电子工业出版社
　　　　　北京市海淀区万寿路 173 信箱　邮编　100036
开　　本：787×1092　1/16　印张：17　字数：457 千字
版　　次：2012 年 8 月第 1 版
印　　次：2019 年 6 月第 11 次印刷
定　　价：34.00 元

凡所购买电子工业出版社图书有缺损问题，请向购买书店调换。若书店售缺，请与本社发行部联系，联系及邮购电话：（010）88254888。

质量投诉请发邮件至 zlts@phei.com.cn，盗版侵权举报请发邮件至 dbqq@phei.com.cn。

服务热线：（010）88258888。

前　　言

　　UG NX 软件是 Siemens PLM Software 推出的 CAD/CAE/CAM 一体化软件，它的功能覆盖了产品设计开发的整个过程，拥有集成的产品开发环境。除具有强大的实体造型、曲面造型、模拟装配、工程图生成等设计功能外，还具有机构运动分析、动力学分析、有限元分析、仿真运行、数控加工等功能；可对建立的三维模型直接生成数控加工代码，用于产品的实际加工；通过网络可以实现设计人员之间数据相关、资源共享，实现多人异地协同工作；利用 UG NX 软件提供的参数化设计功能，可对常用零部件建立部件族，建模时可直接通过输入控制参数进行调用；利用 UG NX 软件内嵌的 Open GRIP 语言等可实现二次开发；UG NX 软件还支持 C++、Java 等常用编程语言，实现面向对象的程序设计。因此，UG NX 软件广泛应用于机械、汽车、航空、电器等众多领域。

　　本书介绍的是中文版 UG NX 8.0 软件的基本功能模块，以产品设计开发的一般过程为主线，通过大量详尽的实例，深入浅出地介绍了 UG NX 软件的 CAD 功能。通过学习本书，能使初学者在较短时间内掌握 UG NX 软件的基本操作方法，并运用于实际工作中。

　　本书编著的指导思想是加强基本理论、基本方法和基本技能的培养，在此基础上以建模为主线，注重操作技能的培养。从曲线和草图入手，逐步向曲面和三维实体延伸；从建立基本形体起步，不断向结构复杂的零件级实体模型深入，最终以灵活掌握常用机械零部件的设计建模、装配建模和工程图生成方法为目的，注重应用性和工程化。

　　参加本书编著工作的有：毛炳秋（第 1、3、7、8 章），李云霞（第 4、6 章），张俊（第 2 章），唐友亮（第 5 章），由毛炳秋负责全书的统稿和校核。

　　由于编者水平所限，缺点和错误在所难免，敬请广大读者批评指正。

　　感谢您选择并阅读本书。为便于阅读和操作训练，可通过以下方式获得本书中的全部实例文件及习题中全部操作题的答案：①请登录华信教育资源网（www.hxedu.com.cn）；②请在"图书搜索"中输入本书书名，并进行检索；③检索到本书后，请单击封面图标进入本书专栏区；④请单击专栏区中"延伸阅读"栏目下的相关链接即可进行下载。

　　如果您在阅读过程中遇到任何疑问，可发送电子邮件至编者邮箱：maobqiu@163.com。

编　者

2012 年 5 月

目 录

第1章

中文版 UG NX 8.0 基础知识

    UG NX 软件是 Siemens PLM Software 新一代数字化产品开发系统，它包含了企业中应用最广泛的集成应用套件，用于产品设计、工程和制造全范围的开发过程，是集 CAD/CAE/CAM 于一体的软件，并且可以通过过程变更来驱动产品更新。UG NX 软件在航空、汽车、机械、电子电器等工业领域已经得到了广泛应用。

    与之前版本的 UG 软件相比，UG NX 8.0 的功能有了进一步提升，如草图尺寸标注可以输入负的数值，这样更利于草图约束；当用户想再次使用已使用过的命令时，在"重复命令"工具条中选择需要重复执行的命令图标，使用过的命令就会再次执行；GC 工具箱中增加了弹簧、齿轮等建模工具。

    本章主要介绍关于 UG 软件的基本概念、主要功能模块、软件界面、文件管理、基本操作、常用工具、信息查询等有关内容。

1.1　UG NX 8.0 界面

1.1.1　UG NX 8.0 软件的启动与退出

1. 启动 UG NX 8.0 软件

启动 UG NX 8.0 软件的方法有三种。

（1）单击"开始"按钮，选择菜单【程序】|【Siemens NX 8.0】|【NX 8.0】，可以启动 UG NX 8.0 软件，如图 1-1 所示。系统加载 UG NX 8.0 启动程序，屏幕上出现启动画面，如图 1-2 所示。软件启动后初始界面如图 1-3 所示。此时还不能进行实际操作，通过新建部件文件或打开已建立的文件，进入相应模块后才能操作。

（2）双击桌面上的快捷图标 可以启动 UG NX 8.0 软件，如图 1-4 所示，后面的过程与上一种方法相同。

（3）双击已有的 UG 文件（如*.prt 格式），可以启动 UG NX 8.0 软件，同时打开该文件。

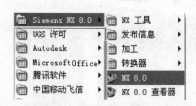

图 1-1　用开始菜单启动 UG NX 8.0 软件　　　　图 1-2　UG NX 8.0 启动画面

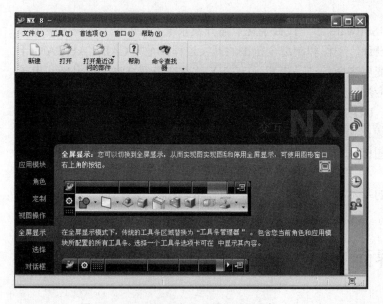

图 1-3　UG NX 8.0 启动后的初始界面　　　　图 1-4　用桌面图标启动 UG NX 8.0 软件

2. 退出 UG NX 8.0 软件

当完成操作工作后可退出 UG NX 8.0 软件，退出方法有两种。

（1）选择菜单【文件】|【退出】，可以退出 UG NX 8.0 软件，如图 1-5 所示。

（2）单击软件主窗口右上角的"关闭"按钮 ⊠ 。

如果在关闭 UG NX 软件前，对现有对象进行了修改或做了新的操作而未保存，则系统将弹出如图 1-6 所示的"退出"对话框，提示是否真的退出，退出时是否保存已做的修改。单击"是-保存并退出"按钮 是 - 保存并退出(Y) ，退出软件系统，并保存已做的修改；单击"否-退出"按钮 否 - 退出(N) ，退出软件系统，不保存已做的修改；单击"取消"按钮 取消(C) ，则不退出软件系统。

如果在关闭 UG NX 8.0 软件前做了保存，则不会弹出上述对话框。

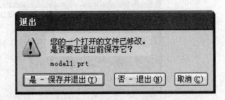

图 1-5　用菜单退出 UG 软件　　　　　图 1-6　"退出"提示对话框

1.1.2　UG NX 8.0 软件的主要功能模块介绍

UG 软件的各种功能都是通过相应的应用模块来实现的，每一个应用模块都是软件的一部分，它们既相对独立，又相互关联。如果需要从一个应用模块切换到另一个应用模块，可单击标准工具条上的"开始"按钮 ，在下拉菜单中选择相应的模块，如图 1-7 所示。

现对 UG 软件的几个主要应用模块及其功能做简要介绍。

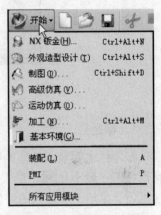

1．基本环境模块

基本环境是所有应用模块的公共运行平台，在该模块下可以新建部件文件，打开已经存在的部件文件，改变部件显示状态，分析部件，输出图纸，执行外部程序，使用在线帮助等。

2．建模模块

建模模块是 UG 软件三维造型模块，也是应用最多的模块。设

图 1-7　切换应用模块

计者可以利用该模块自由地表达自己的设计思想，展示自己的设计才能。在该模块中，曲线功能和曲面功能得到充分的体现，灵活而又形象的工具既可以缩短熟悉软件的时间，又可以提高操作的速度。

3．装配模块

利用装配模块可以进行产品的虚拟装配。该模块支持"自底向上"和"自顶向下"两种装配模式；可以跨越装配层直接访问装配体中的任何部件、组件或子装配体；支持装配过程中的"上下文设计"方法，可在装配模块中改变部件的设计模型。

4．制图模块

制图模块用于制作平面工程图。它具有制作平面工程图的所有功能，既可以根据已建立的产品三维模型自动生成平面工作图，又可以利用其曲线功能直接绘制平面图。当然，UG 软件的功能优势并不在于平面图形的绘制。

除上述模块外，UG 软件还包含了加工模块、运动仿真模块、外观造型设计模块、钣金模块等 20 多个模块。

1.1.3　UG NX 8.0 软件的界面

启动 UG 软件后，进入不同的模块将显示不同的界面。现以建模模块为例介绍 UG 软件界面的组成，如图 1-8 所示。进入建模模块后，UG 工作界面包括标题栏、菜单栏、工具条、工作区、提示栏、状态栏、资源条等。

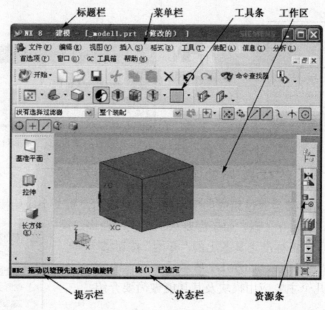

图 1-8　UG 界面的组成

1．标题栏

标题栏主要显示软件的版本、所在模块、当前正在操作的部件文件名称等信息，以及窗口操作按钮（最小化■、最大化■、关闭■）。对于已经做了修改、但尚未保存的部件文件，标题栏还会显示"（修改的）"提示。

2．菜单栏

菜单栏包含软件的主要功能命令，系统所有的命令和设置选项都归置其中。根据各个命令的功能进行分类，划分为若干个主菜单。单击任一主菜单，都会展开下拉式子菜单，其中包含所有与该功能相关的命令选项。

3．工具条

工具条中每一个按钮都对应着一个不同的操作命令，并且工具条中的每一个命令都以图标形式形象地表示命令的功能。使用工具条中的按钮可以免除用户在菜单中查找命令的烦琐，更方便用户使用。因此，使用工具条中的按钮发出操作命令是使用最多的一种方式。

4．工作区

工作区是 UG 软件操作的主要区域，也称为图形窗口。模型的创建、编辑、修改、装配、分析、演示等操作都在该区域完成。

5．提示栏

提示栏用于提示用户如何进行下一步操作。执行命令的每一步时，软件都会自动在提示栏内显示怎样进行下一步操作。

6．状态栏

状态栏用于显示当前操作的结果、鼠标所在位置、图形对象的类型或名称等属性，以帮助用户了解当前所处的状态。状态栏与提示栏处于同一行，位于右端。

使用 UG 软件时，要时刻注意提示栏和状态栏内显示的信息，根据这些信息了解下一步要做的操作及相关操作的结果，以便及时做出调整，这对于初学者尤为重要。

提示栏通常放置在工作区的左上方，状态栏通常放置在工作区的右上方。也可以选择菜单【工具】|【定制】，在弹出的"定制"对话框的"布局"标签中进行设置，将提示栏和状态栏放置在工作区的下方，如图 1-9 所示。

图 1-9　提示栏与状态栏位置的设置

7. 资源条

资源条分为装配导航器、部件导航器、历史记录、加工向导等选项。装配导航器用于显示装配结构，并可以对装配关系进行操作；部件导航器用于显示用户建模过程中的操作记录，可清晰地了解建模的次序和形体对象之间的关系，便于用户查找。也可以直接在导航器中对各种特征对象（UG 中将绘制的各种图形对象称为特征）进行编辑和修改参数。

1.1.4　工具条的定制

工具条在窗口中的放置方式有两种：一种是在绘图区域的四周靠边放置（称为入坞），以尽量减少对绘图区域的挤占；另一种是游离于绘图区域内的任何位置（称为出坞），从外观上看类似于对话框，如图 1-10 所示。

图 1-10　游离的工具条

入坞放置时，鼠标指向工具条左端（水平放置）或上端（竖直放置）的齐缝线，按住鼠标左键拖动，可将工具条移动到窗口的其他边缘位置或出坞；出坞放置时，鼠标指向工具条上的标题行，按住鼠标左键拖动，可将工具条移动到绘图区域内的其他位置或入坞。

首次启动 UG 软件时，系统显示的工具条及工具条上的图标按钮都是默认的，用户可以根据自己的需要重新定制个性化工具条，具体操作有以下几种。

1. 工具条的显示与隐藏

UG 软件各模块的工具条很多，为了使用户能拥有较大的图形操作窗口，通常只将常用的工具条放置在窗口上，而将不用或暂时不用的工具条隐藏起来。显示与隐藏工具条的方法有两种。

（1）鼠标指向任意一个已经显示的工具条，单击鼠标右键，在弹出的快捷菜单中，名称前面带选中标记☑的是已经显示的工具条，名称前面不带选中标记☐的是未显示的工具条。鼠标单击快捷菜单中工具条的名称，相应的工具条在显示与隐藏两种状态之间切换。

（2）选择菜单【工具】|【定制】，或鼠标指向任意一个已经打开的工具条，单击鼠标右键，在弹出的快捷菜单的最下方选择"定制"选项，系统弹出"定制"对话框，如图 1-11 所示。

图 1-11　"定制"对话框

在"定制"对话框的"工具条"标签中进行设置。在"工具条"列表中选中某工具条名称前面的复选框，则该工具条立刻显示在窗口中；若去除某工具条名称前面的复选框，则该工具条立刻被隐藏。

当工具条处于游离状态时，可直接单击工具条右上角的关闭按钮 ✕ 将其隐藏。

2．工具条上按钮图标的显示与隐藏

在已显示的工具条右端（水平放置）或下端（竖直放置）单击"工具条选项"图标 ▾，在显示的快捷菜单中单击相应的图标，则该图标即加入到工具条上，快捷菜单中该命令图标前面会出现选中标记 ☑，如图 1-12 所示。若要隐藏工具条上某一图标按钮，则用同样的方法在快捷菜单中单击已显示的带选中标记 ☑ 的图标，该图标即从工具条上被去除，快捷菜单中该命令图标前面的选中标记消失。

图 1-12　图标按钮的显示与隐藏

1.1.5　菜单及工具条中命令图标的导入

并不是 UG 软件中的所有命令都可以直接从工具条或菜单中调用，有些不常用的命令通常只能从"定制"对话框中调用。为便于调用这些命令，可以将其图标导入到菜单或工具条中，方法如下：在图 1-11 所示的"定制"对话框中选择"命令"标签，在类别列表中选择命令所在位置（如"菜单条"|"插入"|"设计特征"），在命令列表中显示该类别的全部命令名称及图标按钮，用鼠标选择需要导入的命令的图标按钮（如长方体）并拖曳到菜单的相应位置上，则在菜单中显示该命令菜单；同理，若拖曳到相应工具条上，则在工具条上显示该命令的图标按钮，如图 1-13 所示。

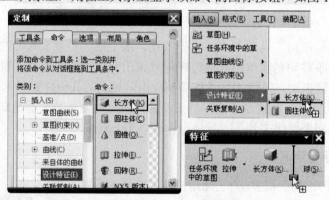

图 1-13　菜单及工具条中命令图标的导入

1.2　UG NX 文件管理

1.2.1　新建部件文件

新建部件文件的方法有两种：一种是选择菜单【文件】|【新建】，弹出"新建"对话框，如图 1-14 所示；另一种方法是单击标准工具条上的"新建"按钮 📄，弹出"新建"对话框。下面对"新建"对话框中各选项的输入或设置加以说明。

1．选择文件类型

文件类型包括模型、图纸、仿真、加工等，如图 1-14①所示。建模时应选择"模型"，对应的部件文件格式为*.prt。

2．选择建模时使用的尺寸单位

尺寸单位包括公制单位毫米和英制单位英寸两种，如图 1-14②所示。

3．命名文件名

在"名称"输入框内输入部件文件的名称，如图 1-14③所示。

4．选择部件文件放置的目录

在"文件夹"输入框内输入部件文件放置的目录名称，或单击输入框右侧的"浏览"按钮，通过文件目录浏览器选择部件文件存放的目录，如图 1-14④所示。

图 1-14 "新建"对话框

"新建"对话框中其他选项按默认设置，所有选项均输入或设置后，单击"确定"按钮 确定 完成新部件文件的建立，并进入建模工作界面。

 新建部件文件时，一旦指定了尺寸单位，文件建立后就不能再更改。

 中文版 UG NX 8.0 软件在默认的情况下，只能识别由英文字母或数字组成的文件名和路径名，不能识别含有中文字符的文件名和路径名，在进行文件管理时特别要加以注意。若要使用含有中文字符的文件名或路径名，应对操作系统的环境变量进行设置。方法是（以 Windows 7 为例）：在桌面上鼠标右键单击"计算机"选择"属性"|左边栏的"高级系统设置"|"环境变量"|"新建"系统变量，在"变量名"文本框输入：UGII_UTF8_MODE，"变量值"文本框输入：1，最后单击"确定"按钮。

1.2.2　打开与保存部件文件

1．打开部件文件

打开部件文件的方法有两种，分别是：

（1）选择菜单【文件】|【打开】，系统弹出"打开"对话框，如图 1-15 所示。

（2）单击标准工具条上"打开"按钮，系统弹出"打开"对话框。

下面就"打开"对话框中各选项的输入或设置加以说明。

（1）在"查找范围"下拉列表框中选择要打开的部件文件存放的目录，如图 1-15①所示。

（2）在"文件类型"下拉列表框中选择要打开的部件文件的类型，如图 1-15②所示。

（3）在文件列表框中选择要打开的部件文件，则该文件名自动输入"文件名"下拉列表框中，如图 1-15③所示，其他选项按默认设置。

（4）单击"OK"按钮，如图 1-15④所示，打开部件文件。

如果要打开的文件是近期访问过的，可直接单击标准工具条上"打开最近访问的部件"按钮，或选择菜单【文件】|【最近打开的部件】，在下拉列表中选择要打开的部件文件，如图 1-16 所示。

图 1-15　打开对话框

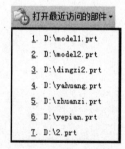

图 1-16　打开最近访问过的部件

2．保存部件文件

保存部件文件的方式有以下几种。

（1）选择菜单【文件】|【保存】，可保存正在操作的工作部件文件和所有已打开并修改过的其他部件文件。

（2）选择菜单【文件】|【仅保存工作部件】，可保存正在操作的工作部件文件。

（3）选择菜单【文件】|【全部保存】，可保存所有已打开并修改过的部件文件及所有顶级装配部件。

（4）选择菜单【文件】|【另存为】，可将正在操作的工作部件以另一文件名保存或保存在另一文件目录下。

（5）单击标准工具条上"保存"按钮，可保存正在操作的工作部件文件和所有已打开并修改过的其他部件文件。

1.2.3　关闭部件文件

1．按钮操作

单击绘图窗口右上角"关闭部件文件"按钮 ![X]，如图 1-17 所示。系统弹出"关闭文件"提示对话框，提示是否真的关闭，关闭时是否保存已做的修改，如图 1-18 所示。

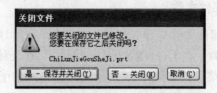

图 1-17　"关闭部件文件"按钮　　　　　　　　图 1-18　"关闭文件"提示对话框

单击"是-保存并关闭"按钮 ![是 - 保存并关闭(Y)]，则关闭所有部件，并保存已做修改的工作部件文件；单击"否-关闭"按钮 ![否 - 关闭(N)]，则关闭工作部件文件，不保存已做的修改；单击"取消"按钮 ![取消(C)]，则不关闭部件文件。

如果关闭部件文件前做了保存，则不会弹出上述对话框。

2．菜单操作

选择菜单【文件】|【关闭】，可在下一级子菜单中选择关闭方式，如图 1-19 所示。

（1）选定的部件　弹出"关闭部件"对话框，从对话框列表中选择要关闭的已打开的部件将其关闭。

（2）所有部件　关闭已打开的所有部件。

（3）保存并关闭　保存所有打开的、并且修改过的部件文件，然后全部关闭。

（4）另存为并关闭　弹出"另存为"对话框，将工作部件文件另存后关闭。

（5）全部保存并关闭　保存所有打开的（修改或未修改）的部件文件，并全部关闭。

（6）全部保存并退出　保存所有打开的（修改或未修改）的部件文件，并全部关闭后退出 UG 软件。

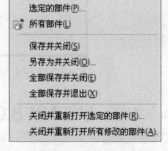

图 1-19　关闭部件文件

（7）关闭并重新打开选定的部件　在弹出的"重新打开部件"对话框中选择需要重新打开的部件文件。

（8）关闭并重新打开所有修改的部件　在弹出的"重新打开部件"对话框中确认该操作，若单击"是"按钮 ![是]，则所有已经打开的部件文件全部关闭后再重新打开；若单击"否"按钮 ![否]，则放弃该操作。

1.2.4　导入与导出部件文件

UG NX 8.0 软件可以和众多知名的 CAD/CAE/CAM 软件及其他图形软件进行数据交换，实现资源共享，如 AutoCAD、Pro/E、CATIA、SolidWorks 等。

1．导入部件文件

导入部件文件是指把其他软件生成的文件导入 UG 系统中，UG NX 8.0 提供了多种格式的

导入形式。选择菜单【文件】|【导入】，出现下一级子菜单，如图 1-20 所示。选择不同的子菜单可导入不同类型的文件，如选择"Parasolid…"，可导入 SolidWorks 软件中生成的文件；选择"Pro/E…"，可导入 Pro/E 软件中生成的文件；选择"AutoCAD DXF/DWG…"，可导入 AutoCAD 软件中生成的文件。此外，还有 CGM、VRML、IGES、STEP203、STEP214、CATIA V4、CATIA V5 等格式。

2．导出部件文件

UG 导出部件文件与导入部件文件类似，利用导出功能可将现有的 UG 文件导出为支持其他类型软件的文件。在 UG NX 8.0 中，提供了 20 余种导出文件格式。选择菜单【文件】|【导出】，出现下一级子菜单，如图 1-21 所示。选择不同的子菜单可将 UG 部件文件导出为不同类型的文件，如选择"DXF/DWG…"，可导出为 AutoCAD 文件；选择"JPEG…"，可导出为 JPG 格式的图片文件；选择"CATIA V4…"，可导出为 CATIA V4 格式的文件。

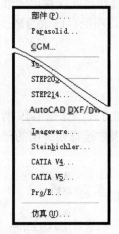

图 1-20　导入部件文件子菜单

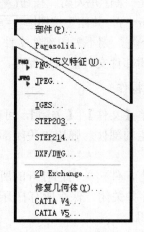

图 1-21　导出部件文件子菜单

1.3　UG NX 8.0 的基本操作

UG NX 8.0 的基本操作包括鼠标与键盘操作、视图操作、首选项操作、图层操作、编辑对象显示、显示与隐藏对象等。

1.3.1　鼠标与键盘操作

在 UG 软件操作过程中，鼠标操作是使用频率最高、可实现的功能最多的操作，如选择、视图平移、旋转、缩放、快捷菜单等。

操作 UG 软件时最好使用三键滚轮鼠标，其功能如表 1-1 所示。

在 UG 软件操作过程中，键盘主要用于输入参数。键盘上部分特殊功能键可以使操作更加便捷。例如：

<Tab>键：在对话框的不同输入区或选择区进行从左至右、从上至下的依次切换；

<Shift+Tab>键：在对话框的不同输入区或选择区进行自下而上、自右而左的依次切换；

<F4>键：重复上一次操作命令；

<F5>键：刷新窗口；

<F6>键：打开或退出视图缩放；

<F7>键：打开或退出视图旋转。

表 1-1   UG NX 8.0 中鼠标功能

鼠标按键	功能	操作说明
左键（MB1）	选择图标按钮、菜单	按鼠标左键
	选择图形对象	
	选择相应功能	
	鼠标拖动	
中键（MB2）	缩放	按<MB1+MB2>或<Ctrl+MB2>并移动鼠标
	平移	按<Shift+MB2>或<MB2+MB3>并移动鼠标
	旋转	按 MB2 并移动光标
	对话框中按钮"OK"或"确定"	单击鼠标中键 MB2
右键（MB3）	快捷菜单	单击鼠标右键 MB3
	推断菜单	指向特征对象，单击鼠标右键 MB3 并保持
	悬浮菜单	在绘图区空白处，单击鼠标右键 MB3 并保持

1.3.2   视图操作

在操作 UG 软件过程中，需要不断地改变观察图形对象的视角，调整视图显示的方式。视图操作的常用图标按钮位于"视图"工具条上，如图 1-22 所示。

图 1-22   "视图"工具条

按照视图操作功能的差别可将其分为三种类型：视图观察方式、视图显示方式、视图观察方向。

1．视图观察方式

视图工具条上提供的视图观察方式图标按钮的功能如表 1-2 所示。

表 1-2   UG NX 8.0 视图观察方式图标按钮功能

图标	名称	功能
	刷新	重新显示窗口中的所有视图
	适合窗口	调整工作视图的比例和中心位置，以显示所有可见对象
	区域缩放	按鼠标左键，拖画矩形，将矩形区域内的视图放大到整个窗口
	放大/缩小	按鼠标左键，上下移动鼠标，相应放大/缩小视图
	平移	按鼠标左键并拖动，以平行移动视图
	旋转	按鼠标左键并拖动，以旋转视图
	透视	将工作视图从平行投影更改为透视投影
	编辑工作截面	编辑工作视图截面或者在没有截面的情况下创建新的截面
	新建截面	创建新的动态截面对象，并在工作视图中将其激活

2．视图显示模式

单击图 1-22 所示"视图"工具条中"渲染样式"图标按钮 右侧的三角图标，可展开一组下拉菜单，提供若干种图形显示的方式，如图 1-23 所示。

（1）带边着色　用光顺着色和打光渲染面（鼠标指向的视图中），并显示面的边缘。

（2）着色　用光顺着色和打光渲染面（鼠标指向的视图中），不显示面的边缘。

（3）带有淡化边的线框　旋转视图时用边缘几何体渲染鼠标指向的视图中的面，使隐藏边淡化并动态更新面。

（4）带有隐藏边的线框　旋转视图时用边缘几何休、不可见隐藏边渲染鼠标指向的视图中的面，并动态更新面。

（5）静态线框　用边缘几何体渲染鼠标指向的视图中的面，旋转视图后必须用"更新视图"指令来校正隐藏边和轮廓线。

（6）艺术外观　按照软件制定的材料、纹理和光源，实际渲染鼠标指向的视图中的面。

（7）面分析　用曲面分析数据渲染鼠标指向的视图中的面，用边缘几何体渲染剩余的面。

（8）局部着色　用光顺着色和打光渲染鼠标指向的视图中的局部着色面，用边缘几何体渲染剩余的面。

3．视图观察方向

单击"视图"工具条中的"定向视图"图标按钮 右侧的三角图标，可展开一组下拉图标，提供若干种图形观察方向，如图 1-24 所示，图中各图标按钮的功能如表 1-3 所示。

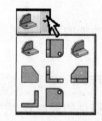

图 1-23　渲染样式　　　　　　　　　　图 1-24　图形观察方向

表 1-3　UG NX 8.0 视图观察方向图标按钮功能

图标	名称	功能	图例
	正二测视图	定位工作视图，以便与正二测视图对齐	
	俯视图	定位工作视图，以便与俯视图对齐	
	正等测视图	定位工作视图，以便与正等测视图对齐	

续表

图标	名称	功能	图例
	左视图	定位工作视图，以便与左视图对齐	
	前视图	定位工作视图，以便与前视图对齐	
	右视图	定位工作视图，以便与右视图对齐	
	后视图	定位工作视图，以便与后视图对齐	
	仰视图	定位工作视图，以便与仰视图对齐	

4．背景色控制

单击"视图"工具条中"背景色"图标按钮 右侧的三角图标，可展开一组下拉菜单，提供四种背景色：浅色背景、渐变浅灰色背景、渐变深灰色背景、深色背景。

⚠ 视图操作只改变观察者相对于图形对象的位置和视角，并不改变图形对象本身的形状、大小、位置等属性。

1.3.3　首选项设置

在特征建模过程中，不同的用户会有不同的建模习惯。在 UG NX 8.0 中，用户可以通过修改设置首选项参数达到熟悉工作环境的目的。包括利用"首选项"来定义新对象、名称、布局和视图的显示参数，设置生成对象的图层、颜色、字体和宽度，控制对象、视图和边界的显示，更改选择球的大小，指定选择框方式，设置成链的公差和方法，以及设计和激活栅格。本节将主要介绍常用首选项参数的设置方法。

1．对象预设置

对象预设置是指对一些模块的默认控制参数进行设置。可以设置新生成的特征对象的属性和分析新对象时的显示颜色，包括线型、线宽、颜色等参数设置。该设置不影响已有的对象属性，也不影响通过复制已有对象而生成的新对象的属性。参数修改后绘制的对象，其属性将会是参数设置对话框中所设置的属性。

选择菜单【首选项】|【对象】，弹出"对象首选项"对话框，如图 1-25 所示。该对话框包括"常规"和"分析"两个选项卡。

（1）"常规"选项卡用于设置图形对象放置的图层，图形对象的类型、颜色、线型、线宽、透明度等属性。

（2）"分析"选项卡用于设置图形对象几何分析元素的显示方式。

2．背景预设置

选择菜单【首选项】|【背景】，弹出"编辑背景"对话框，在对话框中可对背景的显示方式、背景颜色进行设置，如图 1-26 所示。

图 1-25 "对象首选项"对话框

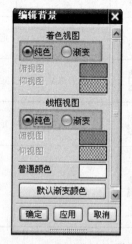

图 1-26 "编辑背景"对话框

3．可视化预设值

选择菜单【首选项】|【可视化】，弹出"可视化首选项"对话框，如图 1-27 所示。下面主要介绍常用的 3 个选项卡。

（1）"颜色/线型"选项卡主要用于设置 UG 操作中涉及的各种图像的颜色（如前景色、背景色、对象预选色、对象选中后的颜色等）、图形轮廓的线型等。

（2）"可视"选项卡主要用于设置 UG 操作中涉及的图像显示方式，如视图的投影方向、渲染方式、轮廓边界显示方式等。

图 1-27 "可视化首选项"对话框

（3）"名称/边界"选项卡主要用于设置对象名称的启用与关闭、视图名称的启用与关闭、视图边界的显示与隐藏等。

1.3.4　图层设置

图层是指放置模型对象的不同层次。在多数图形软件中，为了方便对模型对象的管理，设置了不同的层，每个层可以放置不同属性的对象。各个层不存在实质上的差异，原则上任何对象都可以根据不同需要放置到任何一个图层中。其主要作用就是在进行复杂特征建模时可以方便地进行模型对象的管理。

UG 系统中总共有 256 个图层，每个层上可以放置任意数量的模型对象。在每个组件的所有图层中，只有一个图层为工作图层，所有的工作只能在工作图层上进行。其他图层可以对其可见性、可选择性等进行设置来辅助建模工作。

在 UG NX 8.0 中，图层的有关操作集中在"实用工具"工具条上，如图 1-28 所示。本节将对图层操作命令进行介绍。

图 1-28　图层操作

1．工作图层

用于在建模过程中放置图形对象，可直接切换不同的图层作为工作层。单击"实用工具"工具条中"工作图层切换"图标按钮 1 ，在下拉列表中选择作为工作层的图层名称，则该图层即成为工作层。

2．图层设置

该选项是在创建模型前，根据实际需要、用户使用习惯和创建对象类型的不同对图层进行设置。

单击"实用工具"工具条中图标按钮"图层设置" ，弹出"图层设置"对话框，如图 1-29 所示。利用该对话框，可以对部件中所有图层进行"设为可选"、"设为工作图层"、"设为仅可见"和"设为不可见"等设置，还可以进行图层信息查询，以及对层所属的种类进行编辑操作。

通常在创建比较复杂的模型时，为方便观察和操作，应根据需要隐藏某些图层，或者显示隐藏的图层。

3．移动至图层

该选项将选定的对象从一个图层移动到另一个图层，原图层中不再包含选定的对象。

单击"实用工具"工具条中"移动至图层"图标按钮 ，弹出"类选择"对话框，选择需要移动的对象，单击"确定"按钮后弹出如图 1-30 所示的"图层移动"对话框。选择目标图层后单击"确定"按钮 确定 或"应用"按钮 应用 ，完成操作。

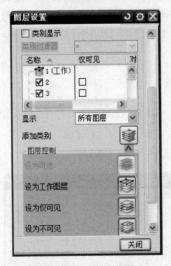

图 1-29　图层设置

图 1-30　"图层移动"对话框

4．复制至图层

该选项将选取的对象从一个图层复制一个备份到另一指定的图层。

单击"实用工具"工具条中"复制至图层"图标按钮 ，其后的操作方法与"移动至图层"类似，二者的不同点在于执行"复制至图层"操作后，选取的对象同时存在于原图层和指定的图层中。

UG 软件"首选项"设置菜单分为"部件设置"菜单和"作业设置"菜单。"部件
设置"菜单所做的设置会随部件文件一起保存，而"作业设置"菜单所做的设置不
能随部件文件保存，只在当前操作中有效，软件重启后需重新设置。另外，有些设
置仅对之后的操作结果有效，对已经完成的操作结果无效。因此，在进入 UG 的每
一个模块时应先做设置，然后再做相应操作。

1.3.5 编辑对象显示

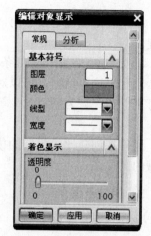

该选项用于编辑或修改特征对象的属性（包括所在图层、
颜色、线型、透明度等）。选择菜单【编辑】|【对象显示】，
弹出"类选择"对话框，利用该对话框在视图工作区选取所需
对象，单击"确定"按钮 确定，弹出"编辑对象显示"对话
框，如图 1-31 所示。

    【编辑对象显示】操作方法及对话框的结构与预设
置菜单【首选项】|【对象】基本相同，但【编辑对象
显示】操作仅仅对选定的对象有效，而【首选项】|
【对象】操作对设置后创建的所有对象有效。

图 1-31 "编辑对象显示"对话框

1.3.6 显示与隐藏对象

在创建较复杂的模型时，通常此模型包括多个特征对象，容易造成大多数观察角度无法
看到被遮挡的特征对象，此时就需要将不操作的对象暂时隐藏起来，先对其遮挡的对象进行
操作。完成后，根据需要将隐藏的特征对象重新显示出来。下面将介绍常用的几种隐藏和显
示操作方法。

1. 主菜单操作

选择菜单【编辑】|【显示和隐藏】，出现下一级子菜单，如图 1-32 所示。各子菜单项说明如下。

（1）显示和隐藏　弹出"显示和隐藏"对话框，单击"+"显示该对象，单击"–"隐藏该
对象，如图 1-33 所示。

图 1-32 "显示和隐藏"菜单列表   图 1-33 "显示和隐藏"对话框

（2）立即隐藏　选择要隐藏的对象，则所选对象立即被隐藏。

（3）隐藏　弹出"类选择"对话框，选择要隐藏的对象，单击"确定"按钮，则所选对象
被隐藏。

（4）显示　弹出"类选择"对话框，选择要显示的对象，单击"确定"按钮，则所选对象
被显示出来。

（5）显示所有此类型的　弹出"选择方法"对话框，选择要显示的对象类型，单击"确定"按钮，则所有该类型的对象被显示出来。

（6）全部显示　显示所有对象。

（7）反转显示和隐藏　将已隐藏的所有对象显示出来，隐藏所有显示的对象。

2．快捷菜单操作

在绘图窗口中用鼠标指向或选择要隐藏的对象，单击右键出现快捷菜单，选择【隐藏】。

3．导航器操作

在部件导航器中选择要隐藏的对象名称并单击右键，在出现的快捷菜单中选择【隐藏】。

1.4　UG NX 8.0 常用工具

1.4.1　点构造器

操作 UG 软件时，经常需要确定某一点的位置，如根据长、宽、高创建长方体时需要指定其原点（顶点）的位置，这时可单击"长方体"对话框中的"点对话框"图标按钮，打开点构造器，如图 1-34 所示。利用点构造器创建点的方法有三类。

1．鼠标捕捉

单击点构造器中的"类型"下拉列表，选择相应的捕捉点的类型，如图 1-35 所示。

图 1-34　点构造器

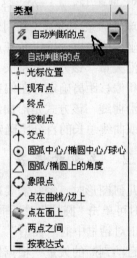

图 1-35　鼠标捕捉点的类型

（1）自动判断的点　根据鼠标所指位置对象特点，由软件自动判断并选择点。这种方法操作简便，但容易产生误判。

（2）光标位置　捕捉鼠标单击时光标所在的位置作为所求的点位。

（3）现有点　捕捉窗口中已经存在的点作为所求的点。

（4）终点　捕捉图线的端点作为所求的点。

（5）控制点　捕捉图线的控制点作为所求的点。

（6）交点　捕捉两相交图线的交点作为所求的点。

（7）圆弧中心/椭圆中心/球心　捕捉圆（圆弧）、椭圆（椭圆弧）或球的中心点作为所求的点。

（8）圆弧/椭圆上的角度　在圆（圆弧）或椭圆（椭圆弧）上捕捉与横向中心轴具有指定中心角的点。

（9）象限点　在圆（圆弧）或椭圆（椭圆弧）上捕捉与中心轴相交的点。

（10）点在曲线/边上　捕捉图线、实体或曲面的边缘上与鼠标单击时光标所在的位置最近的点。

（11）点在面上　捕捉实体表面或曲面上与鼠标单击时光标所在的位置最近的点。

（12）两点之间　捕捉两点连线上按一定百分比分配的点。

（13）按表达式　根据表达式计算得到的点。

2．输入坐标

直接在点构造器中输入点的三维坐标值生成点。可选择"绝对"（绝对坐标系中的坐标）或"WCS"（工作坐标系中的坐标）。

3．采用偏置

根据现有已捕捉到的点或由输入的坐标值确定的点，通过偏置生成新的点。偏置的方式有五种，如图 1-36 所示。

图 1-36　偏置方式

（1）直角坐标系　该方式利用直角坐标系进行偏移，所创建的偏移点的位置相对于参考点的偏移值由直角坐标值确定。确定参考点后在 XC 增量、YC 增量、ZC 增量后的文本框中输入偏移量。

（2）圆柱坐标系　该方式利用圆柱坐标系进行偏移，所创建的偏移点的位置相对于参考点的偏移值由柱面坐标值确定。确定参考点后在半径、角度、ZC 增量后的文本框中输入增量值。

（3）球坐标系　该方式利用球坐标系进行偏移，所创建的偏移点的位置相对于参考点的偏移值由球坐标值确定。确定参考点后在半径、角度 1、角度 2 后的文本框中输入增量值。

（4）沿矢量　该方式利用矢量进行偏移，所创建的偏移点的位置相对于参考点的偏移值由向量方向和偏移距离确定。在偏移时，首先选择直线作为偏移方向，再输入偏移距离。

（5）沿曲线　该方式是沿曲线进行偏移，所创建的偏移点的位置相对于参考点的偏移值由偏移弧长或曲线总长的百分比确定。

1.4.2　矢量构造器

创建几何图形时，经常需要确定方向，如根据直径和高度创建圆柱体时需要指定其轴线的方位，这时可单击"圆柱"对话框中的"矢量对话框"图标按钮，打开矢量构造器，如图 1-37 所示。单击对话框中的"类型"下拉列表，选择相应的矢量构造方式，如图 1-38 所示。

（1）自动判断的矢量　根据鼠标所指位置对象特点，由软件自动判断并选择矢量。这种方法操作简便，但容易产生误判。

（2）两点　指定两个点，以从第一个点指向第二个点的矢量作为所求矢量。

（3）与 XC 成一角度　以 XC 轴为基准，按给定角度形成的矢量。

（4）曲线/轴矢量　选择曲线、实体边缘或基准轴，根据所选对象特点判断矢量的方向。

（5）曲线上矢量　以曲线上指定点的切线、法线或副法线作为所求矢量。

（6）面/平面法向　以曲面或平面上指定点的法向矢量作为所求矢量。

（7）XC 轴（–XC 轴）　以 XC 轴的正方向（负方向）作为所求矢量方向。

（8）YC 轴（–YC 轴）　以 YC 轴的正方向（负方向）作为所求矢量方向。

图 1-38　矢量构造方式

图 1-37　矢量构造器

（9）ZC 轴（–ZC 轴）　以 ZC 轴的正方向（负方向）作为所求矢量方向。

（10）视图方向　使用视图方向来定义矢量。

（11）按系数　根据矢量的方向余弦定义矢量。在对话框中输入矢量的三个方向余弦值，可以采用直角坐标，也可以采用球坐标。

（12）按表达式　根据表达式计算得到矢量的方向。

当软件按照选择的矢量生成方式确定的矢量有多解，且与所要求的矢量指向不相符时，可单击矢量构造器中的反向图标，或备选解图标，在可能的解中进行切换。

1.4.3　平面构造器

创建几何图形时，有时需要指定某一平面位置，如镜像特征对象时需要指定对称面，如果对称面所在位置上没有现成的平面或实体表面，这时可单击"镜像特征"对话框中的"平面对话框"图标按钮，打开平面构造器，如图 1-39 所示。单击对话框中的"类型"下拉列表，选择相应的平面构造方式，如图 1-40 所示。

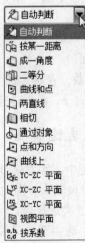

图 1-40　平面构造方式

图 1-39　平面构造器

（1）自动判断　根据鼠标所指位置对象特点，由软件自动判断并选择平面。这种方法操作简便，但容易产生误判。

（2）按某一距离　选定某一平面或实体上平的表面，并向该平面法线方向按给定距离指定一平面。

（3）成一角度　选定某一平面或实体上平的表面，并选定某一线性对象，过该线性对象并与选定平面按给定角度形成的平面。

（4）二等分　选择两个平面或实体上平的表面，在这两个面之间指定一平面。若所选择的两个面相互平行，则在这两个面之间指定与这两个面平行的等距离；若所选择的两个面相交，则在这两个面之间指定与这两个面成相等角度的平面。

（5）曲线和点　在曲线或实体边缘上选择点，根据所选点的位置和数量指定平面。

① 曲线和点　过选择的点并与曲线在该点的切线垂直指定平面。

② 一点　过选择的点并根据该点所属对象的特性指定平面。

③ 两点　过选择的两点中的一点，并垂直于两点连线指定平面。

④ 三点　过选择的三点指定平面。

⑤ 点和曲线/轴　选择一个点和一条曲线（或实体边缘或轴线）对象，过该点和曲线对象（或垂直于其切线）指定平面。

⑥ 点和平面/面　选择一个点和一个平面（或实体上平的表面）对象，过该点并平行于平面对象指定平面。

（6）两直线　选择两条直线（或实体上的直线边缘）对象，若两条直线对象共面，则过这两条直线对象指定平面；若两条直线对象异面，则过其中一条直线并与另一直线平行指定平面。

（7）相切　选择曲面（或实体表面）和参考几何体，指定与所选曲面相切并与参考几何体的特征相对应的平面。

（8）通过对象　选择一几何对象，根据其几何特征指定平面。

（9）点和方向　过选择的点并垂直于选定的矢量指定平面。

（10）曲线上　选择曲线上某一位置的点，过该点按选定的方位指定平面。

（11）*YC-ZC* 平面　指定与 *YC-ZC* 坐标平面平行且相距给定距离的平面。

（12）*XC-ZC* 平面　指定与 *XC-ZC* 坐标平面平行且相距给定距离的平面。

（13）*XC-YC* 平面　指定与 *XC-YC* 坐标平面平行且相距给定距离的平面。

（14）视图平面　过工作坐标系原点，垂直于窗口中当前视图的投影方向指定平面。

（15）按系数　在选定的坐标系下，给定平面方程 $ax + by + cz = d$ 中的四个系数 a、b、c、d，指定平面的位置。

1.4.4　类选择器

在建模过程中，经常需要选择对象，特别是在复杂的建模中，用鼠标直接操作难度较大。因此，有必要在系统中设置筛选功能。在 UG NX 8.0 中提供了类选择器，可以从众多选项中筛选所需的特征。如执行隐藏操作时，选择菜单【编辑】|【显示和隐藏】|【隐藏】，首先弹出"类选择"对话框，如图 1-41 所示。选择要操作的对象时可按以下方法进行筛选。

图 1-41　类选择器

1．对象操作

（1）选择对象⊕　用鼠标直接在窗口中选择对象。

（2）全选⊞　窗口中的对象全部选中。

（3）反向选择⊞　窗口中所有已选中的对象改为不选，所有未选中的对象改为选中。

2．其他选择方法

如通过输入对象名称选择对象，通过选择链选择对象，通过对象特征的父子关系选择对象等。

3．过滤器操作

（1）类型过滤器⊞　只选择限定类型的对象，滤除其他类型的对象，缩小选择范围。

（2）图层过滤器⊠　只选择限定图层的对象，滤除其他图层的对象，缩小选择范围。

（3）颜色过滤器███████　只选择限定颜色的对象，滤除其他颜色的对象，缩小选择范围。

（4）属性过滤器⊡　只选择限定属性的对象，滤除其他属性的对象，缩小选择范围。

1.4.5　坐标系

UG NX 8.0 系统提供了两种常用的坐标系，分别为绝对坐标系 ACS（Absolute Coordinate System）和工作坐标系 WCS（Work Coordinate System）。二者都遵守右手定则，其中绝对坐标系是系统默认的坐标系，其原点位置固定不变，即无法进行变化；而工作坐标系是系统提供给用户的坐标系。在 UG 建模过程中，有时为了方便模型各部位的创建，需要改变坐标系原点位置和旋转坐标轴的方向，即对工作坐标系进行变换。还可以对坐标系本身进行保存、显示或隐藏等操作。

1．创建坐标系

创建坐标系是指根据需要在视图区创建一个新的坐标系，同创建点或矢量类似。选择菜单【格式】|【WCS】|【定向】，或在"实用工具"工具条上单击图标按钮⤵，弹出"CSYS"对话框，如图 1-42 所示。在"类型"下拉列表中选择创建坐标系的方式，如图 1-43 所示。根据不同的创建方式，在对话框中进行设置或输入相应参数或选择相应对象，创建坐标系。

图 1-42　"CSYS"对话框

图 1-43　创建坐标系的方式

2. 变换坐标系

选择菜单【格式】|【WCS】，出现坐标系变换的下一级子菜单，如图1-44所示。选择不同子菜单项可对坐标系做相应变换。

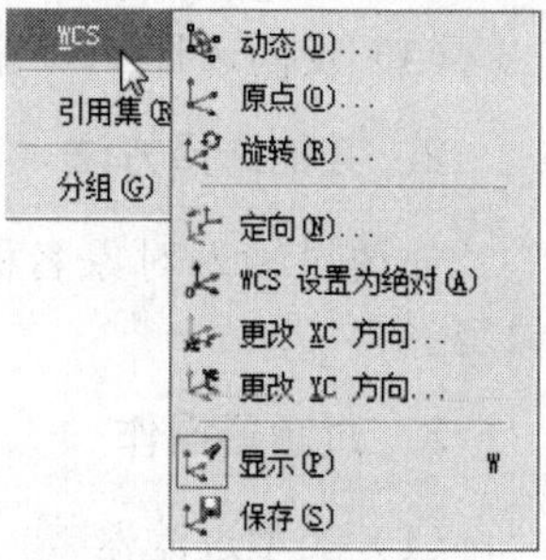

（1）动态 可利用手柄动态移动或重定向工作坐标系 WCS。

（2）原点 平行移动工作坐标系 WCS 的原点。

（3）旋转 绕现有坐标系的某一轴旋转工作坐标系 WCS。

（4）定向 重新定向工作坐标系 WCS 到新的坐标系（可参见 1.4.5 节"1. 创建坐标系"）。

（5）WCS 设置为绝对 将工作坐标系 WCS 移动到绝对坐标系的位置上，并使二者坐标轴重合。

（6）更改 XC 方向 重定向工作坐标系 WCS 的 XC 轴。

（7）更改 YC 方向 重定向工作坐标系 WCS 的 YC 轴。

图1-44 坐标系变换菜单

（8）显示 选择该菜单项（也可以在"实用工具"工具条上单击图标按钮 ），工作坐标系 WCS 在显示和隐藏两种状态之间切换。

（9）保存 在当前工作坐标系 WCS 原点和方位创建坐标系对象并保存，便于在后续建模过程中根据用户需要随时调用。

1.4.6 命令查找器

UG 软件中操作命令非常多，并且按其功能分布在不同的菜单或工具条上。但有些命令不常用或其功能类型难以界定，调用时就很难找到相应的菜单或按钮。UG 软件提供了便捷的命令查找功能。

在"标准"工具条上单击图标按钮 命令查找器，或选择菜单【帮助】|【命令查找器】，弹出命令查找器，如图1-45所示。

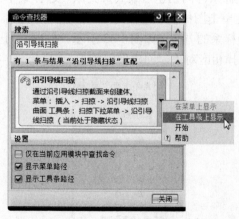

图1-45 命令查找器

在"搜索"区域输入要查找的命令，单击右侧图标按钮 ，搜索结果区域显示搜索到的与之相匹配的命令及其所在位置。当对应的菜单或按钮已经处于显示状态，鼠标指向命令查找器中所列的菜单名称时，主菜单中相应的菜单会立即展开，对应子菜单会高亮显示，单击鼠标左键，则启动该命令；当鼠标指向命令查找器中所列的工具条名称时，如果该工具条已经处于显示状态，则工具条中相应的按钮会高亮显示，单击鼠标左键，会启动该命令。如果查找的命令菜单或工具按钮当前处于隐藏状态，鼠标单击对话框中搜索结果区域右侧的三角符号 ，显示一组菜单，单击菜单"在菜单上显示"或"在工具条上显示"，可将命令添加到相应的菜单或工具条上。

1.4.7 GC工具箱简介

与早期 UG 7.0 版本相比，UG 8.0 增加了 GC 工具箱（NX 中国工具箱）模块。它是 Siemens PLM Software 为了更好地满足中国用户对于 GB（国标）的要求，缩短 NX 导入周期，专为中国用户开发的工具箱，是基于中国机械制图 GB 标准开发的、符合大部分企业基本要求的标准化 NX 使用环境和一系列工具套件。GC 工具箱功能如下。

（1）新的中文字体更加规范、美观　GC 工具箱中提供了仿宋（chinesef_fs），黑体（chinesef_ht_filled），楷体（chinesef_kt）三种常用的中文字体。用户在使用 NX 制图过程中，可以方便选取这些字体输入中文。

（2）GB 制图标准　GC 工具箱提供基于 GB 的标准化的 NX 制图环境，提高模型和图纸的规范化程度。

（3）定制的用户默认设置　GC 工具箱内置了符合 GB 标准的 NX 设置文件（DPV 文件）。

（4）定制的三维模型模板和工程图模板　模型模板中定制了常用的部件属性，规范的图层设置和引用集设置等；工程图模板中提供了图幅为 A0++、A0+、A0、A1、A2、A3、A4 的零件制图模板和装配制图模板；制图模板都按 GB 定制了图框、标题栏、制图参数预设置等；在装配制图模板中按 GB 定制了明细栏。

（5）GB 标准件库　GC 工具箱的标准件库包含轴承、螺栓、螺钉、螺母、销钉、垫片和结构件等共 280 个常用标准件，新的标准件更改了命名规则及相关的属性，使之更加符合国内用户的使用习惯。

（6）齿轮、弹簧等零件的建模工具　齿轮建模工具包含柱齿轮、锥齿轮、格林森锥齿轮、奥林康锥齿轮、格林森准双曲线齿轮、奥林康准双曲线齿轮。设计师可随时编辑齿轮参数，也可方便地创建齿轮啮合状态。齿轮设计工具可以帮助设计师大大节省绘制标准齿轮的时间，提高设计效率。此外，还提供了弹簧建模工具。

（7）属性填写与同步工具　用户可以根据配置文件导入标准的属性，也可以从类似的组件（可选择已打开的或硬盘上的文件）中继承属性。"属性同步"可将主模型和图纸文件进行属性同步，免除两次重复输入的烦恼。

（8）快速尺寸格式工具　客户在标注尺寸时，常常要变换尺寸标注格式。本工具可以大幅提高注释标注效率，减小用户设置的工作量，并大幅提高注释格式的一致性。主要功能包括尺寸查询（可以在复杂的图纸中快速找到你关注的尺寸）、尺寸排序与对齐（可以提高图面质量）、对称尺寸（可以大大提高标注对称尺寸的效率）、孔规格标注符号（可以自动查找相同孔径的孔并添加识别符号）、必检符号、箭头符号、栅格线、坐标标注、技术条件库（可以将企业常用的技术条件集中管理，方便设计师们使用）及其填写工具。

（9）常用制图工具　包括以下制图工具：

① 图纸拼接工具　允许将选择的多张图纸拼接成为一张图纸，以用于打印或发送等目的。用户可以指定输出为 pdf、dxf、dwg 等格式工具，可以帮用户自动过滤非图纸文件，以提高工作效率。

② 明细表输出工具　将装配图中的明细表内容输出为指定格式的 Excel 文件。用户可以指定明细表的格式，可以指定输出的内容，对于 NX 明细表输出到 Excel 的问题带来了很大的方便性。

③ 模板替换工具　可以方便灵活地实现图框替换。

（10）模型质量及标准检查工具。其包含模型文件检查、制图文件检查、装配文件检查，以保证所有模型/图纸均符合规范，便于企业内部文件的共享，避免错误的模型进入下一流程。

　通常 GC 工具箱随 UG 软件一起安装，进入建模或制图模块时会自动出现主菜单项【GC 工具箱】。如果界面上未出现 GC 工具箱，请按以下方法进行设置使 NX 中国工具箱生效：设置环境变量 UGII_LANG = simpl_chinese，UGII_COUNTRY = prc。

通过选择相应的命令，可利用 GC 工具箱查询有关的技术规范、标准，做加工前的准备，以便各种齿轮、弹簧的快速建模。

1. GC 数据规范

选择菜单【GC 工具箱】|【GC 数据规范】，或单击图 1-46 所示的工具条"标准化工具-GC 工具箱"中的相关按钮图标，可检查建模、制图、装配过程中的规范情况，检查模型的属性，检查图层的使用情况，对组件重新命名、导出装配组件等。

2. GC 齿轮建模

选择菜单【GC 工具箱】|【齿轮建模】，展开下一级子菜单，选择其中某一子菜单项或单击图 1-47 所示的工具条"齿轮建模-GC 工具箱"中的相关图标按钮（如"圆柱齿轮建模"图标按钮），可快速生成齿轮的三维模型，如图 1-48、图 1-49 所示。

图 1-46　GC 工具箱　　　　　　　　　　图 1-47　齿轮建模工具箱

图 1-48　齿轮建模操作类型设置　　　　　图 1-49　齿轮建模操作参数设置与建模结果

3. GC 弹簧建模

选择菜单【GC 工具箱】|【弹簧设计】，展开下一级子菜单，选择其中某一子菜单项或单击图 1-50 所示的工具条"弹簧工具-GC 工具箱"中的相关图标按钮（如"圆柱压缩弹簧"图标按钮），可快速生成弹簧的三维模型，如图 1-51、图 1-52 所示。

图 1-50　弹簧建模工具箱

4. 加工准备

选择菜单【GC 工具箱】|【加工准备】，或单击图 1-53 所示的工具条"建模工具-GC 工具箱"中的相关图标按钮，可完成加工前工件及刀具的设置、CAM 后处理及车间文档处理、电极加工任务管理、加工基准的设置。

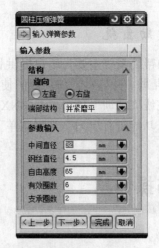

图 1-51　弹簧建模操作类型与参数设置

图 1-52　弹簧建模操作结果　　　　　　　　　　　图 1-53　加工准备工具箱

1.5　信息查询与帮助系统

1.5.1　信息查询

为了了解几何图形或零部件的基本信息，UG NX 8.0 提供了信息查询的功能。

选择菜单【信息】，展开图 1-54 所示的子菜单。对于不同的几何对象，选择不同的子菜单项，可获得不同的信息。图 1-55 所示为选择【对象】子菜单项时某圆柱体的信息窗口。

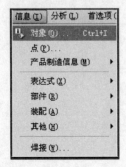

图 1-54　信息查询子菜单　　　　　　　　　　　　图 1-55　信息窗口

1.5.2　帮助系统

UG NX 8.0 的帮助系统主要为用户提供版本信息、在线帮助等功能。选择菜单【帮助】|【关联】，可获得在线帮助，并显示当前功能的使用说明。其中的"手册"按查找内容所处的模块提供相应的信息；在线"培训"包含了 UG NX 8.0 应用的课程，并配备了大量操作实例，尤其适合初学者借助这一功能进行学习。选择菜单【帮助】|【关于 NX】，可获得 UG NX 软件版本的信息。

思考题与操作题

1-1　思考题

1-1.1　如何将"成型特征"工具条添加到 UG 界面中？

1-1.2　如何将"圆锥"图标按钮添加到"成型特征"工具条上？

1-1.3　在新建部件文件时选定的尺寸单位，在建模过程中能否更改？

1-1.4　部件文件名中能否包含中文字符？

1-1.5　部件文件存放的文件目录名中能否包含中文字符？

1-2　操作题

1-2.1　新建一个部件文件，文件名为 part1.prt，存放目录为 D:\Program Files。

1-2.2　显示"特征操作"工具条，并以游离状态放置在绘图窗口的中间。

1-2.3　将绘图窗口的背景颜色设置成普通颜色的纯白色。

1-2.4　查询一个长方体（长 100，宽 80，高 60）的基本信息。

第 2 章

绘 制 曲 线

　　UG NX 8.0 的主要功能是建立三维实体模型，而曲线则是构造实体模型的基础。UG NX 8.0 具有强大的曲线绘制功能，包括基本曲线、复杂曲线及曲线的操作和编辑。实体建模中需要通过实体截面轮廓线的拉伸、回转、扫掠等操作来构造实体。特征建模中，曲线也可以作为建模的辅助线，如定位线、中心线等，还可以将曲线添加到草图中进行参数化设计。

　　本章主要介绍点和各种曲线的创建方法，以及曲线的操作和编辑方法。

2.1　绘制点

2.1.1　点

　　点命令用于创建一个空间中的点，这个点可以建立在任何位置。

　　单击"特征"工具条上"基准/点"下拉列表中的"点"按钮十，或选择菜单【插入】|【基准/点】|【点】，弹出"点"对话框。点可以通过三种方式来创建：在对话框上方通过"类型"下拉列表中的选项捕捉点，在对话框"坐标"中输入坐标值精确创建点，通过指定偏置参数创建点。具体操作方法参见 1.4.1 节。

2.1.2　点集

　　UG NX 8.0 可以通过一次操作创建一组相关点，这些相关点的集合称为点集。点集中的点不能独立生成，而必须依附于曲线、曲面或实体边缘、表面等。

　　选择菜单【插入】|【基准/点】|【点集】，弹出"点集"对话框，如图 2-1 所示。在"点集"对话框中的"类型"下拉列表中包含三种创建点集的方式：曲线点、样条点、面的点。

1. 曲线点

　　"曲线点"主要用于在曲线或实体边缘上创建点集。选择"点集"对话框"类型"下拉列表中的"曲线点"，其"子类型"中有七种产生曲线点的方法。

　　（1）等圆弧长　该方式是在点集的起始点和结束点之间按点间等弧长创建指定数目的点集。用户首先选取要创建点集的曲线或实体边缘，然后确定点集的数目，最后输入起始点和结束点在曲线上的位置（即占曲线长的百分比，如起始点输入 0，结束点输入 100，则表示起始点是曲线的起点，结束点是曲线的终点），如图 2-2 所示。

图 2-1　"点集"对话框

图 2-2　等圆弧长创建点集

（2）等参数　该方式创建点集时，系统以曲线的曲率大小来分布点集的位置，曲率越大，即曲线弯曲程度越大，点间距越小；反之，曲线越平直，则点间距越大。与"等圆弧长"方式的操作步骤相似，用户首先选取要创建点集的曲线，然后确定点集的数目，最后输入起始点和结束点在曲线上的位置，如图 2-3 所示。

（3）几何级数　该方式根据几何比率来设置点集的间距。利用"几何级数"创建点集时，"点集"对话框中多了一个"比率"的文本框，如图 2-4 所示。其操作步骤与上述两种方式类似，只是在设置完其他参数后，还需设置比率值。由这种方法创建的点集，彼此相邻的后两点间的距离与前两点间的距离比为设置的比率值。

（4）弦公差　该方式根据弦高公差设置点集的间距。弦公差是指父曲线与点集中相邻两点形成的弦之间的最大距离。弦公差越小，产生的点越多，反之则越少。在本例中设置"弦公差"为 3，效果如图 2-5 所示。

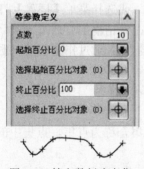

图 2-3　等参数创建点集

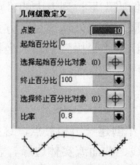

图 2-4　几何级数创建点集

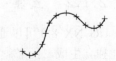

图 2-5　弦公差创建点集

（5）增量圆弧长　利用"增量圆弧长"创建点集需要设置各点之间的圆弧长度，圆弧长度必须等于或小于所选择的曲线的长度，并且大于 0，而系统按圆弧长度的大小来分布点集的位置。而点数的多少则取决于曲线总长及两点间的弧长。在本例中设置"圆弧长"为 20，效果如图 2-6 所示。

（6）投影点　利用"投影点"创建点集是用一个或多个点向选定的曲线作垂直投影，在曲线上生成点集。投影前后对应两点的连线沿曲线的法线方向，且距离最短。在"点集"对话框中选择"投影点"之前，利用"点"工具预先在曲线周围创建一个或多个需要投影的点；或者在"点集"对话框中选择"投影点"之后，利用"投影点定义"中的"点构造器"创建投影点，然后选择投影曲线，生成点集，如图 2-7 所示。

图 2-6　增量圆弧长创建点集

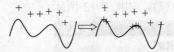
图 2-7　投影点创建点集

（7）曲线百分比　利用"曲线百分比"创建点集是通过曲线上的百分比位置来创建点集的。选择该选项后，首先在绘图区中选择曲线，然后在"曲线百分比定义"中输入百分比，单击"确定"按钮 `确定`。若需继续创建点集，则单击"添加新集"按钮，输入新的百分比，单击"确定"按钮，即可生成点集。

2. 样条点

"样条点"利用样条曲线的定义点、结点或极点来创建点集。单击"点集"对话框"类型"下拉列表框，选择"样条点"，如图 2-8 所示，其"子类型"中有三种产生样条点的方法，包括"定义点"、"结点"和"极点"，现分别介绍它们的功能及用法。

（1）定义点　利用绘制样条曲线的定义点来创建点集。利用"定义点"创建点集时，需要注意的是：首先利用"点构造器"绘制一系列点，然后根据这些特征点作为样条曲线的控制点绘制样条曲线，最后在创建点集时，选取绘制的样条曲线，将原来的点调出来使用，如图 2-9 所示。

（2）结点　利用样条曲线的结点来创建点集。选择"结点"并选取已创建的曲线，系统根据曲线的结点创建点集。

（3）极点　利用样条曲线的控制点来创建点集。选择"极点"并选取已创建的曲线，系统根据曲线的控制点创建点集，如图 2-10 所示。

图 2-8　样条点创建点集

图 2-9　定义点创建点集

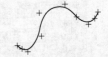
图 2-10　极点创建点集

3. 面的点

"面的点"是通过现有曲面或实体表面上的点或控制点来创建点集的。选择该选项后，系统会提示选取面，"子类型"选项区域下拉列表框中有三种点的选择方式：模式、面百分比、B 曲面极点，如图 2-11 所示。

1）模式

通过现有的曲面或实体表面来创建点集。在"点集"对话框中选择"面的点"，然后在"子类型"中选择"模式",再选取曲面,最后设置"阵列定义"中的"点数"及"图样限制"参数,单击"确定"按钮 确定 生成点集。

(1) 点数   设置表面上点集的点数,其中"U 向点数"表示水平方向的点数,"V 向点数"表示垂直方向的点数,如图 2-12 所示。

图 2-11   面的点创建点集

图 2-12   模式创建点集

(2) 图样限制   设置点集的边界,系统提供了两种点集的边界形式:对角点和百分比。

① 对角点   该方式以对角点限制点集的分布范围。单击"对角点"后,指定起点、终点,以这两点为对角点限制点集的边界。

② 百分比   该方式以表面的百分比限制点集的分布范围。单击"百分比"后,分别设置"起始 U 值"、"终止 U 值"、"起始 V 值"、"终止 V 值"。

2) 面百分比

通过设定点在所选曲面的 U、V 方向上的百分比创建该曲面上的点集。在"点集"对话框中选择"面的点",然后在"子类型"中选择"面百分比",再选取曲面或实体表面,最后设置"面百分比定义"参数,单击"确定"按钮 确定 生成点集。若需创建多个"面百分比"点集,可在前一个点集创建完成之后单击"应用"按钮 应用 ,然后单击"添加新集"按钮 ,即可继续创建点集,如图 2-13 所示。

3) B 曲面极点

根据表面(B 曲面)控制点的方式创建点集。利用该方式创建点集时,根据提示选取 B 曲面,然后单击"确定"按钮 确定 生成点集,如图 2-14 所示。

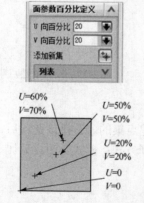

图 2-13   面百分比创建点集

图 2-14   B 曲面极点创建点集

2.2 绘制曲线

2.2.1 基本曲线

基本曲线是建模中最常用的图线。它主要包括直线、圆弧、圆、圆角、裁剪等基本功能。单击"曲线"工具条上"曲线下拉菜单"的"基本曲线"按钮 （若"曲线"工具条上没有此按钮，可通过在"定制"对话框中选择"命令"标签，单击"插入"|"曲线"下的"基本曲线"按钮，将其拖曳至工具条上即可），弹出"基本曲线"对话框，如图 2-15 所示。首先以直线为例介绍一下"基本曲线"对话框中的通用选项。

图 2-15 "基本曲线"对话框

无界——选择"无界"复选框，则创建的直线将沿着起点与终点的方向直至绘图区的边界。只有取消"线串模式"复选框，"无界"复选框才能使用。

增量——选择"增量"复选框，系统将以增量的方式创建直线，在"跟踪条"中输入的坐标值 XC、YC、ZC 是相对于前一点坐标的增量，而不是相对于工作坐标系的值。

点方法——下拉列表框中列出了 10 种点的捕捉方法，用以确定直线的端点。这 10 种"点方法"包括：自动判断的点、光标位置、现有点、端点、控制点、交点、圆弧中心/椭圆中心/球心、象限点、选择面和点构造器。

线串模式——选择"线串模式"复选框，在绘制曲线时，系统会自动以前一段曲线的终点作为下一段曲线的起点连续创建曲线。若需终止连续绘线，单击对话框中的"打断线串"按钮即可。

锁定模式——选择"锁定模式"，新创建的直线平行或垂直于选定的直线，或者与选定的直线有一定的夹角。

解开模式——选择"锁定模式"之后，"锁定模式"按钮即变为"解开模式"按钮。在该模式下，系统将解除对正在创建的直线的锁定，当移动鼠标时，创建的直线可平行于选定直线、垂直于选定直线或与选定直线成一定角度。

平行于——该选项下有三个按钮："XC"、"YC"、"ZC"。单击相应的按钮，可创建平行于坐标轴 XC、YC、ZC 的直线。首先在绘图区选择一点，然后选择 XC（或 YC/ZC），即可创建平行于 XC（或 YC/ZC）的直线。

按给定距离平行于——该选项下有两个单选按钮："原始的"和"新的"。选择"原始的"后，新创建的平行线距离由最初选择的曲线算起；选择"新的"后，新创建的平行线距离由新选择的曲线算起。

角度增量——在"角度增量"的文本框中输入角度增量值，按回车键确定。此时创建的直线方向是角度增量值的倍数。

1. 直线

创建直线的方法有很多种，不同的方法对应的操作步骤不同，下面仅介绍几种常用的创建直线的方法。

1）利用"基本曲线"对话框中的"直线"命令创建直线

单击"基本曲线"对话框中的"直线"按钮◢，在主窗口中弹出"跟踪条"对话框，如图 2-16 所示。

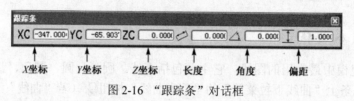

图 2-16 "跟踪条"对话框

（1）两点之间的直线 通过确定直线的两个端点创建直线，有以下三种方法。

① 任意两点创建直线 在绘图区内任意一点单击鼠标左键，此点为直线起点，在另一位置再次单击鼠标左键，确定的点为直线终点，从而创建直线。

② 通过捕捉点创建直线 在"点方法"下拉列表中选择点的捕捉方式，通过捕捉绘图区内几何对象上的点来确定直线的端点。

③ 输入点的坐标精确创建直线 在"跟踪条"对话框中的 XC、YC 和 ZC 文本框中输入直线起点的坐标，按回车键，确定直线的起点；然后继续在"跟踪条"对话框中的 XC、YC 和 ZC 文本框中输入直线终点的坐标，按回车键，确定直线的终点，即可创建直线。

（2）绘制与 XC 成一定角度的直线 利用"点方式"在绘图区捕捉点或在"跟踪条"中的 XC、YC 和 ZC 文本框中输入直线的起点，然后在"跟踪条"对话框中的"长度"文本框和"角度"文本框中输入直线的长度和角度，最后按回车键，即可创建与 XC 成一定角度的直线。

（3）绘制水平或竖直的直线 在绘图区中选取直线的起点，然后在"角度增量"文本框中输入 90，并按回车键，即可创建水平或竖直的直线。

（4）绘制平行于 XC、YC 和 ZC 轴的直线 在绘图区中选取直线的起点，然后单击"基本曲线"对话框中"平行于"选项中欲平行的坐标轴的按钮，最后在"跟踪条"对话框中"长度"文本框中输入直线的长度，即可创建平行于 XC、YC 和 ZC 轴的直线。

（5）绘制与已有直线平行、垂直或成一定角度的直线 在绘图区中选择已有的欲平行、垂直或成一定角度的直线，再在绘图区中选取新建直线的起点，接着移动鼠标，系统会在状态栏中交替显示"平行"、"垂直"，最后在"跟踪条"对话框的"长度"文本框中输入直线的长度。如果绘制的是成一定角度的直线，还需在"跟踪条"对话框的"角度"文本框中输入新建直线与所选直线的夹角值。设置完成后按回车键，即可绘制与已有直线平行、垂直或成一定角度的直线，如图 2-17 所示。

（6）绘制与已知曲线相切或沿法向的直线 在绘图区内选取直线的起点，然后在圆弧上移动鼠标，此时系统状态栏上提示"相切"或"法向"，当鼠标移动到合适的切点或法线位置附近后单击鼠标，即可绘制与已知曲线相切或沿法向的直线，如图 2-18 所示。

图 2-17 绘制与已有直线平行或垂直的直线　　　　图 2-18 绘制与已知曲线相切或沿法向的直线

（7）绘制与一条曲线相切并与另一条曲线相切或垂直的直线　在绘图区内选择第一条曲线，然后在第二条曲线上移动鼠标，系统会在状态栏中显示"相切"或"法向"，当显示所需直线时，单击鼠标左键确定直线终点，即可绘制所需直线。

　绘制曲线的切线时，其结果与鼠标在曲线上捕捉的位置有直接的关系。

（8）绘制两条直线的角平分线　依次选择两条直线（注意：选择时不要选取直线上的控制点），系统自动以这两条直线的理论交点作为新建直线的起点，移动鼠标到两条直线四个夹角中的任意一个来设定直线的方向，然后在"跟踪条"对话框的"长度"文本框中输入直线的长度，或者直接在绘图区内选择一点作为角平分线的终点，即可绘制两条直线的角平分线，如图 2-19 所示。

（9）绘制两平行直线的中线　依次选择两条平行线，系统自动创建两平行线的中线，然后在"跟踪条"对话框的"长度"文本框中输入直线的长度，或者直接在绘图区内选择一点作为中线的终点，即可绘制两平行直线的中线，如图 2-20 所示。

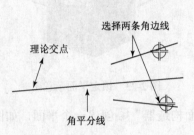
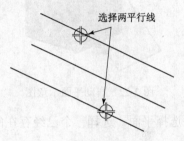

图 2-19　绘制两条直线的角平分线　　　　图 2-20　绘制两平行直线的中线

（10）偏置直线　将"基本曲线"对话框中的"线串模式"复选框关闭，用鼠标选取绘图区中已存在的直线，然后在"跟踪条"对话框的"偏距"文本框中输入偏置值，按回车键或直接单击"基本曲线"对话框中的"确定"按钮即可创建偏置直线。偏置的方向与鼠标相对于已知直线的位置有关，鼠标在选择直线时偏向哪边，则偏置直线就偏向哪边。

2）利用"曲线"工具条中的"直线"命令创建直线

单击"曲线"工具条中的"直线"按钮▱，或选择菜单【插入】|【曲线】|【直线】，弹出"直线"对话框，如图 2-21 所示。

在"直线"对话框中，包含了"起点"、"终点或方向"、"支持平面"、"限制"和"设置"区域，下面介绍各区域的含义。

（1）起点　用于设置直线的起点。在"起点选项"下拉列表中列出了三种指定起点的方式。

① 自动判断▱　系统根据用户选择的对象自动判断最佳的起点约束类型。

② 点＋　利用点捕捉方式选择起点。如果光标处没有现存点，则系统将光标所在的位置作为直线的起点。在该方式下，"点参考"选项有效，"点参考"下拉列表中列出了三种坐标系，通过在鼠标右下角的文本框中输入三个坐标轴上的偏移量定义起点。

③ 相切▱　直线的起点与圆弧、圆或曲线相切。

除以上三种方式可以确定直线的起点外，也可以单击"点构造器"按钮▱，通过"点构造器"定义直线的起点。

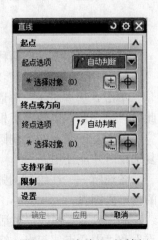

图 2-21　"直线"对话框

（2）终点或方向　用于设置直线的终点，在"终点选项"下拉列表中列出了三种指定终点的方式，与"起点"选项含义相同，在此不再赘述。

（3）支持平面　用于定义新建直线所在的平面，在创建直线的任一步骤中均可修改支持平面，包括以下三种选项。

① 自动平面　系统根据所选择的起点和终点自动判断一个临时的平面，自动平面显示为浅绿色，如图 2-22 所示。

② 锁定平面　系统将使自动平面锁定，此时可以改变起点或终点，但支持平面不发生改变。锁定平面的颜色以当前基准平面颜色显示，如图 2-23 所示。

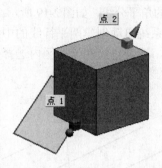

图 2-22　自动平面示意图

图 2-23　锁定平面示意图

③ 选择平面　选择一个已经存在的面或利用"平面构造器" 🔲 创建一个平面，如图 2-24 所示。

（4）限制　用于设置起点和终点的限制距离，包括"起始限制"、"终止限制"和"距离"选项，通过这些选项进一步确定直线的长度。

在"起始限制"及"终止限制"下拉列表中列出了"值"、"在点上"和"直至选定对象"三个选项。

① 值　通过输入数值对直线的起点和终点进行定义。该数值表示从起点测量的长度。

② 在点上　通过选择点来指定直线的起点和终点。

③ 直至选定对象　通过选定面、曲线、边、体或基准平面来定义直线起点和终点的界限。

（5）设置　用于设置创建的直线具有的关系特征，如关联、延伸至视图边界。

2. 圆弧

圆弧的绘制方法有两种，下面分别介绍这两种方法。

1）利用"基本曲线"对话框中的"圆弧"选项创建圆弧

单击"基本曲线"对话框中的"圆弧"按钮 🔘，切换至"圆弧"选项卡，如图 2-25 所示，此时"跟踪器"也做出了相应的变化。

整圆——表示在绘制圆弧时，会以整圆的形式显示。"整圆"复选框仅在取消"线串模式"复选框时才能使用。

备选解——在绘制圆弧时，单击该按钮，系统将显示出与未单击该按钮时创建的圆弧互补的另一段圆弧。

利用"基本曲线"对话框中的"圆弧"选项创建圆弧有两种方法："起点，终点，圆弧上的点"和"中心点，起点，终点"。

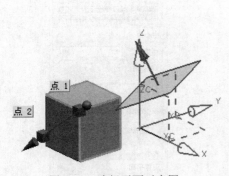

图 2-24　选择平面示意图

图 2-25　"基本曲线"对话框

（1）利用"起点，终点，圆弧上的点"创建圆弧　在绘图区选取三点分别作为圆弧的起点、终点和圆弧上的点，或者在"跟踪条"对话框中的 *XC*、*YC*、*ZC* 文本框中分别依次输入圆弧的起点坐标、终点坐标及圆弧上一点的坐标，在每次坐标输入完成后按回车键，即可创建圆弧，如图 2-26 所示。

（2）利用"中心点，起点，终点"创建圆弧　在绘图区选取三点分别作为圆弧的中心点、起点和终点，或者在"跟踪条"对话框中的 *XC*、*YC*、*ZC* 文本框中分别依次输入圆弧的中心点坐标、起点坐标、终点坐标，在每次坐标输入完成后按回车键，即可创建圆弧，如图 2-27 所示。

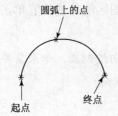

图 2-26　"起点，终点，圆弧上的点"绘制圆弧

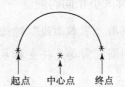

图 2-27　"中心点，起点，终点"绘制圆弧

2）利用"曲线"工具条中的"圆弧/圆"创建圆弧

单击"曲线"工具条中的"圆弧/圆"按钮，或选择菜单【插入】|【曲线】|【圆弧/圆】，弹出"圆弧/圆"对话框，在对话框的"类型"中系统提供了两种创建圆弧的方法："三点画圆弧"和"从中心开始的圆弧/圆"。

（1）三点画圆弧　在绘图区选取两点分别为圆弧的起点和终点，这时曲线上出现可移动的第三点，可以在恰当的位置单击鼠标确定第三点，从而确定圆弧，或在对话框中的"大小"区域的文本框中输入圆弧半径，按回车键确定圆弧。若需要创建圆，则在对话框的"限制"区域选中"整圆"复选框即可，如图 2-28 所示。

（2）从中心开始的圆弧/圆　在绘图区域选取一点作为圆弧/圆的中心，然后在绘图区域的另一位置选取另一点作为圆弧上的点，或在"大小"选项的文本框中输入圆弧的半径，即可创建圆弧，如图 2-29 所示。

"圆弧/圆"对话框中其他各选项的含义可参见"直线"对话框中的选项含义。

3．圆

单击"基本曲线"对话框中的"圆"按钮，切换至"圆"选项卡，如图 2-30 所示。绘制圆的方法有两种。

图 2-28 "三点画圆弧"对话框 　　　图 2-29 "从中心开始的圆弧/圆"对话框

（1）在绘图区选取一点作为圆心，然后移动鼠标在绘图区的另一位置选取一点作为圆上的点，即可创建圆。

（2）在"跟踪条"对话框中的 *XC*、*YC*、*ZC* 文本框中输入圆心坐标，然后在半径或直径文本框中输入半径或直径值，即可创建圆。

绘制一个圆之后，若选中"多个位置"复选框，则在绘图区的其他位置单击鼠标，可创建多个与前一个圆大小相同的圆。

利用"基本曲线"对话框只能在 *XC-YC* 平面方向绘制圆，如果需要在其他方向绘制圆，需要先将坐标系的 *XC-YC* 平面变换到该方向。

4．圆角

圆角命令是在曲线间进行圆弧过渡或者对未闭合的边通过圆角进行圆弧闭合。

单击"基本曲线"对话框中的"圆角"按钮，弹出"曲线倒圆"对话框，如图 2-31 所示。"曲线倒圆"对话框中各选项的含义如下。

方法——"曲线倒圆"有三种方法：简单圆角、二曲线圆角和三曲线圆角。

半径——用于设置圆角的半径值。

图 2-30 "圆"选项卡 　　　图 2-31 "曲线倒圆"对话框

继承——系统继承已有的半径值，后面所倒的圆角均为此半径值。当单击"继承"按钮时，要求选择已有的圆角，选择后系统会将已选择的圆角半径值显示在"半径"文本框中。

修剪第一条曲线——选中该复选框后，系统在倒圆角时修剪选择的第一条曲线。

修剪第二条曲线——选中该复选框后，系统在倒圆角时修剪选择的第二条曲线。

修剪第三条曲线——只有选择了"三曲线圆角"图标时，该复选框才可用。选中该复选框后，系统在倒圆角时修剪选择的第三条曲线。

（1）简单圆角 "简单圆角"用于对两条共面但不平行的直线进行倒圆角。单击"简单圆角"按钮 ，在"半径"文本框中输入圆角半径，然后将鼠标移动至欲倒圆角处，单击鼠标左键，即可按输入圆角半径创建圆角，如图 2-32 所示。

（2）二曲线圆角 "二曲线圆角"是指在空间中任意两条相交直线、两条相交曲线或直线与曲线之间创建圆角。单击"二曲线圆角"按钮 ，在"半径"文本框中输入圆角半径，然后设置"修剪选项"。接着依次选取第一条曲线和第二条曲线，将鼠标移动至欲倒圆角处，单击鼠标左键，即可创建圆角，如图 2-33 所示。

> 利用二曲线倒圆角时，选择曲线的顺序不同，倒圆角的结果也不同。两条曲线间的圆角是沿逆时针方向从第一条曲线到第二条曲线生成的圆弧。

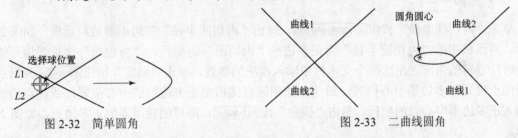

图 2-32 简单圆角　　　　　　　图 2-33 二曲线圆角

（3）三曲线圆角。"三曲线圆角"是指同一平面上任意三条曲线间生成的圆角（三条曲线相交于一点除外），这三条曲线可以是点、直线、圆弧、样条曲线及二次曲线的任意组合。

单击"三曲线圆角"的按钮 ，然后设置"修剪选项"。接着依次选取第一条曲线、第二条曲线和第三条曲线，将鼠标移动至欲倒圆角处，单击鼠标左键，即可创建圆角，如果选取的三条曲线中有圆或圆弧，系统还会弹出一个对话框，其中包含了三个选项："外切"、"圆角在圆内"、"圆角内的圆"，图 2-34(b)、(c)和(d)所示的是这三种方式下所创建的圆角。

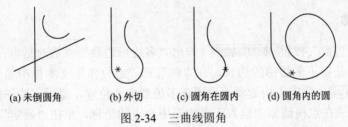

(a) 未倒圆角　　(b) 外切　　(c) 圆角在圆内　　(d) 圆角内的圆

图 2-34 三曲线圆角

2.2.2 矩形

矩形命令是通过选择对角点创建矩形。单击"曲线"工具条中的"矩形"按钮 ，弹出点构造器，在绘图区域中指定矩形的两个对角点的位置，或者在"坐标"文本框中输入两个对角点的坐标值，即可创建矩形。

> 矩形命令只能绘制位于 XC-YC 平面方向，且边与坐标轴平行的矩形。

2.2.3 正多边形

正多边形广泛地应用于工程设计中，如六角螺母、冲压锤头、滑动导轨等各种外形规则的零件。单击"曲线"工具条中的"多边形"按钮⊙，弹出"多边形"边数输入对话框，如图 2-35 所示，在"边数"文本框中输入欲创建的多边形的边数，单击"确定"按钮 确定 。接着弹出"多边形"类型对话框，如图 2-36 所示。系统提供了"内切圆半径"、"多边形边数"、"外接圆半径"三种创建多边形的方式，分别介绍如下。

图 2-35 "多边形"边数输入对话框　　　　图 2-36 "多边形"类型对话框

1. 内切圆半径

单击"内切圆半径"按钮 内切圆半径 ，弹出"内切圆半径"多边形参数对话框，如图 2-37 所示。对话框中的"内切圆半径"为正多边形"内切圆"的半径，"方位角"为正多边形绕中心逆时针旋转的角度，在这两个文本框中输入相应的参数，单击"确定"按钮 确定 ，弹出点构造器用于设置正多边形中心位置，最后在绘图区直接指定正多边形的中心位置，或在点构造器中输入正多边形中心点的坐标，单击"确定"按钮 确定 ，即可创建所需的正多边形，如图 2-38 所示。

图 2-37 "内切圆半径"多边形参数对话框　　　　图 2-38 按内切圆半径创建正多边形

2. 多边形边数

单击"多边形边数"按钮 多边形边数 ，弹出"多边形边数"参数对话框，如图 2-39 所示。对话框中的"侧"是指正多边形的边长，在"侧"和"方位角"文本框中输入相应的参数，单击按钮"确定" 确定 ，弹出点构造器，设置正多边形中心位置，最后在绘图区域直接指定正多边形的中心位置，或在点构造器中输入正多边形中心点的坐标，单击"确定"按钮 确定 ，即可创建所需的正多边形，如图 2-40 所示。

图 2-39 "多边形"边数参数对话框　　　　图 2-40 按边长创建正多边形

3．外接圆半径

单击"外接圆半径"按钮 外接圆半径 ，弹出"外接圆半径"多边形参数对话框，如图 2-41 所示。对话框中的"圆半径"是指多边形外接圆的半径，在"圆半径"和"方位角"文本框中输入相应的参数，单击"确定"按钮 确定 ，弹出点构造器设置正多边形中心位置，在绘图区直接指定正多边形的中心位置，或在点构造器中输入正多边形中心点的坐标，即可创建所需的正多边形，如图 2-42 所示。

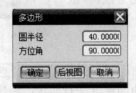

图 2-41 "外接圆半径"多边形参数对话框　　　图 2-42 按外接圆半径创建正多边形

2.2.4 椭圆

椭圆是在建立模型过程中常用的曲线。单击"曲线"工具条上的"椭圆"按钮 ⊙ ，或选择菜单【插入】|【曲线】|【椭圆】，弹出点构造器，用于设置椭圆中心的位置，选取椭圆中心之后，单击点构造器中"确定"按钮 确定 ，弹出"椭圆"对话框，设置椭圆的各参数，即可创建椭圆，如图 2-43 所示。

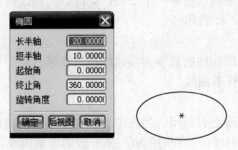

图 2-43 创建椭圆

椭圆对话框中各参数的含义如下。

长半轴和短半轴——椭圆有长轴和短轴。长轴为椭圆的最长直径，短轴为最短直径。长半轴和短半轴为长轴和短轴的一半，如图 2-44 所示。

起始角和终止角——画椭圆弧时沿逆时针绕 ZC 轴旋转，起始角和终止角用来确定椭圆弧的起始和终止位置，如图 2-45 所示。

旋转角度——椭圆的长轴相对于 XC 轴沿逆时针方向倾斜的角度。

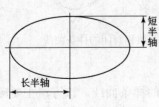

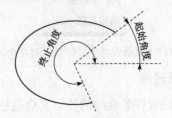

图 2-44 长半轴与短半轴　　　　　　图 2-45 起始角与终止角

2.2.5 样条曲线

样条曲线是根据设定的点来拟合的曲线或是通过多项式方程产生的曲线。在 UG 中所创建的样条曲线都是 NURBS 曲线。

图 2-46 "样条"对话框

单击"曲线"工具条中的"曲线下拉菜单"|"样条"按钮 ～，或选择菜单【插入】|【曲线】|【样条】，弹出"样条"对话框，如图 2-46 所示。"样条"对话框中提供了四种创建样条曲线的方法："根据极点"、"通过点"、"拟合"、"垂直于平面"。

1. 根据极点

通过设定样条曲线的各个控制点来生成样条曲线。单击"根据极点"按钮 根据极点 后，弹出"根据极点生成样条"对话框，如图 2-47 所示。控制点的创建方法有两种：使用点构造器定义点和从文件中读取控制点。

1）曲线类型

用于设置样条曲线的类型，包括"多段"和"单段"两种类型。

（1）多段　产生样条曲线时，所绘制的样条曲线必须与"根据极点生成样条"对话框中的"曲线阶次"的设置相关。此时，样条曲线的控制点数目必须大于曲线的阶次。如果曲线阶次为 3，则样条曲线最少应有 4 个控制点才能够创建一个节段的样条曲线；如果有 5 个控制点，则可以创建两个节段的样条曲线。

（2）单段　所创建的样条曲线只有一个节段，此时，"曲线阶次"和"封闭曲线"两个选项不可用，即单段样条曲线不能封闭。

2）曲线阶次

用于设置曲线的阶数，即曲线的数学多项式的最高次幂。用户设置的控制点数量必须大于曲线的阶数，否则无法创建样条曲线。

3）封闭曲线

用于设置生成的样条曲线是否封闭。当选中该复选框时，所创建的样条曲线的起点与终点重合，生成一条封闭的样条曲线，否则将生成一条开放的样条曲线，如图 2-48 所示。

4）文件中的点

用于从已有文件中读取控制点的数据，该选项仅用于创建多段的样条曲线。

图 2-47 "根据极点生成样条"对话框

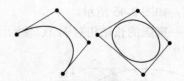

图 2-48 开放和封闭的样条曲线

2. 通过点

通过设置样条曲线的各定义点创建一条通过各定义点的样条曲线。该方法主要应用于逆向工程或已知各定义点的数据而构造样条曲线，它可以精确地控制曲线的形状和尺寸。"通过点"与"根据极点"方法的区别在于生成的样条曲线是否通过每个控制点。

单击图 2-46 中"通过点"按钮 通过点，弹出"通过点生成样条"对话框，如图 2-49 所示。与"根据极点生成样条"对话框相比，这里多了"指派斜率"和"指派曲率"两项。同样地，可以通过点构造器定义点和从文件中读取控制点两种方式来创建控制点。

指派斜率——当使用了"文件中的点"按钮后，该按钮可用，用于设置创建的样条曲线通过定义点时的斜率，从而控制样条曲线的形状。

指派曲率——当使用了"文件中的点"按钮后，该按钮可用，用于设置创建的样条曲线通过定义点时的曲率，从而控制样条曲线的形状。

单击"确定"按钮 确定，系统弹出"样条"对话框，如图 2-50 所示。该对话框提供了四种定义点的方式："全部成链"、"在矩形内的对象成链"、"在多边形内的对象成链"及"点构造器"。前三种方式要求用户在选择创建样条曲线功能之前预先定义好足够多的点，以便进行选取；而最后一种方式则可以利用点构造器来指定定义点，其中最常用的是最后一种方式。

图 2-49 "通过点生成样条"对话框

图 2-50 "样条"对话框

全部成链——选择起点和终点间的点集作为定义点来创建样条曲线。单击该按钮后，弹出"指定点"对话框，根据提示栏依次选择样条曲线的起点和终点，系统将自动辨别选择起点和终点之间的点集，并以此创建样条曲线。

在矩形内的对象成链——利用矩形框选择样条曲线的点集作为定义点来创建样条曲线。单击该按钮后，根据提示栏确定矩形框的第一角点和第二角点，接着在矩形框选中的点集中选择样条曲线的起点与终点，系统将自动辨别选择起点和终点之间的点集，并以此创建样条曲线。

在多边形内的对象成链——利用多边形选择样条曲线的点集作为定义点来创建样条曲线。单击该按钮后，根据提示栏依次选取多边形的顶点，接着在多边形选中的点集中选择样条曲线的起点与终点，系统将自动辨别选择起点和终点之间的点集，并以此创建样条曲线。

点构造器——利用点构造器来定义样条曲线的各定义点，从而创建样条曲线。单击该按钮后，弹出点构造器，系统提示指定样条曲线的定义点，完成定义点之后，单击点构造器中的"确定"按钮 确定，弹出"指定点"对话框，单击"是"按钮，接着将弹出"通过点生成样条曲线"对话框。在该对话框中，可以通过"指定斜率"或"指定曲率"选项定义样条曲线，也可接受默认参数设置，直接单击"确定"按钮 确定，创建样条曲线，如图 2-51 所示。

(a) 定义曲线生成的点   (b) 生成的样条曲线

图 2-51 利用点构造器创建样条曲线

3．拟合

拟合命令是以拟合（即样条曲线上的点与定义点之间距离的平方和最小）方式创建样条曲线的。单击图 2-46 中"拟合"按钮 拟合 ，弹出"样条"对话框，如图 2-52 所示。该对话框提供了五种定义点的方式：全部成链、在矩形内的对象成链、在多边形内的对象成链、点构造器及文件中的点。这些方式在前面都已经做过介绍，在此不再赘述。选择其中一种方式，按照前面所介绍的方法确定样条曲线的定义点，单击"确定"按钮 确定 ，系统弹出"用拟合的方法创建样条"对话框，如图 2-53 所示，提示用户选择拟合方法并进行相应的设置。接着单击"确定"按钮 确定 ，即可创建样条曲线。

图 2-52　"样条"对话框　　　　图 2-53　"用拟合的方法创建样条"对话框

1）拟合方法

用于选择创建样条曲线的拟合方式，其中提供了三种拟合方式。

（1）根据公差　根据样条曲线与定义点之间的最大许可公差来创建样条曲线。选择这种拟合方法，可以在"曲线阶次"和"公差"文本框中输入样条曲线的阶次和样条曲线与定义点之间的最大许可公差来设置样条曲线。

（2）根据分段　根据样条曲线的节段数生成样条曲线。选择这种拟合方法，可以在"曲线阶次"和"段数"文本框中输入样条曲线的阶次和样条曲线的节段数来设置样条曲线。

（3）根据模板　根据模板样条曲线生成曲线，曲线的阶次和结点顺序均与模板曲线相同。选择这种拟合方法，还需定义一条模板样条曲线。

2）赋予端点斜率

用于指定样条曲线的起点和终点的斜率。

3）更改权值

用于设置所选数据点对样条曲线形状影响的加权因子。加权因子越大，样条曲线越接近所选数据点，反之，则远离。若加权因子为零，则在拟合过程中系统将会忽略所选数据点。

4．垂直于平面

垂直于平面命令以垂直于平面的曲线生成样条曲线。单击图 2-46 中"垂直于平面"按钮后，弹出"样条"对话框，如图 2-54 所示，此时系统提示用户选择样条垂直的起始平面。先选择或通过平面子功能定义起始平面，然后选取起始平面上的起

图 2-54　"样条"对话框

点，接着选择或通过平面子功能定义下一平面，再指定样条曲线的方向，继续选取所需的平面，即可生成一条样条曲线。利用该方式生成样条曲线时，样条曲线与之垂直的参考平面最多不超过 100 个。

2.2.6 螺旋线

螺旋线通常用于螺旋槽特征的扫描轨迹线，如螺钉、螺母、螺杆和弹簧等零件。螺旋线由多个圈构成，并在规律曲线的基础上创建。

单击"曲线"工具条上"曲线下拉菜单"中的"螺旋线"按钮，弹出"螺旋线"对话框，如图 2-55 所示。其中各选项的含义介绍如下。

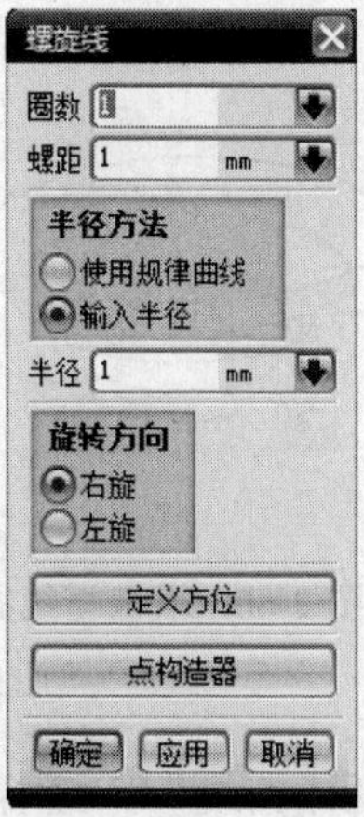

1．圈数

用于设置螺旋线的圈数，其值应大于 0，可以是整数，也可以是小数。

2．螺距

用于设置螺旋线相邻两圈对应点之间的轴向距离。

3．半径方法

用于设置螺旋线旋转半径的方式，包括"使用规律曲线"和"输入半径"两种方式。

图 2-55　"螺旋线"对话框

1）使用规律曲线

该方式用于设置螺旋线半径按一定的规律法则进行变化。单击"使用规律曲线"单选按钮后，系统弹出"规律函数"对话框，如图 2-56 所示，该对话框提供了七种规律函数来控制螺旋半径沿轴向的变化。

（1）恒定　用于创建恒定半径的螺旋线。单击"恒定"按钮，系统弹出"规律控制"对话框，在对话框的"规律值"文本框中输入规律值，单击"确定"按钮，最后在绘图区内指定基点即可创建恒定半径螺旋线，如图 2-57 所示。

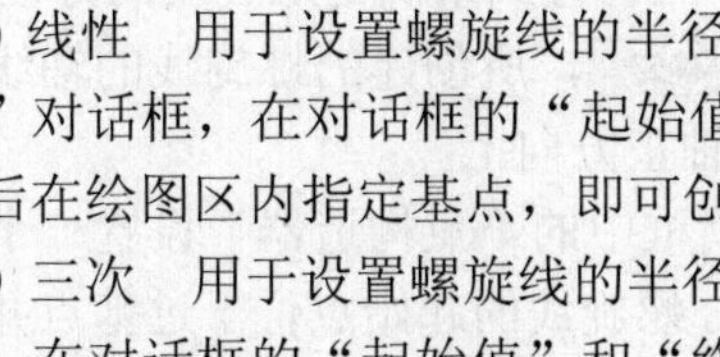

图 2-56　"规律函数"对话框

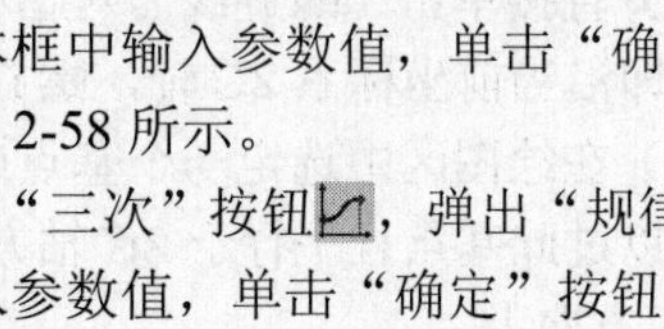

图 2-57　"规律控制"对话框和恒定螺旋线

（2）线性　用于设置螺旋线的半径沿轴线按线性规律变化。单击"线性"按钮，弹出"规律控制"对话框，在对话框的"起始值"和"终止值"文本框中输入参数值，单击"确定"按钮，最后在绘图区内指定基点，即可创建线性螺旋线，如图 2-58 所示。

（3）三次　用于设置螺旋线的半径按三次方变化。单击"三次"按钮，弹出"规律控制"对话框，在对话框的"起始值"和"终止值"文本框中输入参数值，单击"确定"按钮，最后在绘图区内指定基点，即可创建三次螺旋线，如图 2-59 所示。

（4）沿着脊线的值（线性）　用于创建沿脊线变化的螺旋线，其变化形式为线性的。首先创建一条曲线，单击"沿着脊线的值（线性）"按钮，系统将提示选取一条脊线，选择刚才创建的曲线，再利用点创建功能指定脊线上的点，并确定螺旋线在该点处的半径即可，如图 2-60 所示。

44

 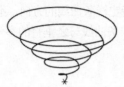

图 2-58 "规律控制"对话框和线性螺旋线

图 2-59 "规律控制"对话框和三次螺旋线

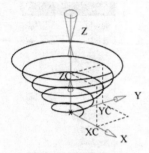

图 2-60 沿着脊线的值
（线性）创建螺旋线

（5）沿着脊线的值（三次）　用于创建沿脊线变化的螺旋线，其半径变化形式呈三次方。单击"沿着脊线的值（三次）"按钮，系统将提示选取一条脊线，使螺旋线沿此脊线变化，再选取脊线上的点并输入该点处的半径即可。该方式与"沿着脊线的值（线性）"最大的差别就是，螺旋线在旋转时半径的变化方式，前一种按线性变化，而该方式则按三次方变化。

（6）根据方程　用于创建指定的运算表达式控制的螺旋线。在利用"根据方程"方式创建螺旋线之前，首先必须定义方程。选择菜单【工具】|【表达式】，在弹出的"表达式"对话框中定义表达式。然后单击"螺旋线"按钮，在"螺旋线"对话框中选择"使用规律曲线"，接着在弹出的"规律函数"对话框中单击"根据方程"按钮，此时，系统将提示指定 X 方向上的变量和运算表达式，继而依次完成 Y 和 Z 方向上的变量与表达式即可创建螺旋线。

（7）根据规律曲线　利用规律曲线决定螺旋线的旋转半径来创建螺旋线。单击"根据规律曲线"按钮，根据系统提示首先选取一条规律曲线，然后再选取一条基线来确定螺旋线的方向，最后再选取螺旋线的基点，即可创建螺旋线。

2）输入半径

该方式用于以数值的方式决定螺旋线的旋转半径，而且螺旋线每圈之间的半径值相同。当选中该方式时，可以在"半径"文本框中输入螺旋线的半径值。

4．旋转方向

用于设置螺旋线的旋转方向，包括"右旋"和"左旋"两种。

（1）右旋　螺旋线的旋转方向符合右手螺旋定则。

（2）左旋　螺旋线的旋转方向符合左手螺旋定则。

5．定义方位

用于选择直线或边来定义螺旋线的轴向。系统提供了三种方式来确定螺旋线的方位。

（1）直接单击"螺旋线"对话框中的"确定"按钮，所创建的螺旋线的轴线为默认方向，即沿当前坐标系 ZC 轴，螺旋线的起始点位于 XC 轴正方向上。

（2）在绘图区中选定一个基点或利用"螺旋线"对话框中的"点构造器"设置一个基点，则系统以过此基点且平行于 ZC 轴方向作为螺旋线的轴线，螺旋线的起始点位于过基点并平行于 XC 轴正方向上。

（3）在对话框中单击"定义方位"按钮，弹出"指定方位"对话框，并提示选择 Z 轴，用鼠标在绘图区选择一条直线或一边作为 Z 轴，以选择点与其距离最近的直线端点的方向作为 Z 轴的正方向；继续选择一点用来设置 X 轴的正方向；接着，系统提示"定义基点"，选择一点，则过此点且平行于 Z 轴正方向作为螺旋线的轴线，螺旋线的起点位于过基点并平行于 X 轴的正方向。

6．点构造器

用于利用点的设置来定义螺旋线的实际位置。

2.3　编辑曲线

2.3.1　曲线倒斜角

曲线倒斜角命令用于对两条共面的直线或曲线之间的尖角进行倒角。单击"曲线"工具条上"曲线下拉菜单"中的"曲线倒斜角"按钮 ，或选择菜单【插入】|【曲线】|【倒斜角】，弹出"倒斜角"对话框，如图 2-61 所示。系统提供了两种倒斜角的方式：简单倒斜角和用户定义倒斜角。

1．简单倒斜角

用于对两条共面的直线进行倒斜角，产生的两个倒角边偏移值相同。单击"简单倒斜角"按钮，弹出简单"倒斜角"对话框，如图 2-62 所示。在"偏置"文本框中输入倒角的偏移量，单击"确定"按钮 ，弹出"倒斜角"对话框，系统提示用户"指定倒斜角的角"，将鼠标移至即将倒角的角处，单击鼠标左键，即可创建简单倒斜角，如图 2-63 所示。

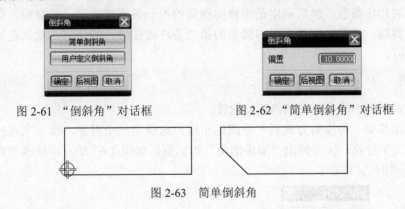

图 2-61　"倒斜角"对话框　　　　图 2-62　"简单倒斜角"对话框

图 2-63　简单倒斜角

2．用户定义倒斜角

用于用户进行自定义倒斜角，可以设置不同的倒角偏移值和倒角角度值。

单击"用户定义倒斜角"按钮，弹出"倒斜角"对话框，如图 2-64 所示，系统提供了三种曲线修剪方式：自动修剪、手工修剪和不修剪。

（1）自动修剪　系统根据倒角参数自动裁剪两条连接曲线。

（2）手工修剪　用户根据需要修剪倒角的两条连接曲线。

（3）不修剪　不修剪倒角的两条连接曲线。

选择其中一种曲线修剪方式之后，弹出"倒斜角"对话框，如图 2-65 所示，需要用户在"偏置"和"角度"文本框中输入倒角的偏移值和倒角角度。

在利用"用户定义倒斜角"方式进行倒角时，系统提供了两种定义倒角尺寸的方法："偏置"与"角度"、"偏置值"。

选择"偏置"与"角度"时，用户需要输入倒角的偏移值和角度值来确定倒角；选择"偏置值"时，用户需要输入倒角的两个偏移值来确定倒角。

图 2-64　用户自定义"倒斜角"对话框

图 2-65　"倒斜角"对话框

2.3.2　编辑圆角

编辑圆角命令用于对两条直线或曲线之间已生成的圆角进行
修改。单击"编辑曲线"工具条上的"编辑圆角"按钮，弹出"编
辑圆角"对话框，如图 2-66 所示。系统提供三种编辑圆角的方式：
"自动修剪"、"手工修剪"和"不修剪"。

图 2-66　"编辑圆角"对话框

1．自动裁剪

选择该方式，系统自动根据圆角来修剪其两连接曲线。

2．手工修剪

该方式用于在用户干预下修剪圆角的两连接曲线。选择该方式后，随后响应系统提示，设
置好对话框中的相应参数，然后确定是否修剪圆角的第一条连接曲线，若修剪，则选定第一条
连接曲线的修剪端，接着确定是否修剪圆角的第二条连接曲线，若修剪，则选定第二条连接曲
线的修剪端即可。

3．不修剪

选择该方式，则不修剪圆角的两连接曲线。

当用户选择其中一种修剪方式后，系统提示用户选择第一个对象，接下来选择要修改的圆
角，再选择第二个对象，接着弹出"编辑圆角"对话框，如图 2-67 所示，修改参数后单击"确
定"按钮　确定　即可。

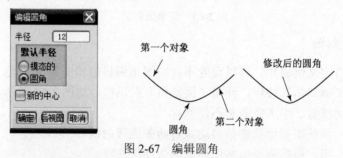

图 2-67　编辑圆角

"编辑圆角"对话框中各选项的含义如下。

1）半径

用于设置圆角的新半径值。

2）默认半径

用于设置上面的"半径"文本框中的默认值。该选项包括两个单选项。

（1）模态的　选择该选项，则"半径"文本框中的默认半径值保持不变，直到在"半径"
文本框中输入新的半径值。

（2）圆角　选择该选项，则"半径"文本框中的默认半径值为所编辑圆角的半径值。

3）新的中心

该选项用于设置新的中心点。可通过设定新的一点改变圆角的大致圆心位置。取消选中该复选框，则仍以当前圆心位置来对圆角进行编辑。

2.3.3　修剪曲线

修剪曲线命令是修剪或延伸曲线到指定的边界对象。根据选择的边界对象（如曲线、边缘、平面、点或光标位置等）和选择需要修剪的曲线段来调整曲线的端点。可延长或裁剪直线段、圆弧、二次曲线或样条曲线。

单击"编辑曲线"工具条上的"修剪曲线"按钮 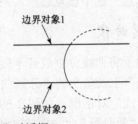，或者选择菜单【编辑】|【曲线】|【修剪】，弹出"修剪曲线"对话框，如图 2-68 所示。

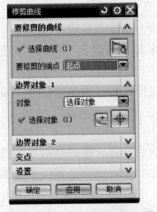

图 2-68　"修剪曲线"对话框

"修剪曲线"对话框给出了修剪曲线的步骤和相关选项，分别介绍如下。

1）要修剪的曲线

用于选择需要修剪的曲线，其中"要修建的端点"指的是曲线的修剪端，"起点"是指修剪曲线的开始端到边界对象的部分，"终点"是指修剪曲线的终点端到边界对象的部分。

2）边界对象 1

用于指定修剪曲线的第一个边界对象。边界对象可以是平面、曲线、点或边缘，也可以是光标当前位置。"指定平面"用于选择基准面作为边界对象。

3）边界对象 2

用于指定修剪曲线的第二个边界对象，该选项为可选的操作步骤。其含义与"边界对象 1"相同。

4）交点

用于确定边界对象与待修剪曲线的交点的判断方式，系统提供了四种交点的确定方法。

（1）最短的 3D 距离　按边界对象与待裁剪的曲线之间的三维最短距离判断两者的交点，然后根据交点修剪曲线。该方法主要用于修剪空间曲线。

（2）相对于 WCS　在当前坐标系 ZC 轴方向上按边界对象与待修剪的曲线之间的最短距离来判断两者的交点，然后再根据交点修剪曲线。

（3）沿一矢量方向　按在设定的矢量方向上边界对象与待修剪的曲线之间的最短距离来判断两者交点，然后再根据交点修剪曲线。

（4）沿屏幕垂直方向　按在当前屏幕视图法线方向上边界对象与待修剪的曲线之间的最短距离来判断两者交点，然后再根据交点修剪曲线。

5）设置

（1）关联　修剪后的曲线与原曲线具有相关性，即若改变原曲线的参数，则修剪后的曲线与边界对象之间的关系自动更新。

（2）输入曲线　用于控制修剪后原曲线的保留方式，包括"保持"（输入曲线不受修剪曲线的影响，仍保持它们初始状态）、"隐藏"（隐藏输入曲线）、"删除"（通过修剪曲线将输入曲线从系统中删除）和"替换"（用已修剪的曲线替换输入曲线）四种。

（3）曲线延伸段　如果要修剪的曲线是样条曲线并且需要延伸到边界，则利用该选项设置其延伸方式，包括"自然"（将样条曲线沿着其端点的自然路径延伸至边界）、"线性"（将样条曲线的端点以线性方式延伸至边界）、"圆形"（将样条曲线的端点以圆形方式延伸至边界）和"无"（不将样条曲线延伸至边界）四种方式。

（4）修剪边界对象　选中该复选框，系统不仅对需要修剪的曲线进行修剪，而且对边界对象也进行修剪。

（5）保持选定边界对象　选中该复选框，当单击"修剪曲线"对话框中的"应用"按钮后，边界对象将保持被选取状态，这样，如果使用原来相同的边界对象修剪其他的曲线，则不用再次选取，只需选取修剪的线串即可。

（6）自动选择递进　选中该复选框，系统按选择进程自动地进行下一步操作。

2.3.4　分割曲线

分割曲线命令用于将曲线分割成若干段，分割后的每一段都是独立的曲线。

单击"编辑曲线"工具条上的"分割曲线"按钮 $\int$，或者选择菜单【编辑】|【曲线】|【分割】，弹出"分割曲线"对话框，如图 2-69 所示。在"分割曲线"对话框的"类型"区域中提供了五种分割方法："等分段"、"按边界对象"、"弧长段数"、"在结点处"和"在拐角上"。

图 2-69　"分割曲线"对话框

1）等分段

以等长或等参数的方法将曲线分割成相同的节段。选择该方式后，"分段长度"选项中包含两种曲线分段分割方式："等参数"和"等圆弧长"。

（1）等参数　根据曲线的参数性质均匀等分曲线。对于直线将等分线段，对于圆弧或椭圆将等分角度，对于样条曲线将以其极点为中心等分角度。

（2）等圆弧长　将曲线的弧长等分。

"段数"文本框用来设定均匀分割曲线的节段数。

利用"等分段"方式分割曲线，首先在"分割曲线"对话框的"类型"区域中选择"等分段", 然后选择需要分割的曲线, 若需要分割的曲线是直线, 将弹出如图 2-70 所示的对话框, 单击"是"按钮; 接着在"段数"文本框中输入等分段数并单击"确定"按钮 确定 即可, 如图 2-71 所示。

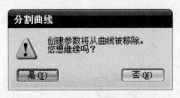

图 2-70　"分割曲线"提示框

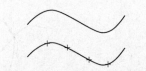

图 2-71　按"等分段"分割曲线

2）按边界对象

该方式是利用边界对象来分割曲线, 边界对象可分别定义为点、直线和平面或表面。在绘图区内选择要分割的曲线, 系统会弹出"分割曲线"对话框, 单击"是"按钮, 接下来选择边界曲线, 单击"确定"按钮 确定 即可, 如图 2-72 所示。

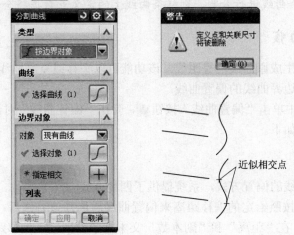

图 2-72　按边界对象分割曲线

3）弧长段数

该方式是通过分别定义各节段的弧长来分割曲线。应用该方式时, 系统弹出参数对话框让用户设置分段的弧长参数值, 且当系统完成分割操作后, 还会弹出一个对话框来显示当前曲线的操作结果, 会显示操作后的分段数和剩余部分的弧长值, 如图 2-73 所示。

4）在结点处

该方式只能分割样条曲线, 它在曲线的定义点处将曲线分割成多个节段。单击该选项后, 选择要分割的曲线, 然后在"方法"下拉列表内选择分割曲线的方法, 系统提供了三种分割方法: "按结点号"、"选择结点"及"所有结点", 最后单击"确定"按钮 确定 即可, 如图 2-74 所示。

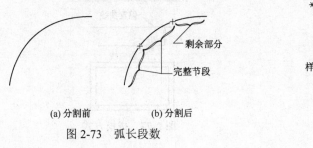

(a) 分割前　　(b) 分割后

图 2-73　弧长段数

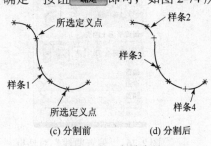

(c) 分割前　　(d) 分割后

图 2-74　在结点处

5）在拐角上

该方式是在拐角处（一阶不连续点）分割样条曲线（拐角点是由于样条曲线节段的结束点方向和下一节段开始点方向不同而产生的点）。单击该选项后，选择要分割的曲线，系统会在样条曲线的拐角处分割曲线，如图 2-75 所示。

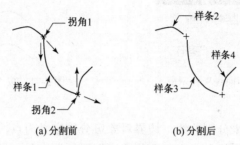

(a) 分割前   (b) 分割后

图 2-75　在拐角上

 如果对样条曲线进行分割，则样条曲线上的定义点数据将全部丢失。

2.3.5　偏置曲线

偏置曲线命令用于生成原曲线的等距线，该功能可以平移或复制曲线，可生成直线、圆弧、二次曲线、样条曲线或边界曲线的偏置曲线。

在"曲线"工具条中单击"偏置曲线"按钮，弹出"偏置曲线"对话框，如图 2-76 所示。各选项含义及设置方法如下。

1．类型

该选项用于设置曲线的偏置方式，系统提供了四种方式。

（1）距离　该方式按照给定的偏移距离来偏置曲线。选择该方式后，"偏置"区域下方的"距离"文本框被激活，在"距离"和"副本数"文本框中分别输入偏移距离和生成的偏移曲线数量。

（2）拔模　该方式将曲线按指定的拔模角度偏置到与曲线所在平面相距拔模高度的平面上。拔模高度为原曲线所在平面和偏移后所在平面间的距离，拔模角度为偏移方向与原曲线所在平面的法线的夹角。选择该方式后，"拔模高度"和"拔模角度"文本框被激活，在"拔模高度"和"拔模角度"文本框中分别输入拔模高度和拔模角度，然后再设置好其他参数即可，如图 2-77 所示。

图 2-76　"偏置曲线"对话框

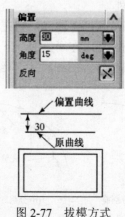

图 2-77　拔模方式

（3）规律控制　该方式按规律控制偏移距离来偏移曲线。选择该方式后，从"规律类型"下拉列表中选择相应的偏移距离的规律控制方式后，逐步根据系统提示操作即可。

（4）3D 轴向　该方式按照三维空间中的偏置方向和偏置距离来偏置共面或非共面曲线，通过"轴矢量"选项来控制偏置方向。

2. 偏置

用于设置偏移曲线的偏置距离和数量，包括三项。

（1）距离　设置在锥形箭头矢量指示的方向上与选中曲线之间的偏置距离，负的距离值意味着将在反方向上偏置曲线。

（2）副本数　按照相同的偏置距离，构造多组偏置曲线。

（3）反向　单击该按钮，反转锥形箭头矢量标记的偏置方向。

3. 设置

1）关联

选中该复选框，偏置后的曲线与原曲线具有相关性，即修改原曲线的参数，则偏置后的曲线与边界之间的关系自动更新。

2）输入曲线

控制偏置后的原曲线是否保留，其中包括四种控制方法：保持、隐藏、删除和替换。

（1）保持　原曲线保持原始状态，不受偏置曲线操作的影响。

（2）隐藏　隐藏原曲线。

（3）删除　偏置曲线后将原曲线删除。

（4）替换　原曲线被偏置曲线所替换。

3）修剪

该选项用于设置偏置曲线的修剪方式，它将影响到偏置曲线的形状，共有三种修剪方式。

（1）无　偏置后的曲线既不延长相交也不彼此修剪或倒圆角，如图 2-78(a)所示。

（2）延伸相切　偏置曲线将延伸相交或彼此修剪，如图 2-78(b)所示。

（3）圆角　若偏置曲线的各组成曲线彼此不相连接，则系统以半径值为偏置距离的圆弧将各组成曲线彼此相邻者的端点两两相连；若偏置曲线的各组成曲线彼此相交，则系统在其交点处修剪多余部分，如图 2-78(c)所示。

(a) 无　　　(b) 延伸相切　　　(c) 圆角

图 2-78　修剪方式示意图

4）高级曲线拟合

该选项用于设置偏置曲线的拟合方式，它包括"阶次和段"、"阶次和公差"、"保持参数化"和"自动拟合"四种方式。

5）公差

该选项用于设置偏置曲线的精度。

2.3.6 桥接曲线

桥接曲线是指在两个参照特征之间创建曲线，曲线可通过各种方式控制，可在曲面、曲线、点或边缘之间生成过渡连接曲线，根据连接对象的不同，可进行不同的设置。桥接曲线是曲线连接中最常用的方法。

单击"曲线"工具栏上"桥接曲线"按钮 ，或选择菜单【插入】|【来自曲线集的曲线】|【桥接】，系统会弹出"桥接曲线"对话框，如图 2-79 所示，它用于融合或桥接两条不同位置的曲线。对话框中各选项的意义及设置如下。

图 2-79 "桥接曲线"对话框

1．起点对象

用于选择桥接曲线的起点，起点可以是点、曲线、边或面。

2．终止对象

在"终止对象"区域内的"选项"下拉列表中有以下两个选项可供选择，用来指定是否需要终止对象，然后系统自动生成均匀桥接曲线。

（1）对象 需要指出终止对象。

（2）矢量 不需指出终止对象，但需要选择一个延伸矢量方向。

3．桥接曲线属性

该选项用来设置桥接曲线的起点或终点位置、方向，以及连接点之间的连接属性。根据所选择的连接对象的不同，所需要的桥接曲线的属性也不同。

1）连续性

用于设置桥接曲线与其连接对象的连续性，共包括四种连续方式。

（1）G0（位置） 根据选取曲线的位置确定与起始对象、终止对象在连接点处的连续方式，选取曲线的顺序不同，桥接的结果也不同。

（2）G1（相切） 两个对象在连接点处相切，即一阶导数连续，曲线为三阶样条曲线。

（3）G2（曲率） 两个对象在连接点处曲率相等，即二阶导数连续，曲线为五阶或七阶样条曲线。

（4）G3（流） 两个对象在连接点处曲率连续，即三阶导数连续。

图 2-80 所示的是"相切"和"曲率"两种连续方式的对比。

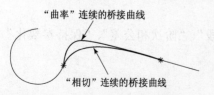

图 2-80 不同连续方式效果对比

2）位置

U/V 向百分比用于设置起点和终点的桥接位置。若所选对象为曲线，则仅有 *U* 向有效；若所选对象为曲面，则 *U*、*V* 两个方向均有效。

3）方向

用于设置连接点处桥接曲线的方向，根据所选对象的不同，方向也有所不同。

4．约束面

当需要用曲线网构建一个边缘的倒圆角特征时，利用"约束面"来设置与桥接曲线相连或相切的曲面。

5．半径约束

该选项用于为复杂变形设置最小和峰值的约束值，要求两个输入曲线必须是共面的。使用该选项时，"深度和歪斜"形状控制被激活。

6．形状控制

该选项用于设定桥接曲线的形状控制方式。桥接曲线的形状控制方式有以下四种，选择不同的方式，其下方的参数设置选项也有所不同。

（1）相切幅值　通过改变桥接曲线与第一条曲线或第二条曲线连接点的相切矢量值来控制桥接曲线的形状。可以通过拖动"开始"或"结束"的滑块，或直接在其文本框中输入相切矢量值来控制曲线形状。

（2）深度和歪斜　通过改变曲线峰值的深度和歪斜值来控制曲线形状。"深度"选项控制曲率对曲线形状的影响。"歪斜"是指曲率沿曲线的转动的变化率，即曲线在空间的扭曲程度，它主要用来控制最大曲率的位置。图 2-81 所示的分别为不同的深度值和歪斜值对桥接曲线的影响。

（3）二次曲线　该方式允许通过改变桥接曲线的 *Rho* 值（曲线饱满值，一般情况下 *Rho* 值越小，曲线就越平坦；*Rho* 值越大，曲线就越饱满。*Rho* < 0.5 时，曲线为椭圆；*Rho* = 0.5 时，曲线为抛物线；*Rho* > 0.5 时，曲线为双曲线）来控制桥接曲线的形状。该方式仅在切线连续方式下才能使用。其值可通过拖动 *Rho* 滑块或直接在其文本框中输入数值来实现。

（4）参考成型曲线　该方式是通过选择一个已有的参考曲线，使桥接曲线和参考曲线的形状相似。该方式仅支持"位置"和"相切"连续方式，如图 2-82 所示。

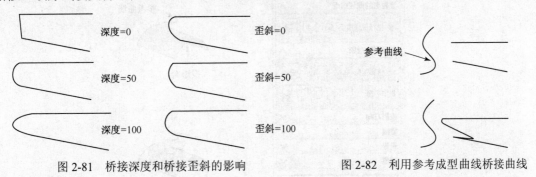

图 2-81　桥接深度和桥接歪斜的影响　　　　　图 2-82　利用参考成型曲线桥接曲线

7．设置

该选项用于设置桥接曲线的相关性和距离公差，距离公差为模型设置的默认值。

2.3.7　连接曲线

连接曲线是指将所选的多条曲线或边连接成一条曲线，生成与原先的曲线链相似的多项式样条曲线。利用该命令可方便地创建样条。

在"曲线"工具条中单击"连接曲线"按钮，或选择菜单【插入】|【来自曲线集的曲线】|【连接】，系统弹出"连接曲线"对话框，如图 2-83 所示，在该对话框中选择需要连接的曲线，设置好相关参数后，单击"确定"按钮　，即可完成曲线的合并操作。

"连接曲线"对话框中的"输出曲线类型"选项用于定义合并操作后曲线的类型，其下拉列表中有四种类型："常规"、"三次"、"五次"和"高级"。可根据需要设置曲线合并后的类型，其中"三次"类型合并的结果更易编辑，因此使用较多。

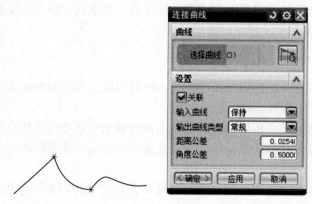

图 2-83　"连接曲线"对话框

2.3.8　投影曲线

投影曲线是指将曲线或点沿某一方向投影到现有的曲面、平面或参考面上，系统可自动连接输出的曲线。若投影曲线与面上的边缘或孔相交，则投影曲线会被面上的边缘或孔所修剪。

单击"曲线"工具条中"投影曲线"按钮，或选择菜单【插入】|【来自曲线集的曲线】|【投影】，系统弹出"投影曲线"对话框，如图 2-84 所示。

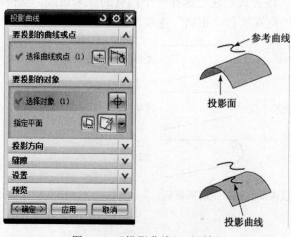

图 2-84　"投影曲线"对话框

在进行投影曲线操作时有两个步骤：一是选择要投影的曲线或点，二是选择要投影的表面或平面。投影曲线对话框中的各选项及参数含义如下。

1）要投影的曲线或点

选择或创建要投影的曲线或点及输入对象。

2）要投影的对象

选择要投影到的曲面、平面或基准平面。

3）投影方向

用于设置投影方向，在"方向"下拉列表框中提供了以下五种投影方式。

（1）沿面的法向　沿所选投影面的法向向投影面投影曲线。

（2）朝向点　从原定义曲线朝着一个点向选取的投影面投影曲线。

（3）朝向直线　沿垂直于选定直线或参考轴的方向向选取的投影面投影曲线。

（4）沿矢量　沿设定的矢量方向向选取的投影面投影曲线。

当选择使用"沿矢量"方式后，"投影方向"内的"投影选项"被激活，其中包括三项：

无——按照用户选定的投影矢量方向进行投影。

投影两侧——沿投影矢量方向两侧投影选定曲线。

等弧长——将位于 XC-YC 坐标系中的曲线向基于 U-V 坐标系中的表面投影时，保持在两个坐标方向上的曲线长度。

（5）与矢量成角度　沿与设定矢量方向成一定角度的方向向选取的投影面投影曲线。

4）缝隙

创建曲线以桥接缝隙（选中此复选框），可以创建新的曲线以连接投影所产生的缝隙。

5）设置

（1）关联　投影曲线与输入曲线具有相关性，即若改变输入曲线的参数，则投影后的曲线与输入曲线之间的关系自动更新。

（2）输入曲线　用于控制投影后原曲线的保留方式。包括"保持"（输入曲线不受投影曲线的影响，仍保持它们初始状态）、"隐藏"（隐藏输入曲线）、"删除"（通过投影将输入曲线从系统中删除）和"替换"（用投影曲线替换输入曲线）四种。

（3）高级曲线拟合　用于设置要投影曲线的拟合方法，主要包括四种方法。

① 阶次和段　根据曲线的阶次和段数进行拟合。

② 阶次和公差　根据曲线的阶次和公差进行拟合。

③ 保持参数化　根据与输入曲线相同的参数进行拟合。

④ 自动拟合　根据曲线的最小度数、最高次数、最大段数等参数进行自动拟合。

（4）连接曲线　用于指出是否连接投影曲线，在其下拉列表中包括以下四项。

① 否　投影到多个曲面或平面的投影曲线相互独立。

② 三次　将分段的投影曲线以三次多项式样条曲线的方式连接成一条样条曲线。

③ 常规　将分段的投影曲线以常规的样条曲线连接成一条样条曲线。

④ 五次　将分段的投影曲线以五次多项式样条曲线的方式连接成一条样条曲线。

（5）公差　用于指出投影曲线特征的公差。

2.3.9　镜像曲线

镜像曲线命令用于将选定的曲线相对于选定的平面镜像生成对称的新的曲线。可镜像的曲线包括任何曲线，镜像平面可以是平面、基准平面或实体表面等。单击"曲线"工具条中的"镜

像曲线"按钮 ，或选择菜单【插入】|【来自曲线集的曲线】|【镜像】，弹出"镜像曲线"对话框，如图 2-85 所示。

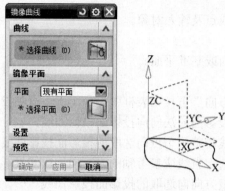

图 2-85　镜像曲线

首先在绘图区选择要镜像的曲线，然后选择镜像平面，接着单击"确定"按钮即可生成镜像曲线。"镜像曲线"对话框中主要选项及参数的含义如下。

（1）选择曲线　指定要镜像的曲线。

（2）镜像平面　指定现有的平面或创建新的平面作为镜像的对称面。

（3）设置

① 关联　若选中该选项，则投影后的曲线与原曲线相关联，只要原曲线发生变化，投影曲线也会随之变化。

② 输入曲线　用于控制镜像后原曲线的保留方式，包括"保持"（输入曲线不受投影曲线的影响，仍保持它们初始状态）、"隐藏"（隐藏输入曲线）、"删除"（通过投影将输入曲线从系统中删除）和"替换"（用投影曲线替换输入曲线）四种。

2.3.10　相交曲线

相交曲线命令用于创建两个对象组之间的相交曲线。各组对象可分别为一个表面（若为多个表面，则必须属于同一实体）、一个参考面、一个片体或一个实体。

单击"曲线"工具条中的"相交曲线"按钮 ，或选择菜单【插入】|【来自体的曲线】|【求交】，弹出"相交曲线"对话框，如图 2-86 所示。

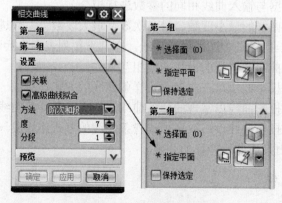

图 2-86　"相交曲线"对话框

相交曲线操作相对较为简单，进入"相交曲线"对话框后，选择第一组面，接着选择第二组面，确定了两组相交对象之后，设置其他选项，单击"确定"按钮 确定，即可完成相交曲线的相交操作，如图 2-87 所示。相交曲线对话框中各选项的含义如下。

（1）第一组　用于确定欲产生交线的第一组对象。

（2）第二组　用于确定欲产生交线的第二组对象。

（3）保持选定　用于单击"应用"按钮后，自动重复选择第一组或第二组的对象。

（4）设置　用于设置产生的相交曲线的关联性与精度。

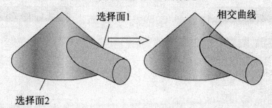

图 2-87　相交曲线操作

2.3.11　抽取曲线

抽取曲线是利用已有的一个或多个实体的边和表面生成直线、圆弧、二次曲线和样条等的曲线。大多数抽取的曲线与原对象是非关联的，但也可选择创建关联的等斜度或阴影轮廓曲线。单击"曲线"工具条中的"抽取曲线"按钮，或选择菜单【插入】|【来自体的曲线】|【抽取】，弹出"抽取曲线"对话框，如图 2-88 所示。

在"抽取曲线"对话框中提供了五种抽取曲线的方式。从中选取欲抽取的曲线方式后，再选择欲从中抽取曲线的对象即可完成操作。下面介绍一下这五种抽取曲线类型的用法。

1．边曲线

该方式用于指定由表面或实体的边缘抽取曲线。单击该按钮后，弹出"单边曲线"对话框，如图 2-89 所示，系统提示用户选择边缘，单击"确定"按钮，抽取所选边缘。

2．轮廓线

该方式用于从轮廓被设置为不可见的视图中抽取曲线。此方法适用于抽取无边缘线的表面上的侧面轮廓线（如球面、圆柱面的侧面等）。例如，抽取圆锥的轮廓线如图 2-90 所示。

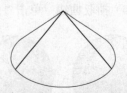

图 2-88　"抽取曲线"对话框　　图 2-89　"单边曲线"对话框　　图 2-90　以"轮廓线"方式抽取圆锥的轮廓线

3．完全在工作视图中

该方式用于对视图中的所有边缘抽取曲线，此时产生的曲线将与工作视图的设置有关。

4. 等斜度曲线

该方式用于利用定义的角度与一组表面相切产生等斜线。单击该按钮后，弹出"矢量"对话框，如图 2-91 所示。

该对话框用于设置曲线的方向，用户指定曲线方向后，单击"确定"按钮 确定 ，接着弹出"等斜度角"对话框，如图 2-92 所示，该对话框用于设置所要生成抽取曲线的类型及相关参数等斜线的生成方式。

图 2-91 "矢量"对话框   图 2-92 "等斜角度"对话框

在"等斜角度"对话框中如果选择了"单个"单选按钮，系统会在选定的表面上，按照指定的角度产生单一的抽取曲线，这时其下方的"角度"文本框激活，用户可以在其中输入指定的角度值。如果选择了"族"单选按钮，系统会在选定的表面上，按照指定的角度范围和角度间隔产生等斜线，这时其下方的"起始角"、"终止角"和"步长"文本框被激活，用户可以在其中输入角度起止值和间隔角度。

下面以"等斜度曲线"方式为例介绍抽取曲线的操作步骤，其他方法可参照该操作执行。

（1）新建文件 单击"标准"工具条中的"新建"按钮，弹出"新建"对话框，在"模板"列表框中选择"模型"选项，在"名称"文本框中输入"cqqx"，单击"确定"按钮 确定 ，进入到 UG 的主界面。

（2）创建圆 单击"曲线"工具条中的"基本曲线"按钮，弹出"基本曲线"对话框。在对话框中单击"圆"按钮，在绘图区选择坐标原点为圆心，绘制直径为 20 的圆。

（3）创建球体 单击"特征"工具条中的"回转"按钮，弹出"回转"对话框。在绘图区中选择刚才创建的圆为截面曲线。在"回转"对话框中的"指定矢量"下拉列表框中选择 XC 轴为旋转轴，圆心为旋转原点。设置"开始角度"为 0°，"终止角度"为 360°，单击"确定"按钮 确定 ，完成球体的创建。

（4）抽取曲线 单击"曲线"工具条中的"抽取曲线"按钮，弹出"抽取曲线"对话框。在对话框中单击"等斜度曲线"按钮，弹出"矢量"对话框，选择 XC 轴作为参考轴向。单击"确定" 确定 按钮，弹出"等斜度角"对话框，单击"族"单选按钮，设置"起始角"为-90°，"终止角"为 90°，"步长"为 45°，单击"确定"按钮 确定 ，弹出"选择面"对话框，在绘图窗口选择球表面，单击"确定"按钮完成抽取操作，如图 2-93 所示。

图 2-93 "等斜角度"抽取曲线

5. 阴影轮廓

该方式用于从选定对象的可见轮廓线上抽取曲线。要执行这个选项，可将有隐藏边的工作视图设置为"不可见"，然后选择"阴影轮廓"，单击"确定"按钮即可。

2.3.12 截面曲线

截面曲线通过将平面与体、面或曲线相交来创建点或曲线。一个平面与一个表面或一个平面相交会创建一条截面曲线，而一个平面与曲线相交会创建一个点。

单击"曲线"工具条中"来自体的曲线"下拉菜单中的"截面曲线"按钮 ，或选择菜单【插入】|【来自体的曲线】|【截面】，弹出"截面曲线"对话框，如图 2-94 所示。

在"截面曲线"对话框中包括了四种平面类型："选定的平面"、"平行平面"、"径向平面"和"垂直于曲线的平面"。下面介绍这四种类型平面的用法。

1. 选定的平面

该方式是在绘图工作区中，直接选择某平面作为截面。可将坐标平面、基准平面或其他平面作为剖切平面。选择该方式后，依次在绘图区选择要剖切的对象和剖切平面，然后单击"确定"按钮 即可，如图 2-95 所示。相关的选项含义如下。

（1）选择对象　用以选择要被剖切的对象。

（2）剖切平面　用以选择已有的平面或基准平面作为剖切平面。

（3）曲线拟合　用以设置截面曲线的拟合阶次，推荐使用三次。

（4）公差　用以设置截面曲线的公差。

图 2-94 "截面曲线"对话框

图 2-95 选定的平面创建截面曲线

 如果选中了"关联"复选框，则平面的子功能不可用，此时必须选择现有的平面。

2. 平行平面

该方式用于设置一组等间距的平行平面作为截面，如图 2-96 所示。选择该方式后，"截面曲线"对话框中会出现"平面位置"选项。首先选择要剖切的图形对象（球体和内部的圆锥面），然后指定相应的剖切平面（YC-ZC 平面），最后在"平面位置"中的文本框中输入相应的参数即可。相关的选项含义如下。

（1）起点和终点　从选择的剖切平面开始测量，正距离为显示的矢量方向。

（2）步长　每个临时平行平面之间的相互距离。

(a) 各参数设置　　　　　　(b) 创建实例

图 2-96　平行平面创建截面曲线

3．径向平面

该方式用于设定一组等角度扇形展开的放射平面作为截面，如图 2-97 所示。选择该选项后，首先选择剖切对象（球体），然后指定矢量（ZC 轴）确定放射状平面的旋转轴线，最后确定一个参考平面上的点（本例中选择矩形的角点），并利用"平面位置"面板中的文本框设置参数即可。对话框中的各选项含义如下。

（1）径向轴　用以定义径向平面绕其旋转的轴矢量。若要指定轴矢量，可以利用"矢量"或矢量构造器工具。

（2）参考平面上的点　用以指定径向参考平面上的点。

（3）起点　表示相对于初始平面的角度，径向剖切面由此角度开始，按照右手螺旋法则确定正方向。

（4）终点　表示径向剖切面相对于初始平面的角度，径向剖切面在此角度处结束。

（5）步长　表示径向面之间的夹角。

(a) 各参数设置　　　　　　(b) 创建实例

图 2-97　径向平面创建截面曲线

4．垂直于曲线的平面

该方式用于设定一个或一组与选定曲线垂直的平面作为剖面，如图 2-98 所示。选择该方式后，选择剖切对象（圆柱面），然后选取曲线（圆弧），并在"平面位置"区域选择间隔方式（等圆弧长），在文本框中输入相关参数即可。对话框中的各选项含义如下。

1）选择曲线或边

选择沿其创建垂直平面的曲线或边。可利用将"过滤器"设置为曲线或边来辅助选择对象。

2）间距

用以设置创建间距平面的方式，共有五种。

（1）等弧长　沿曲线路径以等弧长方式间隔平面。利用此方式必须在"起点"、"终点"文本框中设置平面相对于曲线全弧长的起始和结束位置的百分比，并在"副本数"文本框中设置剖切平面的数目。

（2）等参数　根据曲线的参数化法来设置剖切平面。

（3）几何级数　根据几何级数比来设置剖切平面。

（4）弦公差　根据弦公差来设置剖切平面。当选择了曲线或边后，定义曲线段使线段上的点距线段端点连线的最大弦距离等于在"弦公差"文本框中输入的弦公差值。

（5）增量圆弧长　以沿曲线路径递增方式设置剖切平面。在"弧长"文本框中输入值。

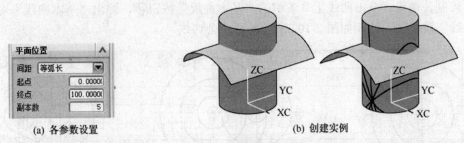

(a) 各参数设置　　　　　　　　　　　(b) 创建实例

图 2-98　垂直于曲线的平面创建截面曲线

2.4　操作实例

前面介绍了 UG NX 8.0 的曲线功能，下面以图 2-99 所示的挂钩为例，介绍曲线各种方法的应用，以加深读者对相关功能的理解。具体操作步骤如下。

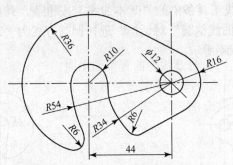

图 2-99　挂钩的轮廓曲线

1. 启动 UG NX 8.0 并创建新文件

2. 绘制中心线

（1）选择主菜单【首选项】|【对象】，展开"常规"标签，将"线型"更改为中心线，单击"确定"按钮 确定 。

（2）单击"视图"工具条中的"俯视图"按钮 ，将视图方向调整为当前默认视图方向"俯视图"。

（3）单击"曲线"工具条中的"直线"按钮 ，弹出"直线"对话框，绘制三条中心线。两条距离为 44 mm 的平行线可利用"偏置曲线"操作绘制。

3. 绘制曲线

（1）选择主菜单【首选项】|【对象】，展开"常规"标签，将"线型"更改为实线，单击"确定"按钮 确定 。

（2）绘制右边的圆。单击曲线工具条中的"基本曲线"按钮 ◯/ ，弹出"基本曲线"对话框，单击"圆"按钮 ⊙ ，在右边的中心线交点上绘制半径分别为 6 mm、16 mm、34 mm、54 mm 的四个圆，如图 2-100 所示。

（3）绘制左边的圆。重复上步操作，在左边的中心线交点上绘制半径分别为 10 mm 和 36 mm 的两个圆，如图 2-101 所示。

（4）绘制公切线。单击曲线工具条中的"基本曲线"按钮 ◯/ ，弹出"基本曲线"对话框，单击"直线"按钮 ／ ，绘制如图 2-102 所示的两条公切线。

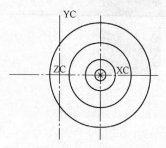
图 2-100   绘制四个圆

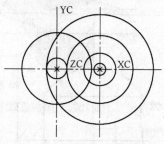
图 2-101   绘制左侧两个圆

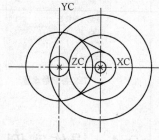
图 2-102   绘制两条公切线

4．编辑曲线

（1）单击"编辑曲线"工具条上的"修剪曲线"按钮 ，弹出"修剪曲线"对话框，取消选中"关联"复选框，然后设置"输入曲线"方式为"删除"，进行曲线修剪，如图 2-103 所示。

（2）绘制圆角。单击曲线工具条中的"基本曲线"按钮 ◯/ ，弹出"基本曲线"对话框，单击"圆角"按钮 ，弹出"曲线倒圆"对话框，选择倒圆方式为"2 曲线倒圆" ，倒两个半径为 6 mm 的圆角，如图 2-104 所示。

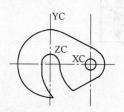
图 2-103   修剪曲线结果

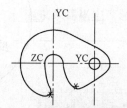
图 2-104   倒圆角操作

思考题与操作题

2-1   思考题

2-1.1   绘制直线有哪几种方法？

2-1.2   试述修剪曲线的操作过程。

2-1.3   试述投影曲线中各种投影方向的含义。

2-1.4   桥接曲线中的四种连续方式有哪些？各自的含义是什么？

2-2   操作题

2-2.1   根据图 2-2.1 所示图形，绘制曲线。

2-2.2   图 2-2.2 所示五角星的内接圆半径为 20 mm，试绘制该五角星。

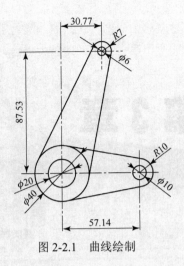

图 2-2.1 曲线绘制

图 2-2.2 五角星

2-2.3 打开下载文件 "\CH2\CZLX\2-2.3a.prt"，创建投影曲线，如图 2-2.3 所示。

2-2.4 打开下载文件 "\CH2\CZLX\2-2.4a.prt"，创建如图 2-2.4 所示两圆柱体的相交曲线。

图 2-2.3 投影曲线

图 2-2.4 相交曲线

2-2.5 根据图 2-2.5 所示图形，绘制曲线。

2-2.6 根据图 2-2.6 所示图形，绘制曲线。

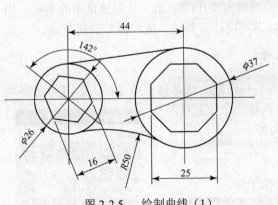

图 2-2.5 绘制曲线（1）

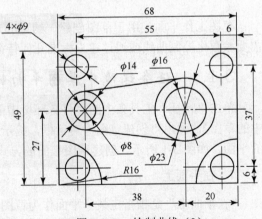

图 2-2.6 绘制曲线（2）

第 3 章

绘 制 草 图

创建草图是指在用户指定的平面上创建由点、线等组成的二维图形的过程。草图绘制是 UG 特征建模的一个重要过程，比较适用于创建截面较复杂的特征建模。一般情况下，用户的三维建模都是从创建草图开始的，即先利用草图功能创建出特征的大略形状，再利用草图的几何和尺寸约束功能，精确设置草图的形状尺寸和位置。草图绘制完成后即可利用拉伸、回转或扫掠等功能，创建与草图关联的实体特征。用户可以对草图的几何约束和尺寸约束进行修改，从而快速更新模型。绘制草图还是实现 UG 软件参数化特征建模的基础，根据草图所建立的模型非常容易通过主要参数控制其形状、结构、大小和位置。

本章主要介绍草图界面与参数预设置、草图绘制、草图约束、草图编辑和草图管理，最后以实例介绍创建草图的具体方法与步骤。

3.1 草图界面与参数预设置

草图工作平面是用于草图创建、约束和定位、编辑等操作的平面，是创建草图的基础。当需要参数化控制曲线或通过建立标准几何特征无法满足设计需要时，通常需要创建草图。

3.1.1 任务环境中草图平面的确定

单击"特征"工具条中的"任务环境中的草图"按钮 🏭，或选择菜单【插入】|【任务环境中的草图】，弹出"创建草图"对话框，提示用户选择一个放置草图的平面，如图 3-1 所示。创建草图平面的方式有两种。

1. 在平面上

"在平面上"是指指定某一平面作为草图的工作平面。

在"创建草图"对话框的类型列表中选择"在平面上"选项，如图 3-2 所示。

在"平面方法"下拉列表中有四种指定草图工作平面的方式，如图 3-3 所示。

（1）自动判断　根据鼠标所指位置对象的特点，由软件自动判断并指定草图平面。这种方法操作简便，但容易产生误判。

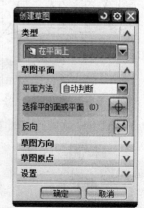

图 3-1 "创建草图"对话框

（2）现有平面 在图形区选择已存在的基准平面或实体模型中的平面表面作为草图工作平面。

（3）创建平面 通过平面构造器创建平面。

（4）创建基准坐标系 通过坐标系构造器来创建一个坐标系，然后选择坐标系中的三个基准面中的一个面作为草图平面。

图 3-2 选择草图平面类型   图 3-3 选择"现有平面"作为草图平面

2．基于路径

"基于路径"是指选择一个已存在的图线（如直线、圆或其他曲线）、实体的曲线轮廓为路径，通过该路径确定一个平面作为草图平面。

在"创建草图"对话框的"类型"下拉列表中选择"基于路径"选项，对话框如图 3-4 所示。操作步骤如下。

（1）在图形窗口选择作为路径的图线或实体边缘等。

（2）设置草图平面相对于路径的位置。在"创建草图"对话框的"位置"下拉列表框中可以选择按绝对长度分割曲线的弧长，限定草图平面经过分割点；或者按百分比分割曲线的弧长，限定草图平面经过分割点；也可以选择通过指定曲线上的点，使草图平面经过该点。

（3）设置草图平面相对于路径的方位。在"创建草图"对话框的"方向"下拉列表框中可以选择垂直于轨迹、垂直于矢量、平行于矢量、通过轴等方式限定草图平面的方位。

完成"创建草图"对话框的设置后，单击"确定"按钮 确定 ，进入草图绘制界面，如图 3-5 所示。

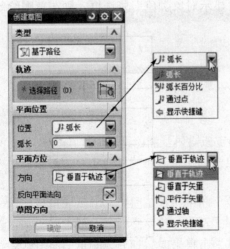 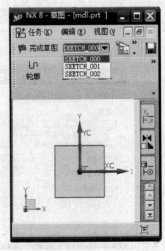

图 3-4 "基于路径"创建草图平面   图 3-5 草图绘制界面

对于复杂的部件，有时需要创建若干幅草图，系统会按照这些草图生成的先后次序依次命名为"SKETCH_000"、"SKETCH_001"、"SKETCH_002"等，其中只有一幅草图处于激活状态，草图绘制、编辑只能在激活状态下进行。单击图 3-5 中"草图"工具条上"草图名"下拉列表框，可切换需要激活的草图。

3.1.2　直接草图平面的确定

UG 软件启动之后，进入建模模块，默认情况下会在窗口下方打开"直接草图"工具条，如图 3-6 所示。其中创建草图平面按钮和曲线绘制按钮直接可用，其他按钮呈灰色，处于不可用状态。

图 3-6　"直接草图"工具条

如果直接单击"直接草图"工具条上的"曲线绘制"按钮进行绘图，则系统默认草图平面为 *XC-YC* 坐标平面；如果需要在其他平面绘制草图，可先单击"直接草图"工具条上"草图"按钮，弹出"创建草图"对话框，提示用户选择一个放置草图的平面，如图 3-1 所示。之后的操作过程与任务环境中的草图平面创建过程相同，此处不再赘述。

3.1.3　草图参数设置

在绘制草图之前，通常要对草图的样式、尺寸标注样式、草图几何元素的颜色进行设置。在主菜单中选择【首选项】|【草图】，弹出"草图首选项"对话框，如图 3-7 所示。

1."草图样式"选项卡

在"草图首选项"对话框中单击"草图样式"选项卡，可以设置草图尺寸标签样式、文本高度等参数或选项。

在"尺寸标签"下拉列表框中有"表达式"、"名称"、"值"三个选项，可以对草图中的尺寸标签样式进行设置，如图 3-8 所示；选择"屏幕上固定文本高度"复选框，可以在"文本高度"文本框中输入文本高度值来设置草图中尺寸数字的高度；选择"创建自动判断的约束"复选框，则在草图绘制时系统将自动判断并添加约束；选择"连续自动标注尺寸"复选框，则在草图绘制时系统将自动判断并标注相应尺寸；选择"显示对象颜色"复选框，则在草图绘制时按照预先的设置显示对象的颜色。

图 3-7　"草图首选项"对话框

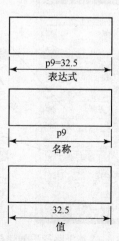

图 3-8　尺寸标签样式

2. "会话设置"选项卡

在"草图首选项"对话框中单击"会话设置"选项卡，可以设置草图绘制时捕捉角的精度、草图显示状态、默认名称前缀等内容，如图 3-9 所示。

在"设置"区域，可以通过"捕捉角"文本框设置草图绘制时允许的捕捉角度误差；"显示自由度箭头"可以控制草图中的自由度箭头是否显示；"动态约束显示"可以控制较小尺寸的几何元素是否显示约束标志；在"任务环境"区域选中"更改视图方位"复选框，在完成草图切换到模型界面时，视图方位将发生改变，否则将保持一致；"保持图层状态"复选框可以用来控制工作层在草图环境中是否保持不变；"背景"下拉列表框中"纯色"、"继承颜色"两个选项可以设置背景色的种类；在"名称前缀"区域，可以在各草图元素所对应的文本框中设置各元素名称的前缀，如直线名称前缀设置成"Line"，则在草图中绘制的直线会被系统按先后次序自动命名为"Line1"、"Line2"等。

3. "部件设置"选项卡

在"草图首选项"对话框中单击"部件设置"选项卡，如图 3-10 所示，可以设置草图中各种状态的对象颜色。单击各对象名称后面的颜色按钮，都可以打开"颜色"对话框，选择所需要的颜色。如果单击"继承自用户默认设置"按钮，则可以将所有对象的颜色恢复为系统默认的颜色。

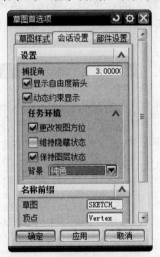

图 3-9　"会话设置"选项卡

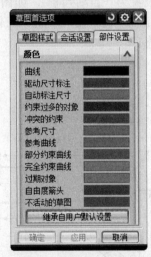

图 3-10　"部件设置"选项卡

完成设置参数选项并创建草图平面后，就可以进入草图绘制环境绘制所需要的草图了。

3.2　草图曲线绘制

使用"草图工具"工具条中的草图绘制功能按钮可绘制各种常见的草图曲线，如图 3-11 所示，也可以选择菜单【插入】|【曲线】调用绘图命令。

图 3-11　"草图工具"工具条

3.2.1 轮廓

选择菜单【插入】|【曲线】|【轮廓】，或单击"草图工具"工具条上的"轮廓"按钮 ⌐，可绘制单段或连续的多段曲线。既可以绘制直线段，也可以绘制圆弧。

现以图 3-12 所示的平面曲线绘制过程为例，介绍"轮廓"命令的使用方法。

1．新建部件文件

单击"标准"工具条上的"新建"按钮 📄，系统弹出"新建"对话框，在"单位"下拉列表框中选择尺寸单位"毫米"，在"名称"文本框中输入部件文件名"tu3.12.prt"，在文件夹输入框内输入部件文件放置目录的名称，或单击输入框右侧的"浏览"按钮 🖼，通过文件目录浏览器选择部件文件存放的目录，其他选项按默认设置，单击"确定"按钮 确定 完成新部件文件的建立，并进入建模工作界面。

2．创建草图平面

单击"特征"工具条中的"任务环境中的草图"按钮 🖳，或选择菜单【插入】|【任务环境中的草图】，弹出"创建草图"对话框，"类型"选项设置为"在平面上"，"草图平面"选项"平面方法"设置为"自动判断"，如图 3-13 所示。在窗口中选择平面，单击"确定"按钮 确定，进入草图绘制环境。在"草图"工具条的"草图名"下拉列表框中显示当前草图的名称，并处于激活状态。

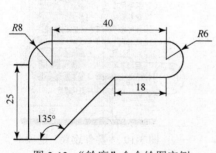

图 3-12 "轮廓"命令绘图实例

图 3-13 创建草图平面

3．绘制草图

单击"草图工具"工具条上的"轮廓"按钮 ⌐，弹出"轮廓"快捷工具栏，如图 3-14 所示。该工具栏上有四个工具按钮，分别是："直线"按钮 📈，用于绘制直线段；"圆弧"按钮 ◠，用于绘制圆弧段；"坐标模式"按钮 XY，此模式下鼠标光标右下角显示当前光标位置在工作坐标系中的坐标值；"参数模式"按钮 🔲，此模式下鼠标光标右下角显示当前光标所在位置与前一点之间的相对坐标值。

确定连续多段线起点时，光标右下角显示"坐标模式"的绝对坐标值，起点确定后光标右下角自动切换到"参数模式"显示相对坐标值。

（1）单击"轮廓"工具条上"直线"按钮 📈，在绘图区域适当位置单击作为图线起点，向上移动鼠标，出现竖直方向虚线及箭头时，在鼠标右下角显示的相对坐标文本框中输入"长度"值 25，按<Enter>键；输入"角度"值 90，按<Enter>键，如图 3-15 所示。

图 3-14　"轮廓"快捷工具栏

图 3-15　绘制竖直线

（2）单击"轮廓"工具条上"圆弧"按钮，向右移动鼠标，出现圆弧轮廓时，在鼠标右下角显示的相对坐标文本框中输入"半径"值 8，按<Enter>键；输入"扫掠角度"值 90，按<Enter>键，鼠标左键在圆心附近区域任意位置单击，生成圆弧，如图 3-16 所示。

（3）"轮廓"工具条上自动切换到"直线"按钮，向右移动鼠标，出现相切图标时，在鼠标右下角显示的相对坐标文本框中输入"长度"值 40，按<Enter>键；输入"角度"值 0，按<Enter>键，如图 3-17 所示。

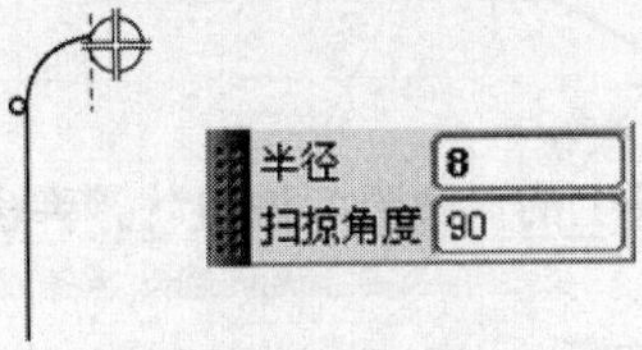

图 3-16　绘制圆角

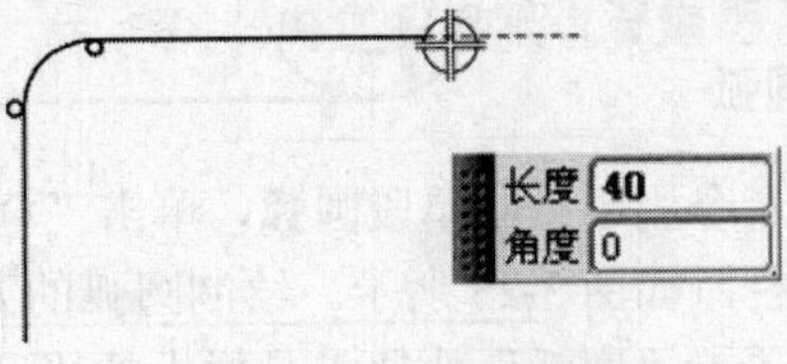

图 3-17　绘制水平线

（4）单击"轮廓"工具条上"圆弧"按钮，在鼠标右下角显示的相对坐标文本框中输入"半径"值 6，按<Enter>键；输入"扫掠角度"值 180，按<Enter>键，鼠标左键在圆心附近区域任意位置单击，生成圆弧，如图 3-18 所示。

（5）"轮廓"工具条上自动切换到"直线"按钮，向左移动鼠标，在鼠标右下角显示的相对坐标文本框中输入"长度"值 18，按<Enter>键；输入"角度"值 180，按<Enter>键，如图 3-19 所示。

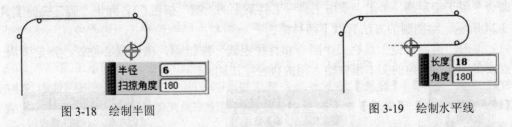

图 3-18　绘制半圆

图 3-19　绘制水平线

（6）向左下方移动鼠标，在鼠标右下角显示的相对坐标文本框中输入"角度"值 225，按<Enter>键，来回移动鼠标捕捉起点，当出现连接起点的水平虚线时，单击鼠标左键，如图 3-20 所示。

（7）向左移动鼠标捕捉起点，当显示起点被捕捉的符号时，单击鼠标左键，形成封闭图形，如图 3-21 所示。单击鼠标中键，退出"轮廓"命令。

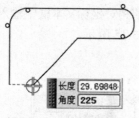

图 3-20　绘制倾斜直线

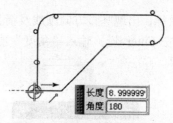

图 3-21　绘制水平封闭线

4．保存草图文件

单击"草图"工具条上"完成草图"按钮，退出草图环境，单击"标准"工具条上"保存"按钮，保存文件。

3.2.2　基本曲线

1．直线

直线命令用于绘制单段直线段，单击"草图工具"工具条上的"直线"按钮，弹出"直线"快捷工具栏，如图 3-22 所示。其功能及使用方法与"轮廓"工具条中的"直线"命令基本相同，在此不再赘述。

2．圆弧

圆弧命令用于绘制单段圆弧，单击"草图工具"工具条上的"圆弧"按钮，弹出"圆弧"快捷工具栏，如图 3-23 所示。绘制圆弧的方法有以下两种。

（1）单击"圆弧"快捷工具栏上的"三点定圆弧"按钮，依次确定圆弧的起点、终点和弧上一点的位置，可生成圆弧；也可以依次确定圆弧的起点和终点，并在光标右下角的文本框中输入圆弧半径，在圆心位置附近单击鼠标左键生成圆弧。

（2）单击"圆弧"快捷工具栏上的"中心和端点定圆弧"按钮，依次确定圆弧的圆心、起点和终点的位置，可生成圆弧；或者依次确定圆弧的圆心和起点，在光标右下角的文本框中输入圆弧半径和扫掠角，则过这两点可生成两个满足尺寸限制的圆弧，需指定终点的方位才能生成圆弧。

3．圆

圆命令用于绘制圆，单击"草图工具"工具条上的"圆"按钮○，弹出"圆"快捷工具栏，如图 3-24 所示。绘制圆的方法有以下两种。

（1）单击"圆"快捷工具栏上"圆心和直径定圆"按钮，确定圆心位置，指定圆周上任意一点或在光标右下角的文本框中输入圆的直径生成圆。

图 3-22　"直线"快捷工具栏　　　图 3-23　"圆弧"快捷工具栏　　　图 3-24　"圆"快捷工具栏

（2）单击"圆"快捷工具栏上"三点定圆"按钮，指定圆周上三点的位置，可生成圆；也可以指定圆周上一点，并在光标右下角的文本框中输入圆的直径，然后再指定一点。若两点之间的距离大于输入的直径，则过第一点，并以两点连线作为直径方向生成圆；若两点之间的距离小于输入的直径，则过这两点可生成两个满足直径限制的圆，需指定第三点确定圆的方位才能生成圆。

3.2.3 矩形、样条线与派生直线

1. 矩形

矩形命令用于绘制矩形，单击"草图工具"工具条上的"矩形"按钮 ，弹出"矩形"快捷工具栏，如图 3-25 所示。绘制矩形的方法有以下三种。

（1）单击"矩形"快捷工具栏上"按两点"生成矩形的按钮 ，指定两个点作为矩形对角线端点的位置生成矩形，如图 3-26 中①、②所示；也可以指定一点作为矩形顶点，如图 3-27①所示，然后在光标右下角的文本框中输入矩形的宽度和高度，可生成四个满足条件的矩形，需指定第二点确定矩形相对于第一点的方位才能生成矩形，如图 3-27 中②所示（图中虚线表示可生成的另外三个矩形）。

图 3-25 "矩形"快捷工具栏

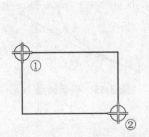

图 3-26 指定两点绘制矩形

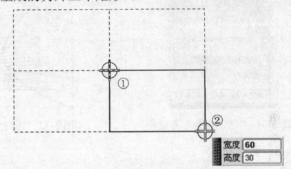

图 3-27 指定两点及宽度与高度绘制矩形

"按两点"生成的矩形，其四条边处于水平和竖直的方位。

（2）单击"矩形"快捷工具栏上的"按三点"生成矩形的按钮 ，指定两个点作为矩形一条边的两个端点，两点之间的距离同时限定了矩形的宽度，如图 3-28①、②所示，指定第三个点，使矩形另一边经过该点以限定矩形长度，从而生成矩形，如图 3-28③所示；也可以指定一点作为矩形顶点，如图 3-29①所示，然后在光标右下角的文本框中输入矩形的宽度、高度和角度，可生成四个满足条件的矩形，需指定第二点确定矩形相对于第一点的方位才能生成矩形，如图 3-29 中②所示（图中虚线表示可生成的另外三个矩形）。

（3）单击"矩形"快捷工具栏上的"从中心"生成矩形的按钮 ，指定一点作为矩形的中心点，如图 3-30①所示；指定第二点作为矩形一条边的中点，如图 3-30②所示；指定第三个点，使矩形另一边经过该点以限定矩形高度，从而生成矩形，如图 3-30③所示。

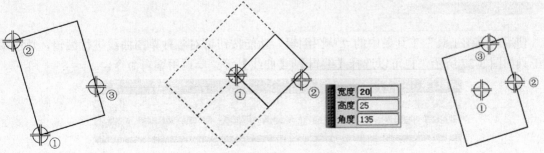

图 3-28 指定三点绘制矩形　　图 3-29 指定两点及宽度、高度与角度绘制矩形　　图 3-30 "从中心"绘制矩形

2. 样条线

样条线分为艺术样条和拟合样条两种。"艺术样条"通过拖放定义点或极点，并在定义点指定斜率或曲率加以约束，动态创建和编辑样条线；"拟合样条"通过与指定的数据点拟合来创建样条。下面以艺术样条为例叙述其绘制方法。

单击"草图工具"工具条上的"艺术样条"按钮，弹出"艺术样条"对话框，如图 3-31 所示。首先设置对话框中各选项与参数，并在"类型"区域选择"通过点"或"根据极点"，然后在绘图空间指定一系列点，单击"确定"按钮 确定 生成艺术样条曲线，如图 3-32 和图 3-33 所示。

图 3-31 "艺术样条"对话框

图 3-32 通过点

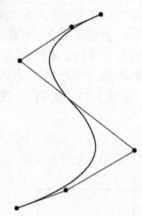

图 3-33 根据极点

3. 派生直线

单击"草图工具"工具条上"派生直线"按钮，可绘制派生直线。

派生直线命令用于按指定间距绘制与现有直线平行的直线，如图 3-34 所示；或绘制两条平行线的中线，如图 3-35 所示；或两条相交线的角平分线，如图 3-36 所示。

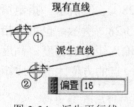

图 3-34 派生平行线

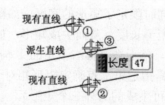

图 3-35 派生两平行线的中线

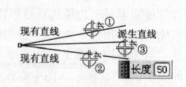

图 3-36 派生两相交线的角平分线

3.3 草图曲线编辑

使用"草图工具"工具条中的"草图编辑"功能按钮可对各种草图曲线进行编辑，草图编辑工具如图 3-37 所示，也可以选择【编辑】|【曲线】等菜单调用编辑命令。

图 3-37 草图编辑工具

3.3.1　快速修剪与快速延伸

1. 快速修剪

"快速修剪"命令用于裁剪曲线上多余的部分，单击"草图工具"工具条上的"快速修剪"按钮 ，弹出"快速修剪"对话框，如图 3-38 所示。快速修剪的方法有以下两种。

（1）设定边界修剪　如要裁剪图 3-39 所示两条相交直线位于圆形区域内的部分，单击激活"快速修剪"对话框中"边界曲线"选项中"选择曲线"区域，在图形区用鼠标选择圆形边界（根据需要，可以一次性连续选择多条边界曲线），如图 3-39①所示；单击激活对话框中"要修剪的曲线"选项中"选择曲线"区域，在图形区用鼠标选择要裁剪掉的曲线，如图 3-39 中②、③所示，修剪结果如图 3-39④所示。

（2）不设边界修剪　如要裁剪图 3-40 所示的两条相交直线位于圆形区域外的部分，可直接单击激活对话框中"要修剪的曲线"选项中"选择曲线"区域，在图形区用鼠标选择要裁剪掉的曲线，如图 3-40 中①、②、③、④所示，修剪结果如图 3-40⑤所示。

图 3-38　"快速修剪"对话框

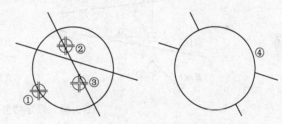

图 3-39　设定边界修剪

当一次要修剪多个对象时，可按住鼠标左键并拖动，这时光标变成画笔形状，如图 3-41①所示，与画笔画出的曲线相交的线段都将被剪掉，如图 3-41②所示。

图 3-40　不设边界修剪　　　　　　　　　　图 3-41　用画笔选择修剪对象

　不设定边界修剪只能修剪到与另一对象相交的交点处。

2. 快速延伸

"快速延伸"命令用于将曲线延伸至另一临近曲线或选定的边界。单击"草图工具"工具条上的"快速延伸"按钮 ，弹出"快速延伸"对话框，如图 3-42 所示。快速延伸的方法有以下两种。

（1）设定边界延伸　如要将图 3-43 所示直线 1 直接延伸至与直线 3 相交，单击激活"快速延伸"对话框中"边界曲线"选项中"选择曲线"区域，在图形区用鼠标选择作为延伸界限的图线——直线 3（根据需要，可以一次性连续选择多条边界曲线），如图 3-44①所示；单击激活对话框中"要延伸的曲线"选项中"选择曲线"区域，在图形区用鼠标选择要延伸的曲线，如图 3-44②所示，延伸结果如图 3-44③所示。

图 3-42 "快速延伸"对话框

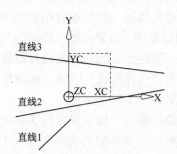

图 3-43 延伸直线 1

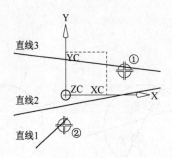

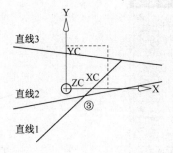

图 3-44 设定边界延伸

（2）不设边界延伸 如要延伸图 3-45①所示的直线 1 至直线 3，单击激活对话框中"要延伸的曲线"选项中"选择曲线"区域，在图形区用鼠标选择要延伸的直线 1，延伸结果如图 3-45②所示，再次用鼠标选择要延伸的直线 1，延伸结果如图 3-45③所示。

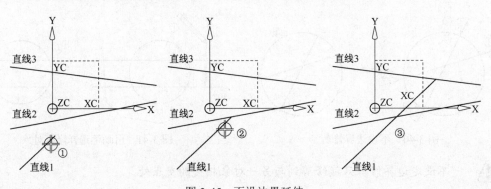

图 3-45 不设边界延伸

图形对象延伸后必须与边界相交，否则将无法延伸；并且只能延伸到与另一图线相交的交点处；
选择要延伸的对象时，鼠标单击的位置必须位于中点一侧靠近边界的部分。

3.3.2 圆角、倒角与拐角

1. 圆角

"圆角"命令用于在两条或三条曲线之间创建圆角。单击"草图工具"工具条上的"圆角"按钮 ，弹出"圆角"快捷工具栏，如图 3-46 所示。创建圆角的方法有以下两种。

图 3-46 "圆角"快捷工具栏

(1) 要在图 3-47①所示的矩形上生成圆角，可单击"圆角"快捷工具栏上"圆角方法"区域内的"修剪"按钮 ，在绘图区域选择两条线段，然后在光标右下角的文本框中输入圆角半径，按<Enter>键或单击鼠标中键，生成如图 3-47②所示的圆角；也可在绘图区域选择三条线段，生成与三条线段同时相切的圆角，如图 3-47③所示。

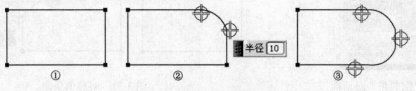

图 3-47 修剪创建圆角

(2) 要在图 3-48①所示的矩形上生成圆角并保留圆角外侧的图线，可单击"圆角"快捷工具栏上"圆角方法"区域内的"取消修剪"按钮 ，在绘图区域选择两条线段，然后在光标右下角的文本框中输入圆角半径，生成如图 3-48②所示的圆角；也可在绘图区域选择三条线段，生成如图 3-48③所示的圆角。

若在三条线间生成圆角，可在"圆角"快捷工具栏上"选项"区域内选择"删除第三条曲线"按钮 ，删除圆角外侧的图线，如图 3-47③所示，否则将保留该图线，如图 3-49 所示。

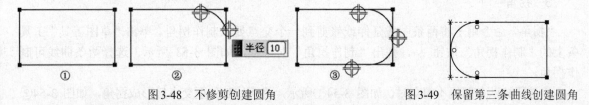

图 3-48 不修剪创建圆角   图 3-49 保留第三条曲线创建圆角

若在选定的图线之间生成的圆角可以有多个不同的答案，则可以在"圆角"快捷工具栏上"选项"区域内单击"创建备选圆角"按钮 ，在不同答案之间切换。

2. 倒斜角

"倒斜角"命令用于在两条图线之间生成倒角。单击"草图工具"工具条上的"倒斜角"按钮 ，弹出"倒斜角"对话框，如图 3-50 所示。倒角的类型有以下三种。

(1) 对称倒斜角 在对话框的"偏置"区域"倒斜角"下拉列表框中选择"对称"，在"距离"文本框中输入倒角的距离尺寸，单击对话框中"要倒斜角的曲线"区域激活"选择直线"指令，在窗口中选择两条直线可制作对称倒斜角，如图 3-51 所示。

(2) 非对称倒斜角 在对话框的"偏置"区域"倒斜角"下拉列表框中选择"非对称"，在"距离"文本框中输入倒角两侧的距离尺寸，单击对话框中"要倒斜角的曲线"区域激活"选择直线"指令，在窗口中选择两条直线可制作非对称倒斜角，如图 3-52①所示。倒角倾斜的方向与选择两直线的次序及鼠标单击确认的位置有关，若倒角倾斜的方向与所需方向相反，则调整选择两直线的次序或拖动鼠标改变单击确认的位置即可。

（3）根据偏置和角度倒斜角　在对话框的"偏置"区域"倒斜角"下拉列表框中选择"偏置和角度"，在"距离"和"角度"文本框中输入倒角与一侧的夹角及一侧的距离尺寸，单击对话框中"要倒斜角的曲线"区域激活"选择直线"指令，在窗口中选择两条直线可制作倒角，如图 3-52②所示。若倒角倾斜的方向与所需方向相反，则调整选择两直线的次序或拖动鼠标改变单击确认的位置即可。

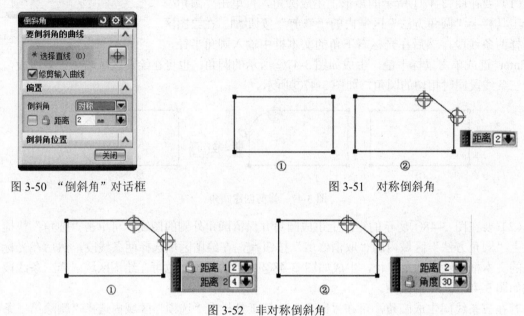

图 3-50　"倒斜角"对话框　　　　　　　图 3-51　对称倒斜角

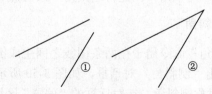

图 3-52　非对称倒斜角

3．拐角

"拐角"命令用于将两条图线延伸或修剪到一个交点处来制作拐角。单击"草图工具"工具条上的"制作拐角"按钮，弹出"制作拐角"对话框，如图 3-53 所示，选择两条曲线可制作拐角。

当选择的两条图线不相交时，如图 3-54①所示，将两线延伸至交点后形成拐角，如图 3-54②所示。

图 3-53　"制作拐角"对话框　　　　　　图 3-54　延伸后制作拐角

当选择的两条图线相交时，如图 3-55①所示，将两线修剪至交点后形成拐角。选择图线时，鼠标单击的部位不同，修剪后的结果也不同，最终保留的图线是交点一侧鼠标单击的部分，如图 3-55②、③、④、⑤所示。

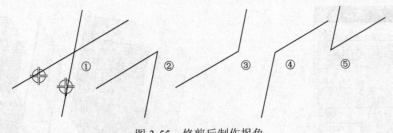

图 3-55　修剪后制作拐角

3.3.3　偏置曲线、投影曲线与镜像曲线

1. 偏置曲线

"偏置曲线"命令用于生成草图平面上曲线串的等距线。单击"草图工具"工具条上的"偏置曲线"按钮，弹出"偏置曲线"对话框，如图 3-56 所示。首先，选中要偏置的图线，然后在对话框中设定相应的选项和参数，单击"确定"按钮 确定 或"应用"按钮 应用，完成图线偏置。对话框设置如下。

（1）在"偏置"区域"距离"文本框中输入偏置后的图线与原图线之间的距离。

（2）当预览到的偏置图线的位置与期望的位置不符时，可单击"反向"按钮，则偏置位置可在原图线的内侧与外侧之间切换。

（3）"对称偏置"复选框选中时，可同时在原图线的内外两侧各偏置一条等距离的图线。

图 3-56　"偏置曲线"对话框

（4）"副本数"文本框可输入一次性生成偏置曲线的数目。

（5）当偏置图线位于原图线内侧时，偏置结果如图 3-57①所示。

（6）当偏置图线位于原图线外侧时，需在"端盖选项"中选择所需的类型。

① 延伸端盖　偏置后的图线如有断口，则延伸至相交的交点处，如图 3-57②所示。

② 圆弧帽形体　偏置后的图线如有断口，则用圆弧相连接，如图 3-57③所示。

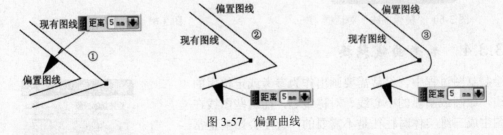

图 3-57　偏置曲线

2. 投影曲线

"投影曲线"命令用于沿草图平面的法向将草图外部的曲线、实体边缘、顶点等投影到草图上。单击"草图工具"工具条上的"投影曲线"按钮，弹出"投影曲线"对话框，如图 3-58 所示。现将图 3-59①所示的实体左端面轮廓投影到草图平面上，选择实体左端面或其边缘，单击"确定"按钮 确定 或"应用"按钮 应用，投影结果如图 3-59②所示。

图 3-58　"投影曲线"对话框

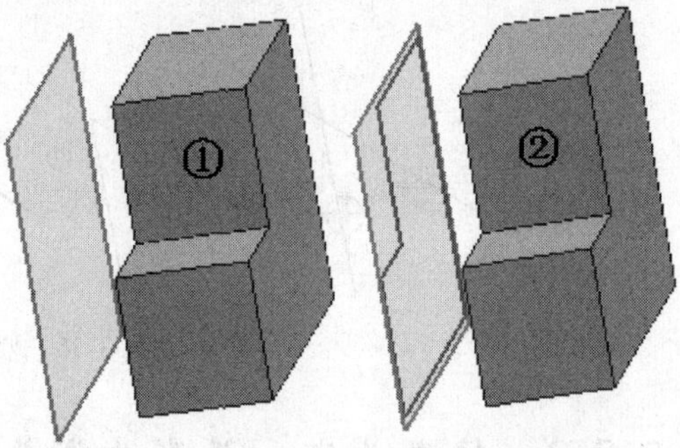

图 3-59　投影曲线

3. 镜像曲线

"镜像曲线"命令可通过现有草图曲线创建几何图形的镜像副本。单击"草图工具"工具条上的"镜像曲线"按钮 ，弹出"镜像曲线"对话框，如图 3-60 所示。

现以图 3-61②所示直线为对称轴，镜像图 3-61①所示几何图线。单击"镜像曲线"对话框中"中心线"选项中"选择中心线"区域，在图形区用鼠标选择对称线，如图 3-61②所示；单击对话框中"选择对象"选项中"选择曲线"区域，在图形区用鼠标选择要镜像的曲线，如图 3-61③所示，单击"确定"按钮 确定 或"应用"按钮 应用 ，镜像结果如图 3-61④所示。

如果对话框的设置区域复选框"转换要引用的中心线"被选中，则镜像后对称线将自动转换成参考线，如图 3-61⑤所示。

图 3-60　"镜像曲线"对话框

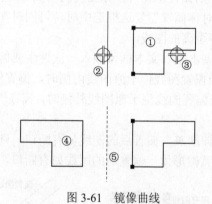

图 3-61　镜像曲线

3.3.4　参考曲线转换

绘制草图过程中，经常需要画出作为参考或定位用的辅助线，如圆或圆弧的中心线、对称线等，而这些图线在由草图生成三维实体时往往是不需要的，甚至会影响正常造型；有时在为草图对象添加几何约束和尺寸约束的过程中，有些草图对象和尺寸可能引起约束冲突。因此，需要将部分草图曲线或尺寸转换为参考对象，也可以将参考对象转换为正常的曲线或尺寸。

单击"草图工具"工具条中的"转换至/自参考对象"按钮 ，弹出"转换至/自参考对象"对话框，如图 3-62 所示。

图 3-62　"转换至/自参考对象"对话框

设置对话框中"转换为"选项中单选框"参考曲线或尺寸"或"活动曲线或驱动尺寸",然后在绘图区域选择要转换的图线,单击"确定"按钮 确定 或"应用"按钮 应用,完成图线转换。

3.4 草图约束

草图约束分为几何约束和尺寸约束。几何约束用于控制草图的几何形状,定位草图对象和确定草图对象之间的相互位置关系;尺寸约束用于控制一个草图对象的尺寸或两个对象间的相对位置关系,相当于对草图对象进行尺寸标注。与尺寸标注不同之处在于,尺寸约束可以驱动草图对象的尺寸,即根据给定尺寸驱动、限制和约束草图对象的形状、大小或位置。草图绘制时可以先勾画出近似的轮廓,通过施加几何约束和尺寸约束,使轮廓达到设计要求。

草图的约束状态随草图约束的添加而变化,可分为以下三种状态。

(1)欠约束状态 草图曲线的大小、形状或位置未能完全限定。在约束命令执行的状态下,状态行显示缺少的约束数量;在默认的颜色设置下,激活的草图中未添加约束的图线颜色为蓝色,已添加约束的图线颜色为棕红色。此时,可根据需要继续添加约束。

(2)完全约束状态 草图曲线的大小、形状及位置完全限定。在约束命令执行的状态下,状态行显示"草图已完全约束";在默认的颜色设置下,激活的草图颜色为绿色。此时,已不能再添加约束。

(3)过约束状态 草图中部分图线添加的约束使得其大小、形状或位置产生相互冲突,其中的部分约束未能形成。在约束命令执行的状态下,状态行显示"草图包含过约束的几何体";在默认的颜色设置下,激活的草图或其中的部分图线颜色为红色。由草图生成三维实体时,过约束的草图可能会影响造型的准确性,甚至无法生成三维实体。此时,应分析哪些约束之间相互冲突,删除其中多余的或与其他约束冲突的约束。

3.4.1 几何约束

几何约束分为约束(人工添加的约束)和自动约束(绘制曲线过程中系统自动添加的约束)两种。使用"草图工具"工具条中的草图约束功能按钮可对各种草图曲线进行约束,如图 3-63所示。

图 3-63 草图几何约束工具

1. 约束

单击"草图工具"工具条中的"约束"按钮,此时选取视图区需创建几何约束的对象后,弹出与该对象相对应的可施加的约束工具条,选择相应按钮,即可施加有关的几何约束。在 UG中系统提供了多种类型的几何约束,选择的草图对象不同,可添加的几何约束类型也不同。常用的约束按钮功能如表 3-1 所示。

表 3-1　UG NX 8.0 约束按钮功能

图标	名称	功能
⊥	固定	将选择的曲线或曲线的端点位置固定
⊥⊥	完全固定	将选择曲线的形状、位置和大小均固定
\\	共线	使一根或一根以上的直线移动到指定位置的参考线上
→	水平	使直线处于水平位置
↑	竖直	使直线处于竖直位置
//	平行	使两条或两条以上直线相互平行
⊥	垂直	使两条直线相互垂直
=	等长	使两条或两条以上直线长度相等
↔	定长度	使直线长度恒定
∠	定角度	使两条直线之间的角度恒定
◎	同心	使两条或多条圆或圆弧同心
◯	相切	使两条图线相切
⌒	等半径	使两条或多条圆或圆弧等半径
⏐	点在线上	使点位于选定的曲线上
⊢	中点	使点位于选定的曲线中点处
⌐	重合	使两个或两个以上的点定位于同一位置

 与图线端点相关的约束需捕捉图线的端点，将光标选择球套住图线端点；与图线整体相关的约束不能捕捉图线的端点，操作时要特别留意。

2．显示所有约束

"显示所有约束"命令用于显示已经施加于草图的所有约束。单击"草图工具"工具条中的"显示所有约束"按钮，草图上会在施加约束的部位以规定的符号显示出全部约束。

3．不显示约束

"不显示约束"命令与"显示所有约束"命令的功能相反，用于隐藏已经施加于草图的所有约束。单击"草图工具"工具条中的"不显示约束"按钮，则隐藏草图上的全部约束。

4．显示/移除约束

"显示/移除约束"命令用于显示和选定与几何图形关联的几何约束，并移除这些约束或显示相关信息。

单击"草图工具"工具条中的"显示/移除约束"按钮，弹出"显示/移除约束"对话框，如图 3-64 所示。在"列出以下对象的约束"选择区域设定单选框"选定的一个对象"（在列表中显示图形窗口中选定的一个对象上施加的约束）、"选定的多个对象"（在列表中显示图形窗口中选定的多个对象上施加的约束）或"活动草图中的所有对象"（在列表中显示活动草图中所有对象上施加的约束）；在"约束类型"下拉列表中选择要显示的约束类型，以过滤掉不需显示的类型；在"显示约束"列表框中选择需操作的约束，单击"移除高亮显示的"按钮，将删除列表中已选择的约束；单击"信息"按钮，将显示列表中所选约束的有关信息；单击"移除所列的"按钮，将删除列表中显示的所有约束。

5．自动判断约束和尺寸

"自动判断的约束"用于在草图绘制过程中自动推断并建立约束。单击"草图工具"工具条中的"自动判断约束和尺寸"按钮，弹出如图 3-65 所示的"自动判断约束和尺寸"对话框，从中选择相应的复选框，在草图绘制过程中可自动推断并建立该约束。

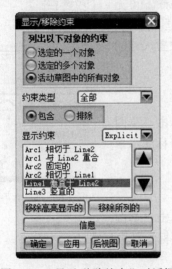

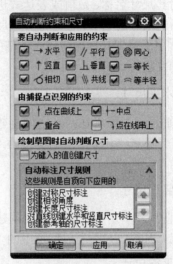

图 3-64　"显示/移除约束"对话框　　　　图 3-65　"自动判断约束和尺寸"对话框

3.4.2　尺寸约束

使用"草图工具"工具条中的草图尺寸约束功能按钮可对各种草图曲线施加尺寸约束，如图 3-66 所示。

图 3-66　尺寸约束工具

1．自动判断的尺寸

"自动判断尺寸"按钮功能是根据选定的对象或光标所在的位置自动判断尺寸类型来创建尺寸约束。单击"草图工具"工具条中的"自动判断尺寸"按钮，弹出"尺寸"快捷工具栏，如图 3-67 所示。

（1）单击"尺寸"快捷工具栏中的"创建参考尺寸"按钮，在草图上选择图线，系统根据选定对象的属性及光标位置自动推断生成尺寸。

（2）在标注角度尺寸时，如果单击"尺寸"快捷工具栏中的"创建内错角"按钮，标注的角度是所选两直线夹角的外角（数值总大于 180°），如图 3-68 所示。

图 3-67　"尺寸"快捷工具栏

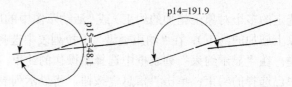

图 3-68　创建内错角

（3）单击"尺寸"快捷工具栏中的"草图尺寸对话框"按钮，弹出"尺寸"对话框，如图 3-69 所示。该对话框的上部为各种类型尺寸图标，选择这些图标可标注相应类型的尺寸（将在下面详细介绍）；列表框中显示活动草图中已经标注的尺寸，选中其中的某一尺寸可对其尺寸名称、数值或表达式进行编辑，中部的滑标可无级调节所选尺寸的大小，也可将所选尺寸删除；下拉列表框和用于设置尺寸的格式；下部的三个复选框用于设置尺寸的一些特殊要求。

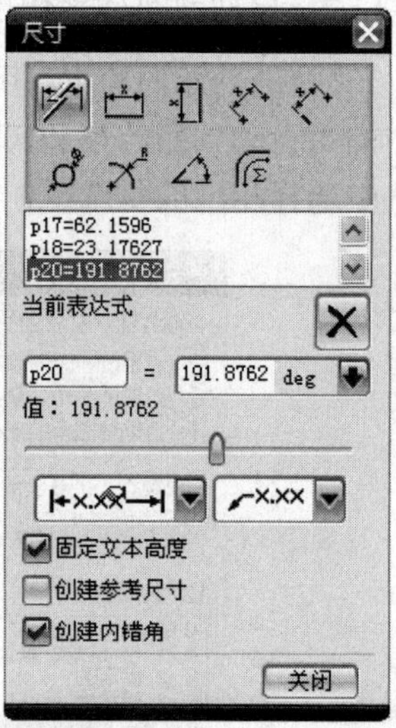

图 3-69　"尺寸"对话框

2．水平尺寸

"水平尺寸"用于在两点之间创建水平距离约束。单击"草图工具"工具条或"尺寸"对话框中的"水平"按钮，可标注水平尺寸。

3．竖直尺寸

"竖直尺寸"用于在两点之间创建竖直距离约束。单击"草图工具"工具条或"尺寸"对话框中的"竖直"按钮，可标注竖直尺寸。

4．平行尺寸

"平行尺寸"用于在两点之间创建最短距离约束。单击"草图工具"工具条或"尺寸"对话框中的"平行"按钮，可标注平行尺寸。

5．垂直尺寸

"垂直尺寸"用于在点与直线之间创建最短距离约束。单击"草图工具"工具条或"尺寸"对话框中的"垂直"按钮，可标注垂直尺寸。

6．角度尺寸

"角度尺寸"用于在两条不平行的直线之间创建角度约束。单击"草图工具"工具条或"尺寸"对话框中的"角度"按钮，可标注角度尺寸。

7．直径尺寸

"直径尺寸"用于为圆或圆弧创建直径约束。单击"草图工具"工具条或"尺寸"对话框中的"直径"按钮，可标注直径尺寸。

8．半径尺寸

"半径尺寸"用于为圆或圆弧创建半径约束。单击"草图工具"工具条或"尺寸"对话框中的"半径"按钮，可标注半径尺寸。

3.5 操作实例

本节将通过实例介绍草图曲线绘制的一般操作过程。通常，一个图线的绘制方法和步骤并非是唯一的，不同的操作人员有不同的操作风格和操作习惯，适合自己的方法就是最好的方法。现介绍图 3-70 所示某机械零件轮廓曲线的画法。

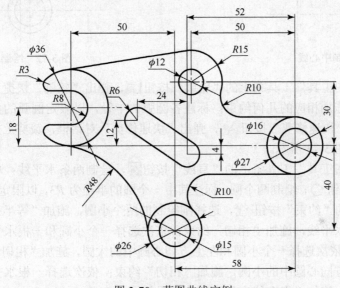

图 3-70　草图曲线实例

（1）新建部件文件，命名为"SKTCH01.prt"，设置尺寸单位为"毫米"。

（2）选择菜单【首选项】|【草图】，弹出"草图首选项"对话框，在"草图样式"标签中设置尺寸标签类型和尺寸文本高度；去除复选框"连续自动标注尺寸"（因系统自动标注的尺寸约束有的与实际需要并不相符，这对准确约束草图会产生一定的干扰，在草图绘制、编辑、约束尚不熟练的情况下暂不使用自动标注尺寸是明智的选择），其他选项默认。

（3）单击"特征"工具条上的"任务环境中的草图"按钮 品，弹出"创建草图"对话框，选择一个放置草图的平面，单击"确定"按钮 确定 ，进入草图绘制界面。

（4）任意位置绘制一长度约为 150 的水平线，如图 3-71①所示；绘制长度约为 110 的竖直线，如图 3-71②所示，以定位右端同心圆。

（5）单击"草图工具"工具条上的"偏置曲线"按钮 ，弹出"偏置曲线"对话框，选择水平线作为要偏置的图线，在对话框中依次设定偏置距离 18、30、40，单击"应用"按钮 应用 ，偏置三条水平线；选择竖直线作为要偏置的图线，在对话框中依次设定偏置距离 108、58、50，单击"确定"按钮 确定 ，偏置三条竖直线；单击"草图工具"工具条中的"转换至/自参考对象"按钮 ，弹出"转换至/自参考对象"对话框。设置对话框中"转换为"选项中单选框"参考"，在绘图区域选择所有图线，单击"确定"按钮 确定 ，将以上图线转换成参考线，作为四个圆孔的中心线；标注中心线之间相对位置尺寸以限定相对位置（为使图形清晰，图中尺寸已被隐藏），如图 3-71 所示。

（6）在任意位置以任意直径绘制八个圆；单击"草图工具"工具条中的"约束"按钮 ，

两两选择绘制的圆，施加同心约束；用"点在线上"约束，使每组同心圆的中心约束到指定的位置；标注各圆的直径或半径，以限定圆的大小，如图 3-72 所示。

图 3-71　绘制中心线

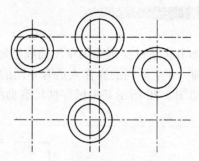

图 3-72　绘制同心圆

（7）单击"草图工具"工具条上的"轮廓"按钮 🔄，弹出"轮廓"快捷工具条。依次绘制外围轮廓图线，并施加相应的几何约束；标注各圆弧的半径，以限定圆弧的大小；单击"草图工具"工具条上的"快速修剪"按钮 ✂，弹出"快速修剪"对话框，裁剪上方圆形孔大圆上的多余线条，结果如图 3-73 所示。

（8）单击"草图工具"工具条上的"直线"按钮 ⁄，绘制两条水平线；单击"草图工具"工具条上的"圆"按钮 ○，绘制两个圆。标注其中一个圆的半径为 R3，以限定其大小；单击"草图工具"工具条中的"约束"按钮 ⊿，选择刚绘制的两个小圆，施加"等半径"约束；依次选择一个小圆和一根水平线，施加"相切"约束；依次选择一个小圆和一根水平线的端点，施加"点在线上"约束；依次选择一个小圆和左上方同心圆中的大圆，施加"相切"约束；依次选择一根水平线和左上方同心圆中的小圆，施加"相切"约束；依次选择一根水平线的端点和左上方同心圆中的小圆，施加"点在线上"约束，结果如图 3-74 所示。

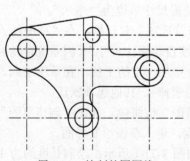

图 3-73　绘制外围图线

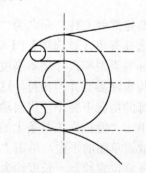

图 3-74　绘制左上方缺口轮廓

（9）单击"草图工具"工具条上的"快速修剪"按钮 ✂，弹出"快速修剪"对话框，裁剪掉左上方缺口部分的多余线条，结果如图 3-75 所示。

（10）绘制长圆形孔。单击"草图工具"工具条上的"轮廓"按钮 🔄，弹出"轮廓"工具条。依次绘制圆弧—倾斜直线—圆弧—倾斜直线，并首尾相接构成封闭图形；标注其中一个圆弧的半径为 R6，以限定其大小；单击"草图工具"工具条中的"约束"按钮 ⊿，选择刚绘制的两个圆弧，施加"等半径"约束；选择刚绘制的两条倾斜直线，施加"等长"及"平行"约束；依次选择圆弧和相连的倾斜线，施加"相切"约束，结果如图 3-76 所示。

（11）标注尺寸，给长圆孔定形和定位；显示所有隐藏的尺寸，结果如图 3-77 所示。

（12）保存部件文件。

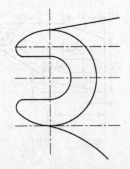

图 3-75 裁剪左上方缺口

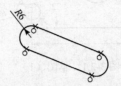

图 3-76 绘制长圆形孔

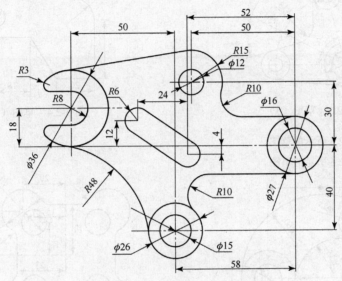

图 3-77 定位长圆形孔并完成全图

思考题与操作题

3-1 思考题

3-1.1 直线命令能否连续绘制多条首尾相接的直线段？

3-1.2 草图绘制和在三维建模界面曲线绘制有何异同？

3-1.3 直接草图与任务环境中的草图有何异同？

3-1.4 派生直线命令能否对一条直线进行连续多次复制？

3-2 操作题

3-2.1 绘制图 3-2.1 所示的草图。

3-2.2 绘制图 3-2.2 所示的草图。

3-2.3 绘制图 3-2.3 所示的草图。

3-2.4 绘制图 3-2.4 所示的草图。

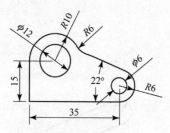

图 3-2.1 草图（1）

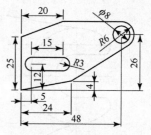

图 3-2.2 草图（2）

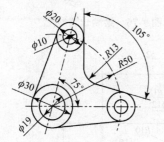

图 3-2.3 草图（3）

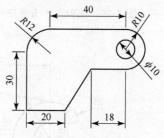

图 3-2.4 草图（4）

3-2.5 绘制图 3-2.5 所示的草图。

3-2.6 绘制图 3-2.6 所示的草图。

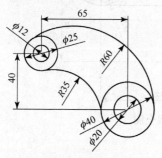

图 3-2.5 草图（5）

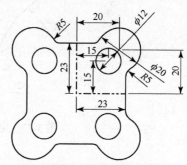

图 3-2.6 草图（6）

3-2.7 绘制图 3-2.7 所示的草图。

3-2.8 绘制图 3-2.8 所示的草图。

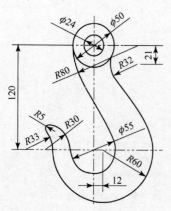

图 3-2.7 草图（7）

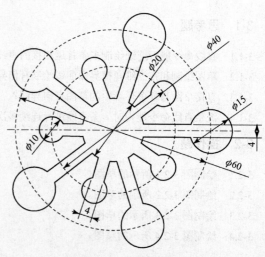

图 3-2.8 草图（8）

第 4 章

实 体 建 模

本章介绍在建模模块中实体建模的主要方法：基本成形特征、布尔运算、参考特征、扫描特征、编辑成形特征、特征操作和同步建模。通过这些方法可以完成大部分实体的建模，对实体进行精确的定义，并且由于进行的是特征建模，可以在部件导航器中显示所有的特征并进行编辑，其中部分特征支持参数化设计。

4.1 基本成形特征

基本成形特征包括长方体、圆柱、圆锥和球等基本几何体，可以通过菜单【插入】|【设计特征】或在"特征"工具条中选择相应工具按钮创建相应基本成形特征。

 若工具条中无相应的工具，则可以在工具条上单击鼠标右键，在菜单中单击"定制"，在弹出的定制对话框中找到该工具，将工具图标拖动到工具条中去。

4.1.1 长方体

单击"特征"工具条中的"长方体"按钮，或选择菜单【插入】|【设计特征】|【长方体】，弹出如图 4-1 所示的"块"对话框，可以创建棱边与坐标轴平行的长方体。在对话框中单击"类型"下拉列表框，有三种创建长方体的方式可供选择。

1. 原点和边长

该选项为默认选项，在图 4-1 所示的"原点"区域单击后用鼠标在绘图窗口捕捉，通过点构造器或点捕捉工具指定原点（长方体上 x、y、z 三个方向坐标值均最小的一个顶点），并在"尺寸"区域输入长方体的长度、宽度、高度值，单击"确定"按钮 确定 或"应用"按钮 应用 创建长方体。

2. 两点和高度

选择该选项后，对话框显示为图 4-2 所示的形式，在"原点"区域单击后用鼠标在绘图窗口捕捉，也可以通过点构造器或点捕捉工具指定长方体底面对角线的一个端点，在"从原点出发的点 XC，YC"区域单击后指定底面上的另一对角点，并在尺寸区域中输入高度值，单击"确定"按钮 确定 或"应用"按钮 应用 创建长方体。

图 4-1　"块"对话框

3. 两个对角点

选择该选项后"块"对话框显示为图 4-3 所示的形式，在"原点"和"从原点出发的点 XC，YC，ZC"两个区域分别单击后指定两个点作为长方体体对角线的两个端点，单击"确定"按钮 确定 或"应用"按钮 应用 创建长方体。

图 4-2　两点和高度类型

图 4-3　两个对角点类型

　在对话框的"布尔"区域中可选择布尔运算方式，分别为："无"、"求和"、"求差"和"求交"。当选择"无"时，长方体将创建为独立的单个实体；当选择其余选项时，需要选择目标体与创建的长方体进行相应的布尔运算。

4.1.2　圆柱

单击"特征"工具条中的"圆柱"按钮，或选择菜单【插入】|【设计特征】|【圆柱体】，弹出如图 4-4 所示的"圆柱"对话框，在"类型"区域单击下拉列表框，有两种创建圆柱的方式可供选择。

1. 轴、直径和高度

在图 4-4 所示对话框的"轴"区域单击后用鼠标在绘图窗口捕捉，或通过矢量构造器指定矢量为圆柱中心轴方向，指定点为圆柱底面的中心点，并在"尺寸"区域输入直径及高度，单击"确定"按钮 确定 或"应用"按钮 应用 创建圆柱体。

2．圆弧和高度

选择该选项后，"圆柱"对话框显示为图 4-5 所示的形式。在"圆弧"区域单击后指定圆或圆弧作为圆柱的底面，并在"尺寸"区域中输入圆柱高度值，单击"确定"按钮 确定 或"应用"按钮 应用 创建圆柱体。

图 4-4 "圆柱"对话框

图 4-5 圆弧和高度选项

4.1.3 圆锥

在"特征"工具条中单击"圆锥"按钮 ⚠，或选择菜单【插入】|【设计特征】|【圆锥】，弹出如图 4-6 所示的"圆锥"对话框，在"类型"区域单击"类型"下拉列表框，有五种创建圆锥或圆台的方法可供选择。

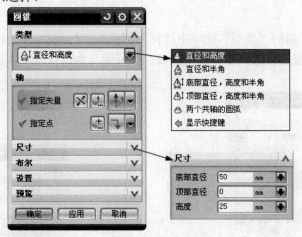

图 4-6 "圆锥"对话框

1．直径和高度

通过指定一个轴向矢量作为圆锥中心轴方向，指定点作为圆锥底面的中心点，并输入底部直径、顶部直径和高度尺寸来创建圆锥或圆台。

2．直径和半角

通过指定轴向矢量作为圆锥中心轴方向，指定点作为圆锥底面的中心点，并输入底部直径、顶部直径和锥顶半角来创建圆锥或圆台。

3．底部直径、高度和半角

通过指定轴向矢量作为圆锥中心轴方向，指定点作为圆锥底面的中心点，并输入底部直径、高度和锥顶半角来创建圆锥或圆台。

4．顶部直径、高度和半角

通过指定轴向矢量作为圆锥中心轴方向，指定点作为圆锥底面的中心点，并输入顶部直径、高度和锥顶半角来创建圆锥或圆台。

5．两个共轴的圆弧

通过指定已存在的两个不共面但共轴的圆弧或圆（可以是曲线，也可以是实体边缘）作为圆锥的底面和顶面的边缘创建圆锥或圆台。

 底面直径不能为 0，顶面直径可以为 0，当顶面直径为 0 时创建的为圆锥，否则为圆台。锥顶半角可以为负，此时，顶面直径大于底面直径。

4.1.4　球

在"特征"工具条中单击"球"按钮，或选择菜单【插入】|【设计特征】|【球】，弹出如图 4-7 所示的"球"对话框，在"类型"下拉列表框中，有两种创建球的方法可供选择。

1．中心点和直径

在对话框的"类型"选项中选择"中心点和直径"，在"中心点"区域单击后用鼠标在绘图窗口捕捉，也可以通过点构造器或点捕捉工具指定球体的球心位置，并在"尺寸"区域输入球大圆直径，单击"确定"按钮 确定 或"应用"按钮 应用 创建球体。

2．圆弧

在图 4-7 所示对话框的"类型"选项中选择"圆弧"，对话框变化为图 4-8 所示的形式。在"圆弧"区域单击后用鼠标在绘图窗口捕捉曲线圆弧或圆，也可以是实体边缘，以确定球体大圆位置及半径创建球体。

图 4-7　"球"对话框　　　　　　　　图 4-8　圆弧方式创建球

4.2 布尔运算

在 UG NX 8.0 中各实体需要进行组合才能成为一个
整体。零件往往是多个实体的组合，组合的途径就是使用
布尔运算。布尔运算操作有和、差、交三种类型，操作时
要选择目标体与工具体，目标体只能有一个，它是生成组
合体的基体，工具体可以有一个或多个实体。

选择菜单【插入】|【组合】的各项子选项，如图 4-9
所示，或单击"特征"工具条中相应的工具按钮 ，
弹出相应的布尔运算对话框。

布尔运算也是一种特征，在部件导航器中可以查找并
编辑该特征。

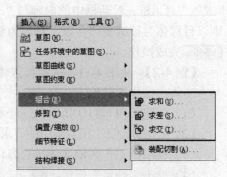

图 4-9 布尔运算下拉菜单

4.2.1 求和

布尔求和运算用于将两个或两个以上的实体结合成为一个实体，相当于加法。

单击"特征"工具条中的"求和"按钮，或选择菜单【插入】|【组合】|【求和】，弹出
"求和"对话框，如图 4-10 所示。选择一个目标体和一个或多个工具体，单击"确定"按钮 确定
或"应用"按钮 应用 完成操作。

【例 4-1】 将图 4-11①中的三个实体组合为一个实体。

操作步骤如下：

（1）创建如图 4-11①所示的三个相互交叠的立体。

（2）单击"特征"工具条中的"求和"按钮，弹出"求和"对话框。

（3）在绘图工作区依次选择长方体和两个圆柱体。

（4）单击"确定"按钮 确定 ，结果如图 4-11②所示，三个实体结合为一个实体。

⚠ 默认情况下源立体不再保留，若要保留则在对话框的"设置"区域中进行选择。

图 4-10 "求和"对话框

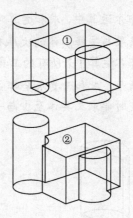

图 4-11 求和运算

4.2.2 求差

布尔求差运算用于从一个实体上挖切出一个或多个实体,使之成为一个新实体,相当于减法运算。

单击"特征"工具条中的"求差"按钮，或选择菜单【插入】|【组合】|【求差】,弹出"求差"对话框,对话框中的内容与"求和"对话框相同。按照目标体、工具体的顺序选择实体,则以目标体为被减实体,以工具体为要减去的立体,单击"确定"按钮 确定 或"应用"按钮 应用 完成操作。

【例 4-2】 从图 4-11①所示长方体中将两个圆柱挖切出来,使之成为一个实体。操作步骤如下。

（1）创建如图 4-11①所示的三个相互交叠的立体。

（2）单击"特征"工具条中的"求差"按钮，弹出"求差"对话框。

（3）在绘图工作区依次选择长方体、两个圆柱体。

（4）单击"确定"按钮 确定 ，结果如图 4-12 所示。

图 4-12 求差运算

4.2.3 求交

布尔求交运算用于求实体间的交集,将实体重叠的部分作为新实体。

单击"特征"工具条中的"求交"按钮，或选择菜单【插入】|【组合】|【求交】,弹出"求交"对话框,对话框中的内容与"求和"对话框相同。按照目标体、工具体的顺序选择实体,单击"确定"按钮 确定 或"应用"按钮 应用 完成操作。

【例 4-3】 求图 4-11①所示的三个相互交叠的立体的交集。

操作步骤如下。

（1）创建如图 4-11①所示的立体。

（2）单击"特征"工具条中的"求交"按钮，弹出"求交"对话框。

（3）在绘图工作区依次选择长方体、两个圆柱体。

（4）单击"确定"按钮 确定 ，结果如图 4-13①所示。

若在第（3）步中选择实体的顺序改为左边圆柱、长方体、右边圆柱,则结果为图 4-13②所示,目标体为左边圆柱,长方体和右边圆柱体为工具体,而右边圆柱与目标体不相交,则它不参与交集运算。

 布尔运算中,求和运算时运算结果与选择实体的次序无关;求差运算及求交运算的结果与选择实体的次序有关。

 布尔运算中若所有的工具体与目标体均不相交则会弹出出错的消息提示框,如图 4-14 所示。求和时要求全部立体之间不能只通过一个点或一条线连接在一起;求差、求交时要求工具体至少与一个目标体重叠。

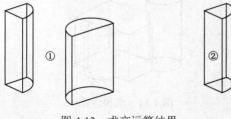

图 4-13 求交运算结果

图 4-14 出错消息提示框

4.3 参考特征

在创建实体时有时会依赖已经存在的一些指定位置的矢量方向、平面、坐标系等，这时就要在这些位置上创建参考特征，便于实体的创建。在 UG 中参考特征有基准轴、基准平面和基准坐标系，本节只介绍常用的基准轴和基准平面。

4.3.1 基准轴

基准轴是一个方向矢量，在图形区域显示为一个带方向的箭头，可以作为回转体的轴线、圆形阵列的轴线、拉伸方向等参考。

单击"特征"工具条中的"基准轴"按钮 ↑，或选择菜单【插入】|【基准/点】|【基准轴】，弹出"基准轴"对话框，如图 4-15 所示。在"类型"下拉列表框中提供了九种创建基准轴的方法。

1. 自动判断

根据所选对象的属性自动判断，并用以下所述方法中的某一种方法创建基准轴。

2. 交点

以两个面的交线作为基准轴，这两个面可以是实体表面的平面，也可以是已有的基准面，操作步骤如下。

（1）在"基准轴"对话框中选择"交点"类型，弹出如图 4-16 所示的"基准轴"对话框。

图 4-15 "基准轴"对话框

图 4-16 "基准轴"对话框

（2）在图形区域中选择平面 1，如图 4-17 所示。

（3）在图形区域中选择平面 2。

（4）在对话框中的"轴方位"区域单击"反向"按钮调整轴的方向。

（5）单击"确定"按钮 确定 或"应用"按钮 应用 完成操作。

3. 曲线/面轴

以线性边、曲线和曲面生成基准轴，操作步骤如下。

（1）在"基准轴"对话框中选择"曲线/面轴"类型。

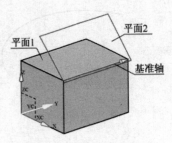

图 4-17 交点创建基准轴

（2）在图形区域中选择线性边、曲线或曲面。

（3）在对话框中的"轴方位"区域单击"反向"按钮调整轴的方向。

（4）单击"确定"按钮 确定 或"应用"按钮 应用 完成操作，如图 4-18 所示。

4．曲线上矢量

在已有曲线上选定一个点，以这一点为方向矢量起点，以指定方向为矢量方向创建基准轴。方位有相切、法向、副法向、垂直于对象、平行于对象五种方式，操作步骤如下。

（1）在"基准轴"对话框中选中"曲线上矢量"类型，对话框如图 4-19 所示。

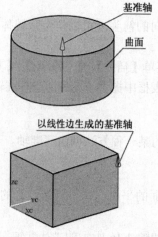

图 4-18　曲线/面轴创建基准轴

图 4-19　"曲线上矢量"类型

（2）在图形区域中选择一条曲线。

（3）在对话框中"曲线上的位置"区域指定曲线上的一个位置点作为基准轴的起点。

（4）在"曲线上的方位"区域设置轴的方位。

（5）在"轴方位"区域单击"反向"按钮调整轴的方向。

（6）单击"确定"按钮 确定 或"应用"按钮 应用 完成操作，如图 4-20 所示。

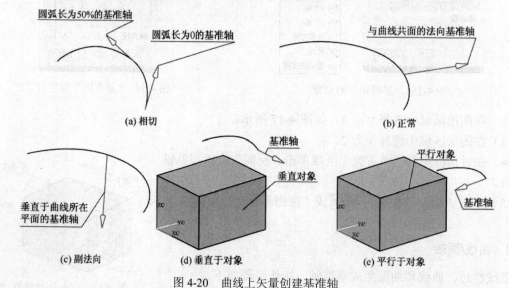

图 4-20　曲线上矢量创建基准轴

5．XC轴

沿工作坐标系中的XC轴创建基准轴。操作方法是：在"基准轴"对话框中选中"XC轴"类型；在"轴方位"区域单击"反向"按钮调整轴的方向；单击"确定"按钮 确定 或"应用"按钮 应用 完成操作。

6．YC轴

沿工作坐标系中的YC轴创建基准轴，操作同"XC轴"方式。

7．ZC轴

沿工作坐标系中的ZC轴创建基准轴，操作同"XC轴"方式。

8．点和方向

用指定点和指定方向创建基准轴，轴方向的指定有两种方式：垂直于矢量和平行于矢量。操作方法如下。

（1）在"基准轴"对话框中选择"点和方向"类型。

（2）直接在图形区域指定点或用点构造器指定点作为轴的起点。

（3）在对话框的"方向"/"方位"区域的下拉列表框中选择轴方向类型。

（4）指定矢量。

（5）在"轴方位"区域单击"反向"按钮调整轴的方向。

（6）单击"确定"按钮 确定 或"应用"按钮 应用 完成操作，如图4-21所示。

9．两点

通过指定两个点创建基准轴。操作方法如下。

（1）在"基准轴"对话框中选中"两点"类型。

（2）直接在图形区域指定点或用点构造器指定点作为基准轴的起点。

（3）指定基准轴的终点。

（4）在"轴方位"区域单击"反向"按钮调整轴的方向。

（5）单击"确定"按钮 确定 或"应用"按钮 应用 完成操作，如图4-22所示。

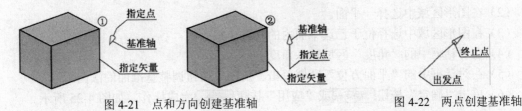

图 4-21　点和方向创建基准轴　　　　　　图 4-22　两点创建基准轴

4.3.2　基准平面

基准平面是建立特征的辅助平面，可以作为草图平面，在曲面上生成只能放置在平面上的特征的辅助平面等。

单击"特征"工具条中的"基准平面"按钮□，或选择菜单【插入】|【基准/点】|【基准平面】，弹出"基准平面"对话框，如图4-23所示。在"类型"区域下拉列表框中提供了十五种创建基准平面的方法，现分别介绍如下。

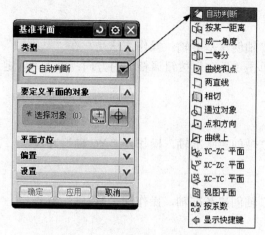

图 4-23　"基准平面"对话框

1. 自动判断

根据所选对象的属性自动判断，并用以下所述方法中的某一种方法创建基准平面。

2. 按某一距离

创建与指定平面平行，并且有一定距离的基准平面，操作步骤如下。

（1）在"基准平面"对话框中选择"按某一距离"类型。

（2）在图形区域中选择一平面。

（3）在对话框中的"偏置"区域的文本框中输入距离，距离可正可负。

（4）在对话框中的"平面方位"区域单击"反向"按钮调整基准面的法向。

（5）单击"确定"按钮 确定 或"应用"按钮 应用 完成操作，如图 4-24 所示。

3. 成一角度

指定一平面及平行于该面的一条边线，创建过边线与指定平面成一角度的基准平面，操作步骤如下。

（1）在"基准平面"对话框中选择"成一角度"类型。

（2）在图形区域中选择一平面。

（3）在图形区域中选择位于已选平面内的一条边线。

（4）在对话框中的"角度"区域输入角度。

（5）在对话框中的"平面方位"区域单击"反向"按钮调整基准面的法向。

（6）单击"确定"按钮 确定 或"应用"按钮 应用 完成操作，如图 4-25 所示。

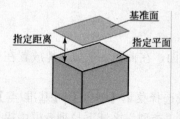

图 4-24　按某一距离创建基准平面

图 4-25　成一角度创建基准平面

4．二等分

指定两个平面创建基准面，若两平面平行，则创建与两指定平面平行且等距的基准面，如图 4-26①所示；若两平面相交，则创建两指定平面的角平分面，如图 4-26②所示。

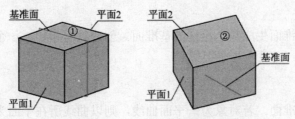

图 4-26　二等分创建基准面

5．曲线和点

指定曲线或点创建基准面，创建时有曲线和点、一点、两点、三点、点和曲线/轴、点和平面/面六种子类型。

（1）曲线和点　根据所选对象的属性自动判断，由以下点、曲线方式中某种方式创建基准面。

（2）一点　过指定点创建平行于坐标平面的基准面，如果指定点为曲线或实体边缘上的点，如端点、中点等，则创建过该点且垂直于曲线或边缘的切线方向的基准面，如图 4-27①所示。

（3）两点　指定两个点，则以两个点确定的方向为基准面的法向矢量创建基准面，如图 4-27②所示。

（4）三点　以指定三点确定的平面创建基准面，如图 4-27③所示。

（5）点和曲线/轴　若指定的是点和平面曲线，则创建过点垂直于曲线所在平面的基准面；若指定的是点和直线，则以由点和直线确定的平面为基准面，如图 4-27④所示。

（6）点和平面/面　过指定点创建与指定平面平行的基准面，如图 4-27⑤所示。

 若依据给定条件可能出现多解时，在"平面方位"区域会出现"备选解"按钮，单击则在可能的解之间循环切换，从中可选择某个解。

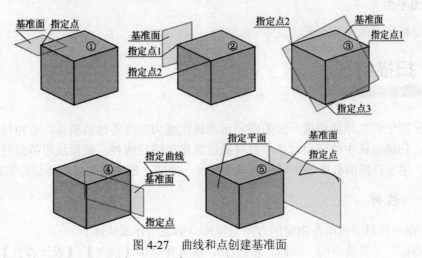

图 4-27　曲线和点创建基准面

6. 两直线

指定两直线创建基准面。若指定两直线为同一平面上的直线，则创建与两直线共面的基准面；若指定两直线异面，则创建过一直线与另一直线平行的平面。

7. 相切

指定一圆柱面或圆锥面生成与之相切的基准面。创建时有相切、一个面、通过点、通过线条、两个面、与平面成一角度六种子类型。

8. 通过对象

指定一对象创建基准面。若对象为一平面曲线，则以曲线所在平面为基准面；若对象为一平面时，将该平面作为基准面；若对象为一回转面，则过其轴线生成基准面。

9. 按系数

通过指定平面方程 $ax + by + cz = d$ 中的 a、b、c、d 四个系数创建基准面。

10. 点和方向

通过指定点作为基准面的通过点，指定方向作为法向创建基准面。

11. 曲线上

指定曲线生成与曲线相关的基准面。

12. YC-ZC 平面

生成与 YC-ZC 坐标面重合或平行的基准面。

13. XC-ZC 平面

生成与 XC-ZC 坐标面重合或平行的基准面。

14. XC-YC 平面

生成与 XC-YC 坐标面重合或平行的基准面。

15. 视图平面

创建当前视图平面为基准面。

4.4 扫描特征

扫描特征用于将二维曲线按一定的路径运动转化成为三维实体的操作，有拉伸、旋转、扫掠、管道等。扫描特征中的应用对象主要有截面线串和路径两种，截面线串按路径扫描从而生成扫描特征。用于扫描的截面线串可以是草图特征、曲线、面的边线或实体边缘等。

4.4.1 拉伸

"拉伸"命令将截面线串在指定的方向上拉伸，形成实体或片体。

单击"特征"工具条中的"拉伸"按钮，或选择菜单【插入】|【设计特征】|【拉伸】，弹出"拉伸"对话框，如图 4-28 所示。建立拉伸体步骤如下。

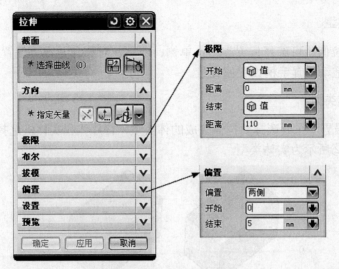

图 4-28 "拉伸"对话框

1. 选择截面线串

选择已有的线串（包括曲线、面的边线或实体边缘），也可以选择一平面进入草图界面绘制草图，作为拉伸对象。若选择的拉伸对象为封闭的线串，则生成实体或片体，可以由用户进行选择；若拉伸对象为不封闭的线串，则只能生成片体。

2. 选择拉伸方向

默认的拉伸方向为截面线串所处平面的法向，也可以选择已有的矢量，或使用"方向"区域的"矢量构造器"创建矢量作为拉伸方向。

3. 设置拉伸的起止位置

可以在对话框中"极限"区域设置数值或在绘图窗口中拖动手柄（圆球为起始位置，箭头为终止位置）至所需位置，如图 4-29 所示。

4. 选择布尔操作方式

只有在已经存在实体的情况下，才能选择布尔操作，如果有多个实体存在，则要选择目标体。

5. 指定拔模方式

需要时可选择拔模方向并输入角度，通过对话框的"拔模"区域输入角度值或用手柄进行控制，如图 4-30 所示。

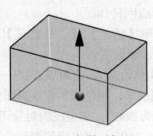

图 4-29 拉伸手柄

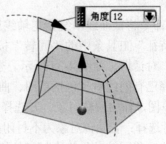

图 4-30 拔模手柄

6. 选择偏置类型

若要进行偏置拉伸，可选择偏置类型：单侧、双侧、对称，并在"偏置"区域中输入偏置量，或在绘图窗口拖动偏置手柄设置偏置量。

7. 选择拉伸体类型

在对话框的"设置"区域选择要拉伸生成的体类型，有片体和实体供选择，图4-31①所示为片体类型，图4-31②所示为实体类型。

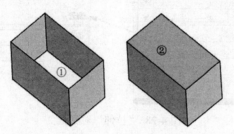

图 4-31　拉伸体类型

【例4-4】 将草图拉伸成为实体。操作步骤如下。

（1）单击"标准"工具条中的"打开"按钮，选择下载文件夹中的 CH4\CZSL\LT4-4.prt 文件，将文件打开，如图 4-32 所示。

（2）单击"特征"工具条中的"拉伸"按钮，弹出"拉伸"对话框。

（3）单击草图曲线作为截面线串，拉伸方向为默认方向。

（4）在对话框"极限"区域设定拉伸"开始"距离为0，"结束"距离为10。

（5）在对话框"拔模"区域设置拔模方式为"从起始限制"，拔模角度为2°。

（6）在"设置"区域选择体类型为"实体"。

（7）单击"确定"按钮 确定 或"应用"按钮 应用 ，完成拉伸体的创建，效果如图 4-33 所示。

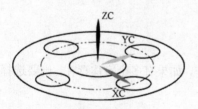

图 4-32　例题文件

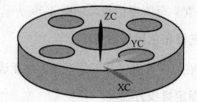

图 4-33　创建效果

4.4.2　回转

"回转"命令将截面线串绕指定轴线旋转一定角度，形成回转体。

单击"特征"工具条中的"回转"按钮，或选择菜单【插入】|【设计特征】|【回转】，弹出"回转"对话框，如图 4-34 所示。建立回转体的操作步骤如下。

（1）选择已有的线串（包括草图、曲线、面的边线或实体边缘），也可以选择一平面进入草图界面绘制草图，作为回转对象。若选择的回转对象为封闭线串，则生成实体或封闭的片体，可以由用户进行选择；若回转对象为不封闭的线串，且旋转角为360°，则生成的对象可能是实体，也可能是片体；若回转对象为不封闭的线串，且旋转角小于360°，则生成的对象只能是片体。

（2）指定回转轴的方向。

（3）指定回转轴通过的一个点，如图 4-35 所示。

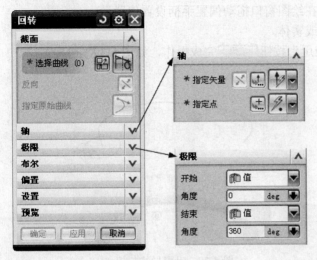

图 4-34 "回转"对话框

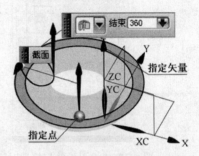

图 4-35 回转轴及通过点

（4）设置回转的起止角度，可以在对话框中的"极限"区域进行输入，或在绘图窗口中拖动手柄至所需位置，如图 4-36 所示。

（5）选择布尔操作方式及操作目标体。系统默认新生成的回转体为工具体，要选择目标体。

（6）若要进行偏置，可在"偏置"区域选择偏置类型并输入偏置量，或在绘图窗口拖动偏置手柄设置偏置量，如图 4-37 所示。

（7）设置回转要生成的体类型：片体或实体。

（8）单击"确定"按钮 确定 或"应用"按钮 应用 ，完成回转操作。

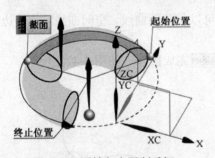

图 4-36 回转角度限制手柄

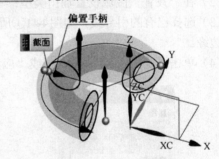

图 4-37 回转偏置手柄

4.4.3 沿引导线扫掠

"沿引导线扫掠"命令可将截面线串按指定的引导线扫描形成体，扫描过程中保持截面与扫描引导线切向夹角不变。

单击"特征"工具条中的"沿引导线扫掠"按钮，或选择菜单【插入】|【扫掠】|【沿引导线扫掠】，弹出"沿引导线扫掠"对话框，如图 4-38 所示。用沿引导线扫掠方式创建体的步骤如下。

（1）选择已有的截面线串，如图 4-39①所示。截面线串可以是草图曲线、空间曲线、片体边线或实体边缘。

（2）选择已有的引导线，如图 4-39②所示。引导线串可以是草图曲线、空间曲线、片体边线或实体边缘。

（3）若要进行偏置可输入偏置量，或在绘图窗口拖动偏置手柄设置偏置量。

（4）设置扫掠要生成的体类型：片体或实体。

（5）单击"确定"按钮 确定 或"应用"按钮 应用 完成操作，如图 4-39③所示。

图 4-38 "沿引导线扫掠"对话框

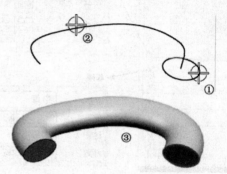

图 4-39 沿引导线扫掠

4.4.4 管道

管道是指用指定直径的圆作为截面按指定的引导线扫描成体，扫描过程与"沿引导线扫掠"方式类似。

单击"特征"工具条中的"管道"按钮 ，或选择菜单【插入】|【扫掠】|【管道】，弹出"管道"对话框，如图 4-40 所示。用管道创建圆截面扫描体的步骤如下。

（1）在"横截面"区域输入管道的外径与内径值。当内径为零时，生成实心棒体。

（2）在"设置"区域设置输出类型：单段或多段。

（3）选择已有的引导线，如图4-41①所示。引导线可以是草图曲线、空间曲线、片体边线或实体边缘。

（4）单击"确定"按钮 确定 或"应用"按钮 应用 完成操作，如图 4-41②所示。

图 4-40 "管道"对话框

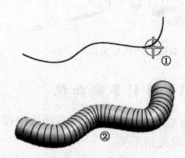

图 4-41 管道操作

【例 4-5】 用已有曲线作为引导线，创建扭转弹簧。操作步骤如下。

（1）单击"标准"工具条中的"打开"按钮 ，选择下载文件夹中的 CH4\CZSL\LT4-5.prt 文件，将文件打开，如图 4-42 所示。

（2）单击"特征"工具条中的"管道"按钮，弹出"管道"对话框。

（3）在对话框中的"横截面"区域设置外径为3，内径为0。

（4）在"设置"区域设置输出类型为单段。

（5）单击曲线作为引导线。

（6）单击"确定"按钮 确定 完成操作，如图 4-43 所示。

⚠ 创建管道时引导线串必须是光滑连续的曲线。

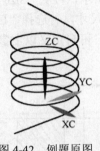

图 4-42　例题原图

图 4-43　操作结果

4.5　编辑成形特征

编辑成形特征是指在实体模型上添加细节结构，其创建过程类似于零件的粗加工过程，可以添加材料到实体上或从实体上去除材料，常用的特征有：孔、凸台、腔体、垫块、槽等。

4.5.1　孔

"孔"命令用于在已存在的实体上创建孔特征。

单击"特征"或"特征"工具条中的"孔"按钮，或选择菜单【插入】|【设计特征】|【孔】，弹出"孔"对话框，如图 4-44 所示。创建孔特征的一般步骤如下。

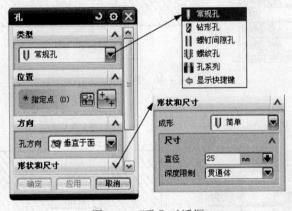

图 4-44　"孔"对话框

（1）在"类型"区域下拉列表框中选择孔类型。孔类型有常规孔、钻形孔、螺钉间隙孔、螺纹孔、孔系列。

① 常规孔　常规孔的形式有简单孔、沉头孔、埋头孔、锥形孔四种。

● 简单孔　其尺寸参数及含义如图 4-45 所示，其中"深度限制"选项中可选择的方式有：

值、直至选定对象（需选择面作为孔的结束位置）、直至下一个（孔到下一个相交的面为结束位置）、贯通体（孔贯通整个实体）。选择后三种深度选项时，无"深度"及"顶锥角"两个尺寸参数。

- 沉头孔　其尺寸参数及含义如图 4-46 所示，其中"深度限制"选项与简单孔相同。
- 埋头孔　其尺寸参数及含义如图 4-47 所示，其中"深度限制"选项与简单孔相同。
- 锥形孔　其结构与尺寸参数及含义如图 4-48 所示。

② 钻形孔　钻形孔的各尺寸参数及含义如图 4-49 所示，可从"Size"下拉列表框中选择孔的直径；"Fit"选项可选择是否由用户自定义孔的某些尺寸，若选择"Exact"，则孔的直径、倒角等参数由系统直接给定，若选择"Custom"，则用户可自定义以上参数；其中"深度限制"选项与常规孔中的简单孔相同。

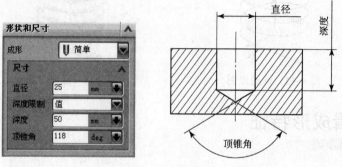

图 4-45　简单孔

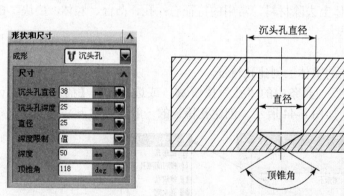

图 4-46　沉头孔

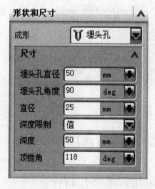
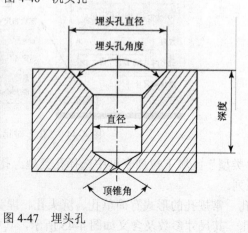

图 4-47　埋头孔

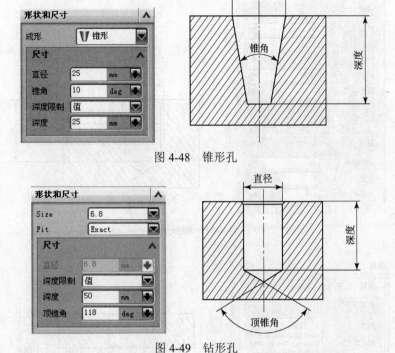

图 4-48　锥形孔

图 4-49　钻形孔

③ 螺钉间隙孔　"螺钉间隙孔"命令创建与螺纹连接件相配合使用的光孔,其成形方式有:简单孔、沉头孔和埋头孔三种。螺钉间隙孔的各尺寸参数及含义如图 4-50 所示,其中"Screw Tpye"选项可选择螺纹的种类;"Screw Size"选项可选择螺纹的规格;"Fit"选项可选择配合的种类,由配合的类型直接获得光孔的直径和倒角尺寸,若选择"Custom",则用户可自定义以上参数;"深度限制"选项与常规孔中的简单孔相同。

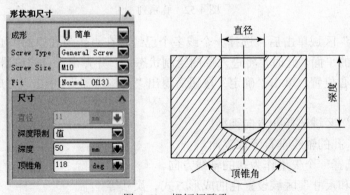

图 4-50　螺钉间隙孔

④ 螺纹孔　螺纹孔各尺寸参数及含义如图 4-51 所示,其中"Size"选项可选择螺纹的规格;"Radial Engage"的值决定了丝锥直径与螺纹大径的差值;"长度"选项可选择决定螺纹深度的类型;"旋转"区域可选择螺纹的旋转方向;其中"深度限制"选项与常规孔中的简单孔相同。

⑤ 孔系列　"孔系列"命令可创建两个或三个被连接实体上用于同一组螺纹连接的孔,各孔的参数可在各选项卡上设置,如图 4-52 所示,指定的位置点所在的实体为第一个实体。当被连接件为三个实体时,在第一个连接实体上生成起始孔,第二个实体上生成中间孔,第三个实体上生成端点孔;当被连接件为两个实体时,生成起始孔和端点孔,中间孔参数无效。

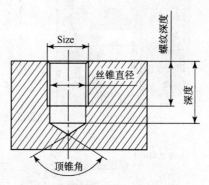

图 4-51　螺纹孔

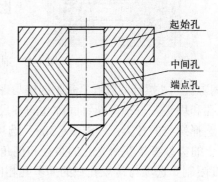

图 4-52　孔系列

　　（2）在"位置"区域单击后，选择一个或多个已经存在点作为孔口的中心位置，或指定一个平面作为放置孔的平面，此时，将进入草图绘制状态下，并弹出"点构造器"，可以创建一系列点作为孔口的中心位置，单击"确定"按钮后退出"点构造器"，单击"完成草图"按钮，退出草图绘制；

　　（3）在"方向"区域选择孔方向类型。

　　① 垂直于面　孔的轴线垂直于放置面。

　　② 沿矢量　选择一个矢量作为孔的轴线方向。

　　（4）在"形状和尺寸"区域设置孔的成形方式、尺寸等。

　　（5）在"布尔"区域设置布尔运算方式，默认的方式为"求差"。

　　（6）单击"确定"按钮 确定 或"应用"按钮 应用 完成操作。

【例 4-6】　在已有的实体上创建 M8 的沉头孔。操作步骤如下。

　　（1）单击"标准"工具条中的"打开"按钮 ，选择下载文件夹中的 CH4\CZSL\LT4-6.prt 文件，将文件打开，如图 4-53 所示。

　　（2）单击"特征"工具条中的"孔"按钮 ，弹出"孔"对话框。

　　（3）在对话框中的"类型"区域选择常规孔。

（4）选择孔的放置平面如图 4-54 所示，进入草图绘制环境。

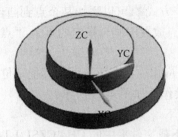

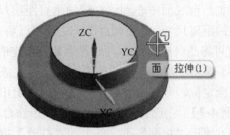

图 4-53　例题原图

图 4-54　选择孔的放置平面

（5）在弹出的"点构造器"中输入以下坐标：（48，0，0），单击"应用"按钮，创建一个点。

（6）重复以上操作再创建坐标分别为（–48，0，0）、（0，48，0）、（0，–48，0）的三个点。

（7）单击"确定"退出"点构造器"；单击"完成草图"，退出草图环境。

（8）在"孔"对话框中的"形状和尺寸"区域设置参数，如图 4-55 所示。

（9）在"布尔"区域选择布尔运算方式为"求差"。

（10）单击"确定"按钮 确定 完成操作，结果如图 4-56 所示。

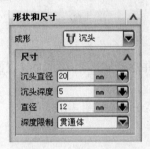

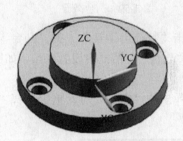

图 4-55　孔参数设置

图 4-56　操作结果

4.5.2　凸台

"凸台"命令用于在某个面上创建圆形凸台。单击"特征"工具条上的"凸台"按钮 ，弹出"凸台"对话框，如图 4-57 所示。创建凸台的一般步骤如下。

（1）选择放置平面。

（2）在对话框中设置凸台参数：直径、高度、锥角。

（3）单击"确定"按钮 确定 ，弹出"定位"对话框，如图 4-58 所示。

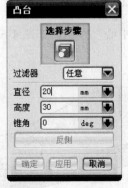

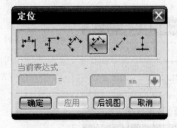

图 4-57　"凸台"对话框

图 4-58　"定位"对话框

108

（4）在"定位"对话框中选择定位方式，默认为"垂直"方式，此时选中一条直线，则可以添加凸台底面中心到该直线的垂直距离尺寸；"平行"方式可以添加某个点到凸台底面中心点的距离尺寸；"点到点"方式可以将凸台底面中心点放置于某个指定的点上；"点到线"方式可将凸台底面中心点放置于某条指定的线上。

（5）单击"确定"按钮即退出对话框完成操作，单击"应用"按钮可再添加其他定位方式，若已完全定位，则单击"应用"按钮即可退出对话框完成操作，如图 4-59 所示。

【例 4-7】 在已有的实体上创建圆形凸台。操作步骤如下。

（1）单击"标准"工具条上的"打开"按钮，选择下载文件夹中的 CH4\CZSL\LT4-7.prt 文件，将文件打开，如图 4-60 所示。

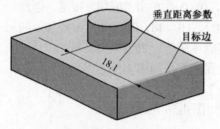
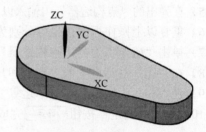

图 4-59　凸台效果　　　　　　　　　　　　　　　图 4-60　例题原图

（2）单击"特征"工具条上的"凸台"按钮，弹出"凸台"对话框。

（3）在"凸台"对话框中设置参数，如图 4-61 所示；并选择实体上表面为放置面，单击"确定"按钮。

（4）在弹出的"定位"对话框中选择"点到点"方式；选择如图 4-62 所示的一条圆弧边作为目标对象。

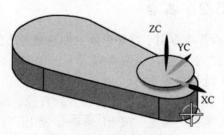

图 4-61　参数设置　　　　　　　　　　　　　　　图 4-62　选择目标对象

（5）在弹出的"设置圆弧的位置"对话框中单击"圆弧中心"按钮，如图 4-63 所示，操作结果如图 4-64 所示。

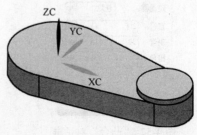

图 4-63　设置圆弧的位置　　　　　　　　　　　　图 4-64　创建凸台

4.5.3 腔体

"腔体"命令用于在某实体上创建空腔。单击"特征"工具条上的"腔体"按钮，弹出"腔体"对话框，如图 4-65 所示。腔体的创建有以下三种方式。

1. 柱面腔体

"柱面腔体"命令用于在平面表面上创建圆柱形腔体，创建步骤如下。

（1）在"腔体"对话框中单击"柱"按钮，弹出"圆柱形腔体"对话框，如图 4-66 所示。

（2）选择放置腔体的实体表面或基准平面，弹出如图 4-67 所示对话框。

（3）在对话框中设置腔体尺寸，尺寸参数的含义如图 4-68 所示。

图 4-65 "腔体"对话框

图 4-66 "圆柱形腔体"对话框

图 4-67 "圆柱形腔体"参数对话框

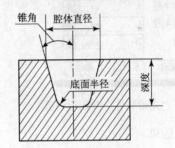

图 4-68 尺寸参数的含义

（4）单击"确定"按钮，弹出"定位"对话框，如图 4-69 所示。各定位方式与前面介绍的方法一致，多了"平行距离"方式用于指定两线性对象的平行距离，"角度"方式用于指定角度尺寸，"线到线"方式将两线性对象在放置面上对齐。

（5）定位尺寸添加完毕后，单击"确定"按钮回到"腔体"对话框。

（6）单击"确定"按钮或"应用"按钮完成操作。

2. 矩形腔体

"矩形腔体"命令用于在平面表面上创建长方体形腔体，创建步骤如下。

（1）在"腔体"对话框中单击"矩形"按钮，弹出"矩形腔体"对话框。

（2）选择平的腔体放置面，弹出"水平参考"对话框，如图 4-70 所示。

（3）选择一直线或一平面作为矩形腔体的水平参考方向，或单击"竖直参考"选择竖直参考方向，选择完毕弹出"矩形腔体"参数对话框。

（4）在对话框中设置腔体尺寸参数，如图 4-71 所示，各参数含义如图 4-72 所示。

（5）单击"确定"，弹出"定位"对话框。各定位方式与前面介绍的方法一致。

（6）定位尺寸添加完毕后，单击"确定"，回到"腔体"对话框。

（7）单击"确定"按钮或"应用"按钮完成操作。

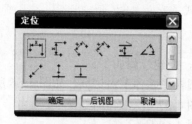

图 4-69 "定位"对话框

图 4-70 "水平参考"对话框

图 4-71 "矩形腔体"参数对话框

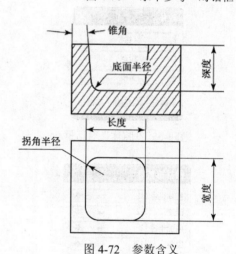

图 4-72 参数含义

3. 常规腔体

"常规腔体"命令用于按指定轮廓形状，在平面或曲面表面上创建腔体。创建步骤如下。

（1）在"腔体"对话框中单击"常规"按钮，弹出"常规腔体"对话框，如图 4-73 所示。在对话框中设置腔体的圆角半径：放置面半径、底面半径、拐角半径。

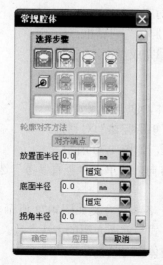

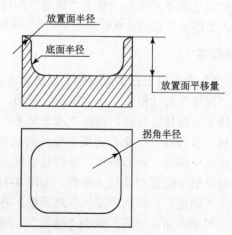

图 4-73 "常规腔体"对话框及参数含义

（2）单击"放置面"按钮 ，选择腔体放置面，可以是平面或曲面，单击中键确定或单击"放置面轮廓"按钮 进入下一步。

（3）选择一封闭线串作为腔体的截面轮廓，该线串可以在放置面上，也可以不在放置面上但可以向放置面投影的轮廓，单击中键确定或单击"底面"按钮 进入下一步。

（4）在对话框中部出现如图 4-74 所示区域，可以设置底面位置：从放置面偏移或重新选择底面位置。设置完毕后，单击中键确定或单击"底面轮廓曲线"按钮 进入下一步。

（5）在对话框中部出现如图 4-75 所示区域，设置腔体的锥角，单击中键确定或单击"工具体"按钮 进入下一步。

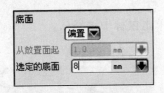

图 4-74　底面区域

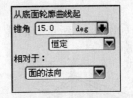

图 4-75　锥角区域

（6）选择腔体要附着的实体，单击中键确定或单击"放置面轮廓线投影矢量"按钮 进入下一步。

（7）选择一矢量为轮廓投影方向，单击中键确定或单击"底面平移矢量"按钮 进入下一步。

（8）选择一矢量为由指定面生成底面时的平移方向，两次单击"确定"按钮完成腔体的创建，效果如图 4-76 所示。

图 4-76　常规腔体效果

常规腔体在创建时，若需指定放置面轮廓及底面轮廓，且轮廓的方向应一致，则在"常规"对话框中的"轮廓对齐方法"下拉列表中可以选择轮廓对齐方式。若两轮廓形状相似，如两轮廓均为多边形且边数一致，则用默认选项"端点对齐"方式即可完成操作；若对齐方法中的使用"指定点"方式在对话框上部的"放置面上的对齐点"按钮 及"底面上的对齐点"按钮 可用，分别单击按钮指定对齐点也可完成操作；此外，轮廓若不相似，则需要使用另外两种方式：参数的、圆弧长。

"常规腔体"对话框中，"附着腔体"选项决定腔体是否在创建时做布尔减运算。

4.5.4　垫块

"垫块"命令用于在一个已存在的实体表面上建立矩形或指定形状的垫块。

单击"特征"工具条上的"垫块"按钮 ，弹出"垫块"对话框，如图 4-77 所示。有两种创建垫块的方式：矩形和常规。"垫块"的创建步骤和各项含义与腔体方式类似，不再详细说明。

【例 4-8】　在已有的实体上创建常规凸垫。操作步骤如下。

（1）单击"标准"工具条上的"打开"按钮 ，选择下载文件夹中的 CH4\CZSL\LT4-8.prt 文件，将文件打开，如图 4-78 所示。

（2）单击"特征"工具条中的"垫块"按钮 ，弹出"垫块"对话框。

图 4-77 "垫块"对话框

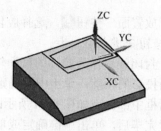

图 4-78 原始图形

（3）单击"常规"按钮，选择实体上表面为垫块的放置面，如图 4-79 所示，单击鼠标中键确认。

（4）选择如图 4-80 所示的曲线为放置面轮廓线，单击鼠标中键确认。

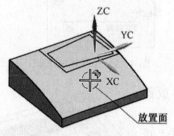

图 4-79 选择放置面

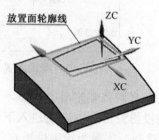

图 4-80 放置面轮廓线

（5）在对话框中设置垫块参数，如图 4-81 所示，单击鼠标中键确认。

（6）选择顶面轮廓曲线，如图 4-82①所示，单击鼠标中键确认，完成操作结果如图 4-82②所示。

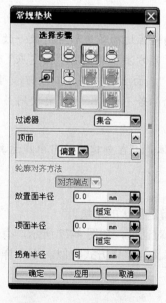

图 4-81 垫块顶面参数

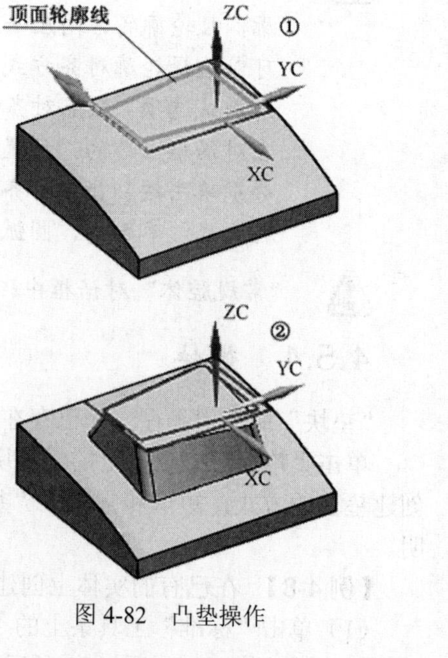

图 4-82 凸垫操作

4.5.5 键槽

"键槽"命令用于在实体上建立各种键槽。

单击"特征"工具条中的"键槽"按钮 █ ，弹出"键槽"对话框，如图 4-83 所示。可以创建五种类型的键槽，分别是矩形槽、球形端槽、U 形槽、T 形键槽和燕尾槽。

现以创建矩形键槽为例，介绍键槽创建的一般步骤。

（1）在"键槽"对话框中指定键槽类型"矩形"，弹出"矩形键槽"对话框，如图 4-84 所示。

（2）指定实体平面或基准面作为矩形键槽的放置面，弹出"水平参考"对话框。

（3）指定一方向为键槽水平参考方向，弹出"矩形键槽"参数对话框，如图 4-85 所示。

（4）设置键槽的参数，各参数含义如图 4-86 所示，单击"确定"按钮，弹出"定位"对话框，使用适合的定位方式对键槽进行定位。

图 4-83 "键槽"对话框

图 4-84 "矩形键槽"对话框

图 4-85 "矩形键槽"参数对话框

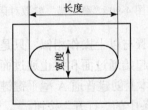

图 4-86 键槽的参数含义

（5）单击"确定"按钮 确定 或"应用"按钮 应用 完成操作。

球形键槽、U 形槽、T 形键槽和燕尾槽操作与矩形键槽类似，参数对话框及各参数含义分别如图 4-87～图 4-90 所示。

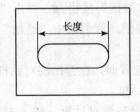

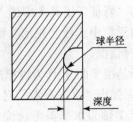

图 4-87 "球形键槽"参数对话框及其参数含义

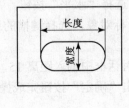

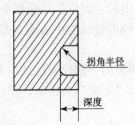

图 4-88 "U 形槽"参数对话框及其参数含义

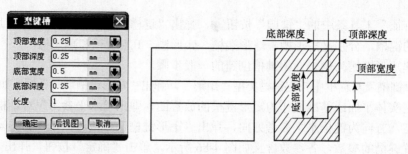

图 4-89 "T 形键槽"参数对话框及其参数含义

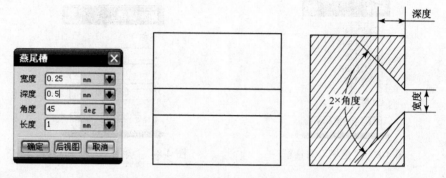

图 4-90 "燕尾槽"参数对话框及其参数含义

若要创建通槽，操作步骤与以上操作相似，只是在"键槽"对话框中需选择"通槽"选项，再指定键槽类型，并且指定起始通过面和终止通过面，参数中将无"长度"参数。

【例 4-9】 在已有的实体上创建普通 A 型平键键槽。操作步骤如下。

（1）单击"标准"工具条中的"打开"按钮 ，选择下载文件夹中的 CH4\CZSL\LT4-9.prt，将文件打开，实体形状如图 4-91 所示。

（2）单击"特征"工具条上的"基准平面"按钮 。

（3）在"基准平面"对话框的"类型"下拉列表中选择"YC-ZC 平面"，设置偏移距离为 10，如图 4-92 所示，单击"确定"创建基准平面 1。

（4）单击"特征"工具条中的"键槽"按钮 ，弹出"键槽"对话框。

（5）在对话框中选择"矩形"键槽，取消选中"通槽"复选框，单击"确定"按钮，弹出"矩形键槽"对话框。

（6）选择基准平面 1 作为键槽放置面，在弹出的对话框中单击"反向默认侧"按钮，单击"确定"按钮，弹出"水平参考"对话框。

（7）选择 Y 轴为水平参考，弹出参数对话框，输入参数，如图 4-93 所示，单击"确定"按钮。

（8）在弹出的"定位"对话框中选择"水平"按钮。

（9）选择轴的边线的中心点为目标对象，选择键槽的边线为刀具边，以相切点为对象，如图 4-94 所示。

（10）在弹出的"创建表达式"对话框中输入距离 15，单击"确定"按钮。

（11）回到"定位"对话框，单击"确定"按钮完成操作，结果如图 4-95 所示。

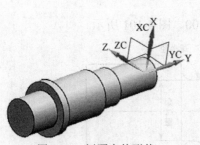

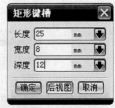

图 4-91 例题实体形状　　　图 4-92 "基准平面"对话框　　　图 4-93 参数设置

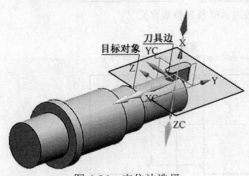

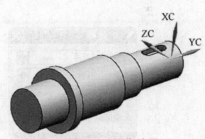

图 4-94 定位边选择　　　　　　图 4-95 操作结果

4.5.6 开槽

"开槽"命令用于在实体的回转面上创建环形槽。

单击"特征"工具条上的"开槽"按钮 ，弹出"槽"对话框，如图 4-96 所示。可以创建矩形槽、球形端槽和 U 形槽。下面以矩形槽的创建为例，介绍槽的一般操作步骤。

（1）在"槽"对话框中，单击"矩形"按钮，弹出如图 4-97 所示的"矩形槽"对话框。

图 4-96 "槽"对话框　　　　图 4-97 "矩形槽"对话框

（2）单击放置槽的回转面，弹出"矩形槽"参数对话框；设置槽的参数，其含义如图 4-98 所示，单击"确定"后弹出"定位槽"对话框，如图 4-99 所示。

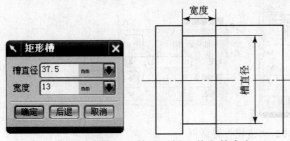

图 4-98 "矩形槽"参数对话框及其参数含义　　　图 4-99 "定位槽"对话框

（3）分别单击目标边与工具边作为定位尺寸的起止位置，弹出"创建表达式"对话框。

（4）设置尺寸值，单击"确定"按钮完成操作。

球形端槽、U 形槽的创建步骤同上，参数含义如图 4-100、图 4-101 所示。

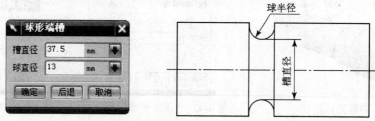

图 4-100 "球形端槽"参数对话框及其参数含义

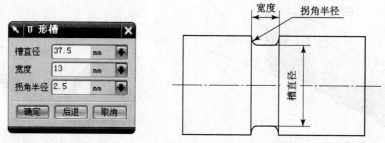

图 4-101 "U 形槽"参数对话框及其参数含义

4.6 特征操作

4.6.1 拔模

"拔模"命令用于根据指定方向对实体表面或边进行拔模。

单击"特征"工具条上的"拔模"按钮，弹出"拔模"对话框，如图 4-102 所示。该命令可以创建的拔模类型有：从平面、从边、与多个面相切、至分型边。

图 4-102 "拔模"对话框

1．从平面

从平面拔模是系统默认的类型，操作步骤如下。

（1）在"拔模"对话框中的"类型"下拉列表框中选择"从平面"选项。

（2）选择脱模方向。

（3）选择固定面。

（4）选择要拔模的立体表面。

（5）在对话框中输入拔模角度。

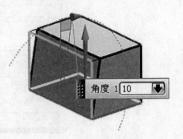

（6）单击"确定"按钮 确定 或"应用"按钮 应用 完成
操作，效果如图 4-103 所示。

2．从边

图 4-103　从平面拔模效果

从边拔模操作步骤如下。

（1）在"拔模"对话框中的"类型"下拉列表框中选择"从边"选项，对话框如图 4-104 所示。

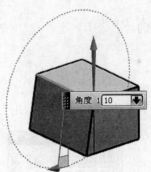

图 4-104　从边拔模

（2）选择脱模方向。

（3）选择固定边缘。

（4）输入拔模角度。

（5）单击"确定"按钮 确定 或"应用"按钮 应用 ，完成操作。

3．与多个面相切

与多个面相切方式拔模可以对在拔模方向上相切的面进行拔模而保持相切关系，操作步骤
如下。

（1）在"拔模"对话框中的"类型"下拉列表框中选择"与多个面相切"选项，对话框各
选项如图 4-105 所示。

（2）选择脱模方向。

（3）选择相切面。

（4）输入拔模角度。

（5）单击"确定"按钮 确定 或"应用"按钮 应用 ，完成操作。

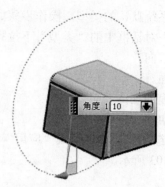

图 4-105　与多个面相切拔模

4．至分型边

至分型边方式拔模，是以已存在的分型线为界将面的一部分进行拔模，操作步骤如下。

（1）在"拔模"对话框中的"类型"区域选择"至分型边"选项，对话框各选项如图 4-106 所示。

（2）选择脱模方向。

（3）选择固定面。

（4）选择分型边。

（5）输入拔模角度。

（6）单击"确定"按钮　确定　或"应用"按钮　应用　，完成操作。

图 4-106　至分型边拔模

4.6.2　边倒圆

"边倒圆"命令用于在边线上创建圆角。

单击"特征"工具条上的"边倒圆"按钮，或选择菜单【插入】|【细节特征】|【边倒圆】，弹出"边倒圆"对话框，如图 4-107 所示。"边倒圆"命令可以创建指定半径的圆角或变半径的圆角。

1. 固定半径圆角

系统默认的边倒圆方式为固定半径的圆角，操作时只需选择实体边线，设置半径即可。

2. 可变半径圆角

操作步骤如下。

（1）指定边线　单击对话框中"可变半径点"区域的"指定新的位置"项，并单击已指定的边线上的某点，则对话框中出现可变半径圆角的参数区域，如图 4-108 所示。

（2）在参数区域输入相应参数，含义如图 4-109 所示。

重复（1）、（2）两步操作，指定另一个点和半径参数，若仍需要增加变半径点，则再次重复操作，可变半径点至少要有两个。

（3）单击"确定"按钮 确定 或"应用"按钮 应用 ，完成操作。

3. 拐角倒角

该方式将在有三边交汇的位置上创建回切面，操作步骤如下。

（1）选择交汇的三条实体边，并输入半径值。

图 4-107 "边倒圆"对话框　　　　图 4-108 可变半径圆角参数

（2）选择"拐角倒角"区域，如图 4-110 所示，指定"选择端点"项，单击角点。

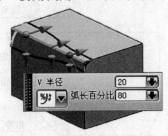

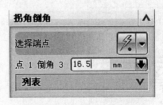

图 4-109 可变半径圆角参数含义　　　图 4-110 "拐角倒角"区域

（3）设置回切参数。

（4）单击"确定"按钮 确定 或"应用"按钮 应用 完成操作，效果如图 4-111①所示。

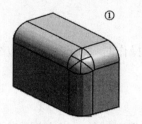 ①  ②

图 4-111　拐角倒角与未拐角倒角效果比较

4．拐角突然停止

该方式用于对边线的局部创建圆角，操作步骤如下。

（1）选择边线。

（2）选择"拐角突然停止"区域，单击"选择端点"项，选择已指定边线的终点。

（3）在出现的参数区域设置停止位置参数，其含义如图 4-112 所示。

（4）单击"确定"按钮 确定 或"应用"按钮 应用 ，完成操作。

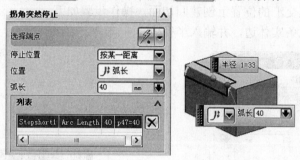

图 4-112　拐角突然停止操作

4.6.3　倒斜角

"倒斜角"命令可在实体边缘上创建倒角。

单击"特征"工具条中的"倒斜角"按钮，或选择菜单【插入】|【细节特征】|【倒斜角】，弹出"倒斜角"对话框，如图 4-113 所示。操作步骤如下。

（1）单击实体边缘。

（2）设置偏置参数："偏置"区域的"横截面"下拉列表框中有三种选项，分别是"对称"、"非对称"、"偏置和角度"，各选项含义如图 4-114 所示。

（3）单击"确定"按钮 确定 或"应用"按钮 应用 ，完成操作。

图 4-113　"倒斜角"对话框

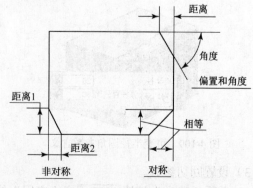

图 4-114　倒斜角参数含义

4.6.4　抽壳

"抽壳"命令用于按指定厚度将实体内部挖空，使之成为一个空心的薄壁实体。

单击"特征"工具条上的"抽壳"按钮 ，或选择菜单【插入】|【偏置/缩放】|【抽壳】，弹出"抽壳"对话框，如图 4-115 所示。抽壳类型分为"移除面，然后抽壳"、"对所有面抽壳"两种。

1. 移除面抽壳

（1）在"类型"选项中选择"移除面，然后抽壳"。

（2）选择要移除的面。

（3）在"厚度"区域设置壁的厚度；若需要在某个或某些面设置不同的厚度，则在"备选厚度"区域设置新的厚度，并选择相应面。

（4）单击"确定"按钮 确定 或"应用"按钮 应用 ，操作结果如图 4-116 所示。

图 4-115　"抽壳"对话框

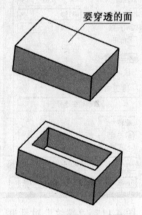

图 4-116　移除面抽壳效果

2. 对所有面抽壳

操作步骤与上一种抽壳方式相似，仅在（2）中选择要抽壳的体，其余各项相同。

 若抽壳厚度大于立体上两对面距离的 1/2，则将不会在两面间生成空腔，而是保持原状。

4.6.5　螺纹

"螺纹"命令用于在实体的回转面上创建螺纹。

单击"特征"工具条中的"螺纹"按钮 ，或选择菜单【插入】|【设计特征】|【螺纹】，弹出"螺纹"对话框，可以创建"符号螺纹"和"详细螺纹"。

1. 符号螺纹

"符号螺纹"方法仅创建一个螺纹符号，以虚线表示，在"制图"模块中，生成螺纹时，螺纹投影按相应的制图标准绘制。创建的一般步骤如下。

（1）选择螺纹类型为"符号"，对话框如图 4-117 所示。

（2）选择创建螺纹的圆柱面，在所选圆柱面的一端显示螺纹起始面位置和螺纹切制方向的箭头。如与实际需要的螺纹起始面位置和螺纹切制方向不符，可单击对话框上"选择起始"按钮，弹出"螺纹"对话框，如图 4-118①所示。

（3）选择螺纹起始面，弹出"螺纹"轴设置对话框，如图 4-118②所示。

（4）在对话框中设置螺纹的方向，单击"确定"，返回"螺纹"对话框对参数进行设置。

（5）单击"确定"按钮 **确定** 或"应用"按钮 **应用** ，完成操作。

图 4-117　"螺纹"对话框

图 4-118　螺纹设置对话框

2. 详细螺纹

"详细螺纹"方法以螺纹的真实形状创建螺纹，在"制图"模块中，螺纹投影也将按真实轮廓的投影绘出，对话框及操作结果如图 4-119 所示。详细螺纹的创建方法与符号螺纹基本相同，此处不再赘述。

图 4-119　详细螺纹话框及操作结果

4.6.6 缝合

"缝合"命令用于将多个体缝合成一个体。缝合的对象可以是实体，也可以是片体。

单击"特征"工具条上的"缝合"按钮，或选择菜单【插入】|【组合】|【缝合】，弹出如图 4-120 所示的"缝合"对话框，可以对有公共边的片体或有公共面的实体进行缝合。操作步骤如下。

（1）选择目标面（缝合实体时选择实体上的面，缝合片体时选择片体），单击鼠标中键确认。

（2）选择工具面（实体表面或片体），单击鼠标中键确认。

（3）单击"确定"按钮 确定 或"应用"按钮 应用 ，操作效果如图 4-121 所示。

 缝合片体时，若缝合后片体完全闭合，则可将片体缝合为实体，如图 4-122 所示的六个片体完全封闭，则对六个面进行缝合将得到长方体。

 缝合时若片体间无公共边界或实体间无公共面，则会弹出如图 4-123 所示的错误消息框。

图 4-120 "缝合"对话框

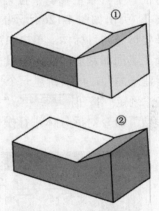

图 4-121 实体缝合操作效果

图 4-122 封闭片体缝合得到实体

图 4-123 错误消息框

4.6.7 修剪体和拆分体

"修剪体"命令用于将实体表面、基准平面或片体对目标实体进行修剪；"拆分体"命令用于将实体沿指定的面拆分为两个体。

1. 修剪体

单击"特征"工具条上的"修剪体"按钮，或选择菜单【插入】|【修剪】|【修剪体】，弹出如图 4-124 所示的"修剪体"对话框，操作的一般步骤如下。

（1）选择要裁剪的目标体，单击中键确定。

（2）选择工具面即裁剪面，若工具面需新建，则在"工具"区域的"工具选项"下拉列表框中选择"面或平面"，可以新建一个平面作为工具面。

（3）单击"确定"按钮 确定 或"应用"按钮 应用 ，操作效果如图 4-125 所示。

图 4-124 "修剪体"对话框

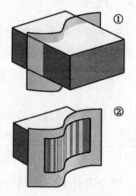

图 4-125 修剪体操作效果

2．拆分体

单击"特征"工具条上修剪下拉菜单中的"拆分体"按钮 ，或选择菜单【插入】|【修剪】|【拆分体】，弹出如图 4-126 所示的"拆分体"对话框，操作的一般步骤如下。

（1）选择要拆分的目标体，单击中键确定。

（2）选择工具面即裁剪面，若工具面需新建，则在"工具"区域的"工具选项"下拉列表框中选择"新建平面"，可以新建一个平面作为工具面。

（3）单击"确定"按钮 确定 或"应用"按钮 应用 ，操作完毕后可使用编辑特征工具条中的"移除参数"命令对拆分体进行操作，使两个拆分体成为两个独立实体，效果如图 4-127 所示。

图 4-126 "拆分体"对话框

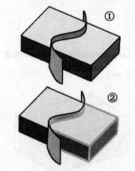

图 4-127 拆分体操作效果

4.6.8 镜像特征与镜像体

"镜像特征"命令可对实体上的某个或几个特征以指定面作为对称面创建仍在该实体上的对称的新特征；"镜像体"命令则用于对实体本身以指定面作为对称面创建对称的新实体。

1．镜像特征

单击"特征"工具条中"关联复制"下拉列表中的"镜像特征"按钮 ，或选择菜单【插入】|【关联复制】|【镜像特征】，弹出如图 4-128 所示的"镜像特征"对话框。操作的一般步骤如下。

（1）选择要镜像的特征，可以是一个或多个，单击鼠标中键确定。

（2）选择镜像平面。镜像平面可以是现有实体表面或基准平面，直接选取即可；若无镜像平面，则选择"镜像平面"区域的"平面"下拉列表中的"新平面"选项，创建新平面作为镜像平面。

（3）单击"确定"按钮 确定 或"应用"按钮 应用 ，操作效果如图 4-129 所示。

图 4-128　"镜像特征"对话框

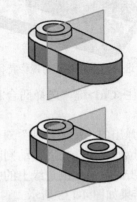

图 4-129　镜像特征操作效果

2．镜像体

单击"特征"工具条中"关联复制"下拉列表中的"镜像体"按钮 ，或选择菜单【插入】|【关联复制】|【镜像体】，弹出如图 4-130 所示的"镜像体"对话框。操作步骤与镜像特征步骤相同。

　　　"镜像体"对话框中不能创建新平面，并且不能用实体表面作为镜像平面，因而需要用现有平面或基准面作为镜像平面。

【例 4-10】　在已有的实体上生成对称凸台、孔及肋。操作步骤如下。

（1）单击"标准"工具条上的"打开"按钮 ，选择下载文件夹中的 CH4\CZSL\LT4-10.prt 文件，将文件打开，如图 4-131 所示。

图 4-130　"镜像体"对话框

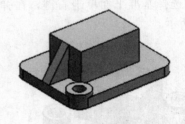

图 4-131　例题原图

（2）单击"特征"工具条中的"镜像特征"按钮 ，弹出"镜像特征"对话框。

（3）按住<Ctrl>键，选择凸台和孔作为镜像特征的对象，如图 4-132 所示，单击鼠标中键确认。

（4）在弹出的"镜像特征"对话框中的"镜像平面"类型下拉列表框中选择"新平面"，"指定平面"下拉列表中选择"自动判断"。

（5）单击底板边缘上的中点创建如图 4-133 所示的基准平面作为镜像平面，单击"应用"，结果如图 4-134 所示。

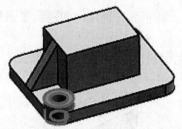

图 4-132　选择凸台和孔作为镜像特征对象

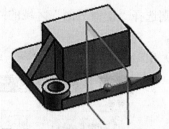

图 4-133　创建平面作为镜像平面

（6）按住<Ctrl>键，选择凸台和孔及以上步骤中得到的镜像特征作为镜像的对象，单击鼠标中键确认。

（7）在弹出的"镜像特征"对话框中的"镜像平面"类型下拉列表中选择"新平面"，"指定平面"下拉列表中选择"自动判断"。

（8）单击底板另一侧边缘上的中点，创建如图 4-134 所示的基准平面作为镜像平面，单击"确定"，结果如图 4-135 所示。

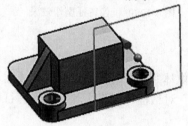

图 4-134　创建平面作为镜像平面

图 4-135　两次镜像特征结果

（9）单击"特征"工具条上的"基准平面"按钮□，弹出"基准平面"对话框。

（10）选择"类型"下拉列表中的"自动判断"选项，单击边线上的三个中点，创建基准平面，如图 4-136 所示。

（11）单击"特征"工具条中的"镜像体"按钮，弹出"镜像体"对话框；单击肋板作为镜像体的对象，单击鼠标中键确认。

（12）选择新建的基准平面作为镜像平面，单击"确定"完成镜像体操作。

（13）选择基准平面单击右键，在弹出的菜单中选择"隐藏"选项，完成操作，结果如图 4-137 所示。

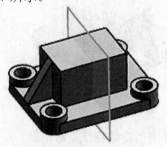

图 4-136　创建基准平面

图 4-137　操作结果

4.6.9　对特征形成图样

"对特征形成图样"命令以一定的规律复制已经存在的特征，该命令对于创建具有规律分布的相同特征而言，可以大大提高设计效率。"对特征形成图样"包括线性、圆形、多边形、螺旋式、沿、常规、参考等布局方式。

单击"特征"工具条中"关联复制"下拉列表中的"对特征形成图样"按钮🔩，或选择菜单【插入】|【关联复制】|【对特征形成图样】，弹出如图 4-138 所示的"对特征形成图样"对话框。

1．矩形阵列

矩形阵列可以将特征复制成按行、列规则排列的相同特征。操作步骤如下。

（1）在"对特征形成图样"对话框中选择"线性"布局方式。

（2）在图形窗口直接单击要复制的特征，当选择多个特征时，在选择的同时要按下<Ctrl>键。

（3）在边界定义区域指定阵列方向矢量，输入矩形阵列参数，各参数含义如图 4-139 所示，单击"预览"显示阵列预览效果。

（4）若阵列预览效果达到要求，单击"是"或"确定"按钮，完成操作。

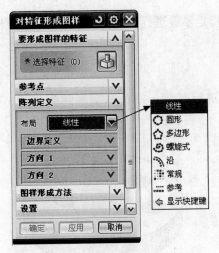

图 4-138　"对特征形成图样"对话框

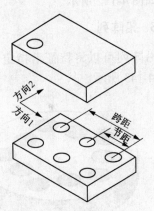

图 4-139　矩形阵列参数含义

2．圆形阵列

圆形阵列可以将特征绕指定轴旋转复制得到一组相同的特征。操作步骤如下。

（1）在"对特征形成图样"对话框中选择"圆形"布局方式。

（2）在图形窗口直接单击要复制的特征。

（3）在对话框中指定旋转轴，并设置参数，各参数含义如图 4-140 所示，单击"预览"显示阵列预览效果。

（4）若阵列效果达到要求，单击"是"或"确定"按钮，完成操作。

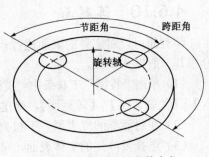

图 4-140　圆形阵列参数含义

3．螺旋式阵列

螺旋式阵列可以将特征沿指定参数的螺旋线，按指定参数进行复制，操作与圆形阵列相似，参数如图 4-141 所示。

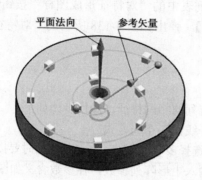
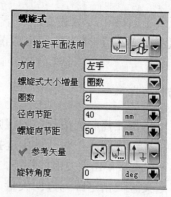

图 4-141　螺旋式阵列参数含义

4．多边形阵列

多边形阵列可以将特征沿指定参数的多边形、按指定参数进行复制，操作与圆形阵列相似，效果如图 4-142 所示。

5．沿阵列

沿阵列可以将特征沿指定的路径、按指定参数进行复制，操作与圆形阵列相似，效果如图 4-143 所示。

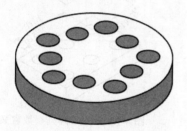

图 4-142　多边形阵列效果

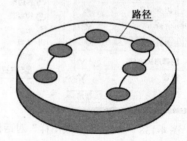

图 4-143　沿阵列效果

4.6.10　阵列面

阵列面可以对实体的表面进行矩形阵列、圆形阵列或镜像的操作。现以矩形阵列面为例，介绍其一般操作步骤。

（1）单击"特征"工具条中"关联复制"下拉列表中的"阵列面"按钮，或选择菜单【插入】|【关联复制】|【阵列面】，弹出"阵列面"对话框，如图 4-144 所示。

（2）在对话框的"类型"下拉列表框中选择"矩形阵列"。

（3）选择要阵列的实体表面，单击鼠标中键确定。

（4）选择阵列的 X 方向，单击鼠标中键确定。

（5）选择阵列的 Y 方向，单击鼠标中键确定。

（6）设置"阵列属性"区域的各项参数。

（7）单击"确定"按钮 确定 或"应用"按钮 应用 ，完成操作。

 阵列面时，阵列对象为面，要求面在复制时能使实体得到一个完整的形状，如完整的孔、槽、坑等，否则操作将无法完成。

图 4-144 "阵列面"对话框

4.7 同步建模简介

同步建模技术可以修改模型,而不用考虑其来源、相关性和特征历史。模型可以是从其他软件系统导入的、非关联的和无特征的。通常用于以下两种情况。

(1)编辑从其他 CAD 系统导入的、没有特征历史或参数的模型。

(2)编辑时不愿因编辑某个特征而产生与其有关联性的其他特征的更改。

同步建模工具条如图 4-145 所示,可进行移动面、拉出面、偏置面等编辑面的操作,也可以进行复制面、剪切面、镜像面、阵列面等重用面的操作,还可以对圆角、倒角进行修改等操作。

图 4-145 同步建模工具条

4.8 操作实例

创建如图 4-146 所示的零件。该零件的结构有拉伸体、圆孔、槽、腔体、圆角等,可以先将零件的主体部分拉伸出来,再生成孔、槽、腔体等结构,最后完成细节部分,如圆角等。操作步骤如下。

(1)新建部件文件。单击"新建"按钮,选择模板为"模型","单位"选择"毫米",将文件命名为"SL4-1.prt",单击"确定"按钮。

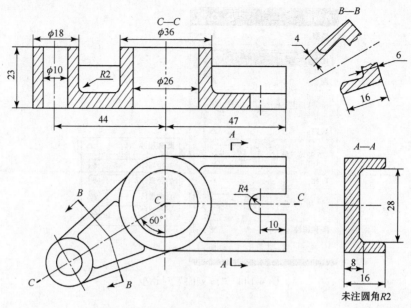

图 4-146　零件结构图

（2）单击"拉伸"按钮，弹出如图 4-147①所示的"拉伸"对话框，在"截面"区域单击"绘制截面"按钮，弹出"创建草图"对话框，"类型"下拉列表框中选择"在平面上"，"草图平面"区域"平面选项"下拉列表框中选择"创建平面"，用平面工具选择 *XC-YC* 平面作为草图平面，进入草图绘制状态，绘制如图 4-147②所示的草图。

（3）单击完成草图，回到"拉伸"对话框，在"极限"区域设置开始值为 0，结束值为 23，其余选项默认，如图 4-147③所示，单击"应用"按钮，创建圆柱体。

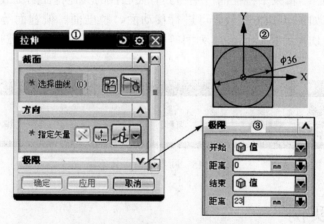

图 4-147　"拉伸"对话框及其参数设置

（4）再次使用拉伸命令，选择 *XC-ZC* 平面作为草图平面，进入草图绘制状态，绘制如图 4-148①所示的草图。

（5）单击完成草图，回到"拉伸"对话框，选择拉伸方向为 *Y* 轴正方向，并在"极限"区域设置开始值为 0，结束值为 47，布尔运算选择为"求和"，如图 4-148②所示；单击"确定"按钮，创建拉伸体如图 4-149 所示。

（6）使用"拉伸"命令，选择 *XC-YC* 平面作为草图平面，进入草图绘制状态，绘制如图 4-150①所示草图。

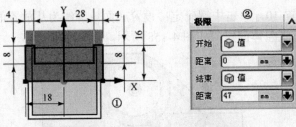

图 4-148 拉伸草图及对话框设置

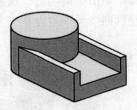

图 4-149 拉伸体

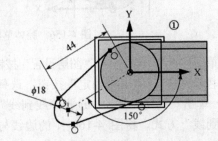

图 4-150 草图及拉伸设置

（7）单击完成草图，回到"拉伸"对话框，选择拉伸方向为 *ZC* 轴正方向，并在"极限"区域设置开始值为 0，结束值为 16，布尔运算选择为"求和"，如图 4-150②所示；单击"确定"按钮，创建拉伸体如图 4-151 所示。

（8）用与上步同样的方法拉伸出直径为 18、高为 23 的圆柱，如图 4-152 所示。

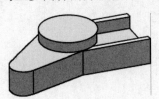

图 4-151 拉伸出大圆柱体

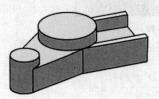

图 4-152 拉伸出小圆柱体

（9）单击"孔"按钮，弹出"孔"对话框，选择大圆柱上表面圆的圆心作为孔的中心位置点。

（10）设置图 4-153 中的孔参数，单击"应用"按钮，完成孔的创建，如图 4-154 所示。

图 4-153 大孔参数

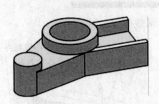

图 4-154 创建大孔效果

（11）与以上操作相似，创建直径为 10 的孔，其位置点约束到圆柱中心上，结果如图 4-155 所示。

（12）单击"草图"按钮，在左侧台阶面上创建如图 4-156 所示的腔体草图。

（13）单击"腔体"按钮，创建"常规"腔体，弹出如图 4-157 所示的"常规腔体"对话框，设置底面及拐角半径为 2，选择放置面，单击中键确定；再选择放置面轮廓为图 4-156 所示的草

图，单击中键确定；设置底面为从放置面偏置 10，单击中键确定；设置底面轮廓线为从放置面
轮廓曲线起锥角为 0°，单击"确定"按钮完成腔体创建，如图 4-158 所示。

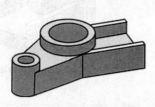

图 4-155　创建小孔效果

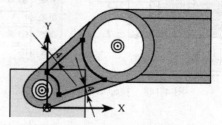

图 4-156　腔体草图

（14）单击"移动至图层"按钮 🌂，将草图移至 21 层，单击"图层设置"按钮，将 21 层隐藏。

（15）单击"键槽"按钮 🔲，选择"矩形键槽"，单击"确定"按钮；选择放置面，选择 X
轴为水平参考，设置参数如图 4-159 所示，单击"确定"按钮，选择"线到线"定位方式，将 X
轴与槽水平方向中心线对齐，再次用"线到线"方式，将图 4-160 中的边线与键槽竖直方向对
齐，完成槽的创建。

（16）单击"边倒圆"按钮，对相应边进行 R2 倒圆角，注意不能同时完成的圆角需分次完
成，结果如图 4-161 所示。

创建零件的方法多种多样，以上为创建该零件的一种方法，读者可以用其他方法来创建该
零件。

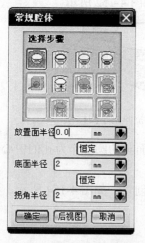

图 4-157　"常规腔体"对话框

图 4-158　创建腔体效果

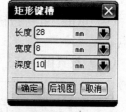

图 4-159　键槽设置

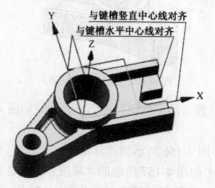

图 4-160　键槽

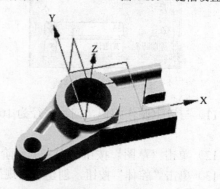

图 4-161　最终结果

思考题与操作题

4-1 思考题

4-1.1 在 UG NX 8.0 中有哪些基本成形工具？

4-1.2 布尔运算有哪些？可以完成什么样的操作？

4-1.3 基准平面、基准轴分别可以应用在什么场合？

4-1.4 何为扫掠？管道是一种扫掠特征吗？

4-1.5 在 UG NX 8.0 中有哪些编辑成形特征？这些特征能独立存在吗？

4-1.6 成形特征的定位方法有哪些？如何使用？

4-1.7 在 UG NX 8.0 中提供了哪些孔的创建类型？

4-1.8 UG NX 8.0 提供了几种凸台和腔体的类型？应用场合是什么？

4-1.9 在 UG NX 8.0 中可以创建的键槽类型有哪几种？

4-1.10 在 UG NX 8.0 中拔模方式有哪些？各有什么特点？

4-1.11 说明详细螺纹与符号螺纹的区别。

4-1.12 说明镜像体与镜像特征的区别。

4-1.13 对特征形成图样可以完成哪些操作？

4-2 操作题

4-2.1 使用长方体、圆柱体等基本成形特征及布尔运算创建图 4-2.1 所示的实体。

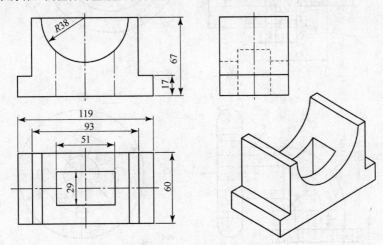

图 4-2.1 轴承座

4-2.2 使用基本成形特征及布尔运算创建图 4-2.2 所示的实体。

4-2.3 创建图 4-2.3 所示实体。

4-2.4 使用扫描特征完成如图 4-2.4 所示实体的创建。

4-2.5 完成如图 4-2.5 所示实体的创建。

4-2.6 完成如图 4-2.6 所示轴的创建。

4-2.7 完成如图 4-2.7 所示手柄的创建。

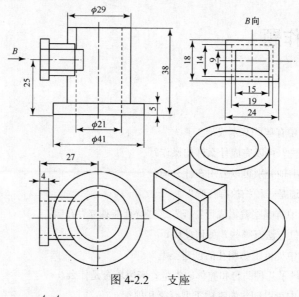

图 4-2.2　支座

图 4-2.3　轴承盖

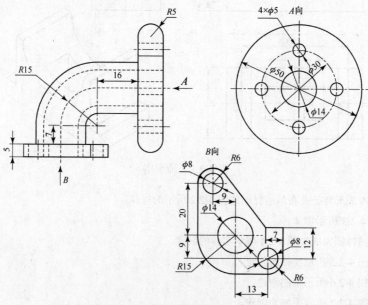

图 4-2.4　弯头

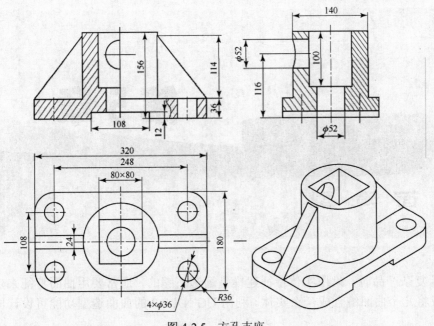

图 4-2.5 方孔支座

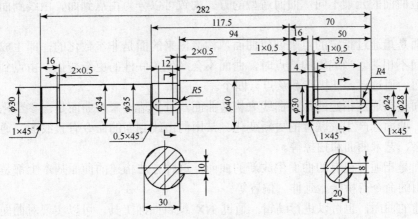

图 4-2.6 轴

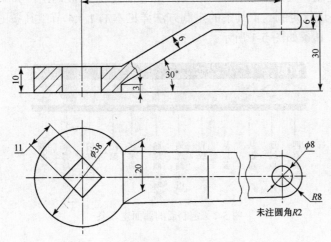

图 4-2.7 手柄

第 5 章

曲 面 造 型

在设计复杂产品时，只用实体特征建模是远远不够的，通常要用曲面特征来建立其轮廓和外形，或将几个曲面缝合成一个实体。利用 UG NX 8.0 的曲面造型功能可设计出各种复杂的形状。

按照构造曲面的元素不同，曲面造型的方式大致可以分为由点到面、由线到面和由面到面三种。

由点到面是指通过指定的点来创建曲面，构造出来的面是非参数化的，即生成的曲面与原始构造点之间不相关。当编辑构造点时，曲面不会产生关联性的更新变化。由点到面的命令主要有四点曲面、通过点、从极点和从点云四个。

由线到面是指通过指定的截面曲线来构造曲面，且构造出来的曲面是全参数化的。当编辑构造曲线时，曲面会产生关联性的更新变化。常用的由线到面的命令有直纹面、通过曲线组、通过曲线网格、艺术曲面和扫掠等。

由面到面是指通过已有的曲面生成新的曲面，这种方法构建的曲面基本上都是参数化的。由面到面常用的命令有桥接、延伸、偏置等。

对已创建的曲面，也可以进行编辑。通过 NX 编辑曲面工具，可以实现对曲面的各种编辑修改操作。

曲面工具条的定制。初始默认曲面工具条中很多命令并未被调出，如果需要其他的曲面命令，就需要对工具条进行定制。工具条的定制方法详见本书 1.1.4 节工具条的定制，在此不再赘述。定制后的曲面工具条如图 5-1 所示。

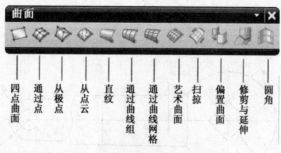

图 5-1　定制后的曲面工具条

5.1　由点到面

由点创建曲面的方法主要包括四点曲面、通过点、从极点和从点云等。

5.1.1　四点曲面

四点曲面是指通过四个不在同一条直线的点来创建曲面。单击"曲面"工具条中的"四点曲面"按钮▱，或者选择菜单【插入】|【曲面】|【四点曲面】，弹出"四点曲面"对话框。依次指定不共线的四点，便可创建一个自由曲面，如图 5-2 所示。

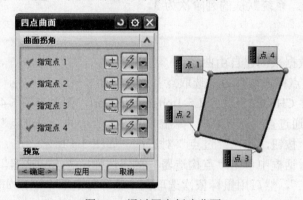

图 5-2　通过四点创建曲面

5.1.2　通过点构造面

通过点构造面是指通过指定的点阵创建自由曲面，所创建的曲面完全通过指定的数据点，且数据点的位置和数量会影响整体曲面的平滑度。点阵可以通过点构造器在模型中选取或者创建，也可以事先创建一个点阵数据文件，通过选取该点阵文件来创建自由曲面。

单击"曲面"工具条上"曲面下拉菜单"中的"通过点"按钮◈，或选择菜单【插入】|【曲面】|【通过点】，弹出如图 5-3 所示的"通过点"对话框。对话框中各项参数意义如下。

图 5-3　"通过点"对话框

1．补片类型

补片类型是指生成的自由曲面是由单个片体、还是由多个片体组成的。

（1）单个　产生单一补片的高阶曲面，即行方向的阶数为行方向的点数减 1，列方向的阶数为列方向的点数减 1。"单个"片体类型在创建复杂曲面时容易失真。

（2）多个　产生多段式补片曲面，此时的阶数分别为行阶次和列阶次中的输入数值。多个片体能更好地与所指定的点阵吻合，因此，一般情况下尽可能选用"多个"片体类型。

2．沿以下方向封闭

沿以下方向封闭是指根据选用的一种封闭方式来封闭创建的自由曲面。

（1）两者皆否　行和列方向皆不封闭。

（2）行　行方向封闭，此时行方向选取的第一点同时作为最后一点。

（3）列　列方向封闭，此时列方向选取的第一点同时作为最后一点。

（4）两者皆是　行和列方向皆封闭。

3．行阶次

在 U 方向（行方向）上为自由曲面指定阶次。所指定的行方向的阶数必须比行方向的点数至少少 1，否则系统报错。系统默认的行阶次为 3。

4．列阶次

在 V 方向（列方向）为自由曲面指定阶次。所指定的列方向的阶数必须比列方向的点数至少少 1，否则系统报错。系统默认的列阶次为 3。

5．文件中的点

从文件中读取点数据来创建自由曲面。

【例 5-1】　通过"点构造器"方式选取点并创建曲面。

（1）打开下载文件 CH5\CZSL\CZSL5-1tongguodian.prt，图形为图 5-4 中 4×4 的点阵。单击"曲面"工具条中的"通过点"按钮 ◈，弹出如图 5-3 所示的"通过点"对话框。所有参数采用默认，单击"确定"按钮，弹出"过点"对话框，如图 5-4 所示。

（2）在"过点"对话框中单击"点构造器"按钮，弹出"点构造器"对话框，在"类型"下拉框中选取"现有点"，然后用鼠标依次选取图中第一行的四个点，如图 5-5 所示。

（3）按照图示选取完第一行的四个点之后，单击"点构造器"对话框中的"确定"按钮，弹出"指定点"对话框，如图 5-6 所示。单击"是"按钮，弹出"点构造器"对话框。

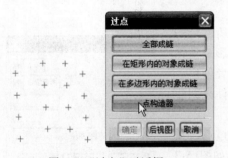
图 5-4 "过点"对话框

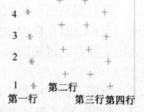
图 5-5 "点构造器"选取点

图 5-6 "指定点"对话框

（4）重复步骤（2）～（3），依次完成对第二、三和四行点的选取。在完成第四行点的选取后单击"确定"按钮，弹出如图 5-7(a)所示的"过点"对话框，在该对话框中单击"所有指定的点"按钮，生成如图 5-7(b)所示的曲面。

(a)

(b)

图 5-7 "过点"生成曲面

【例5-2】 通过"点文件"方式选取点并创建曲面。

打开 NX 软件，新建一个部件文件，命名为 CZSL5-2.prt。单击"曲面"工具条中的"通过点"按钮 ，弹出如图 5-3 所示的"通过点"对话框。

（1）若所有参数采用默认设置，则单击"文件中的点"按钮，弹出"点文件"选取对话框。选择下载数据文件 CH5\CZSL\CZSL5-2.dat 后，单击对话框中的"OK"按钮，生成如图 5-8 所示的曲面。

（2）若在"通过点"对话框的"沿以下方式封闭"下拉框中选择"行"，其余参数采用默认，单击"文件中的点"按钮，弹出"点文件"选取对话框。选择下载数据文件 CH5\CZSL\CZSL5-2.dat 后，单击对话框中的"OK"按钮，生成如图 5-9 所示的曲面。

⚠ 数据文件的定义方式见下载文件\CH5\CZSL\数据文件格式.txt。

图 5-8 文件中的点生成曲面　　　　　　图 5-9 "行"封闭生成曲面

5.1.3 从极点构造面

从极点构造面是指通过指定矩形点阵来创建自由曲面，创建的曲面以指定的点作为极点。利用该方法创建曲面的步骤与利用"通过点"创建曲面的步骤相似，其区别在于利用该方法创建曲面时，指定的点并不一定都在曲面上，曲面会尽可能地逼近每一个点。

单击"曲面"工具条上"曲面下拉菜单"中的"从极点"按钮 ◇，或选择菜单【插入】|【曲面】|【从极点】，弹出如图 5-10 所示的"从极点"对话框，其参数含义同"通过点"对话框中参数一致。

【例5-3】 "从极点"创建曲面。

（1）新建一个部件文件，命名为 CZSL5-3.prt。单击"曲面"工具条中的"从极点"按钮 ◇，弹出如图 5-10 所示的"从极点"对话框。

（2）若所有参数采用默认设置，单击"文件中的点"按钮，弹出"点文件"选取对话框。选择下载数据文件 CH5\CZSL\CZSL5-3.dat 后，单击对话框中的"OK"按钮，生成如图 5-11 所示的曲面。

（3）在"从极点"对话框的"沿以下方式封闭"下拉框中选择"行"，其余参数采用默认设置，单击"文件中的点"按钮，弹出"点文件"选取对话框。选择下载数据文件 CH5\CZSL\CZSL5-3.dat 后，单击对话框中的"OK"按钮，生成如图 5-12 所示的曲面。

  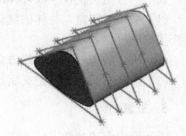

图 5-10 "从极点"对话框　　图 5-11 从极点生成曲面　　图 5-12 从极点"行"封闭生成曲面

5.1.4　从点云构造面

从点云构造面可以创建近似于大片数据点"云"的片体。大片数据点"云"通常由扫描和数字化产生。单击"曲面"工具条上"曲面下拉菜单"中的"从点云"按钮 ◆，或选择菜单【插入】|【曲面】|【从点云】，弹出如图 5-13 所示的"从点云"对话框。

"从点云"对话框中各项参数意义如下。

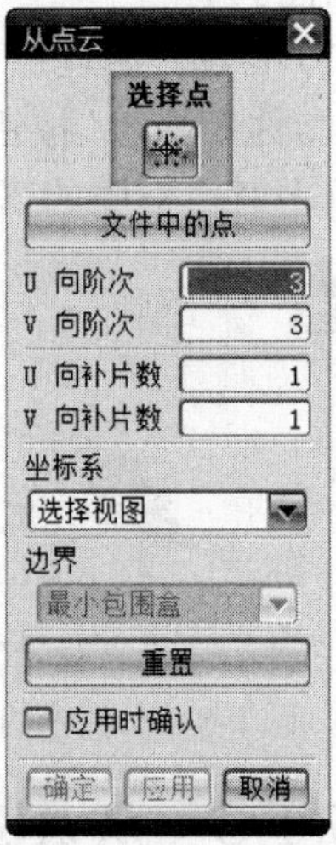

1．U 向阶次

控制片体 U 方向的阶次，系统默认的行阶次为 3。

2．V 向阶次

控制片体 V 方向的阶次，系统默认的列阶次为 3。

3．U 向补片数

设置 U 方向补片体数量，系统默认补片数为 1。

4．V 向补片数

设置 V 方向补片体数量，系统默认补片数为 1。

5．文件中的点

从文件中读取点数据来创建自由曲面。

图 5-13　"从点云"对话框

6．坐标系

该选项用于改变 U、V 向量方向及片体法线方向的坐标系，当改变该坐标系统后，其所产生的片体也会随着坐标系的改变而产生相应的变化。提供了以下五种定义坐标系的方式。

（1）选择视图　设置第一次定义的边界为 U、V 平面的坐标，定义后它的 U、V 平面即固定，当旋转视图后，其 U、V 平面仍为第一次定义的坐标轴平面。

（2）WCS　将当前的工作坐标作为选取点的坐标轴。

（3）当前视图　以当前的视角作为 U、V 平面的坐标，该选项与工作坐标系统无关。

（4）指定的 CSYS　将定义的新坐标系所设置的坐标轴作为 U、V 向的平面。如果还没有在指定的新坐标系选项中设置，系统即会显示"CSYS"对话框，定义坐标系。

（5）指定新的 CSYS　该选项用于定义坐标系，并应用于指定的坐标系。当选取该选项后，系统会显示"CSYS"对话框，并用该对话框定义从点云构造面的坐标系。

7．边界

让用户自定义正在生成片体的边界。

（1）最小包围盒　片体的默认边界方式，是通过把所有选择的数据点投影到 U、V 平面上而产生的边界。

（2）指定的边界　沿法线方向，并以选取框选取而指定新的边界。

（3）指定新的边界　定义新边界，并应用于指定的边界。

8．重置

重新设定上述参数。

【例 5-4】 "从点云"创建曲面。

（1）打开下载文件 CH5\CZSL\CZSL5-4dy.prt，单击"曲面"工具条上"曲面下拉菜单"中的"从点云"按钮 ，弹出如图 5-13 所示的"从点云"对话框。在对话框中将"坐标系"下拉框选择为"WCS"，其余参数采用默认设置。

（2）用鼠标框选模型中所有数据点，如图 5-14 所示。单击"从点云"对话框中的"确定"按钮，生成如图 5-15 所示的点云曲面。

图 5-14 框选数据点

图 5-15 生成点云曲面

5.2 由线到面

利用曲线构建曲面的"骨架"进而获得曲面，是最常用的曲面构建方法。UG NX 8.0 软件提供了直纹面、通过曲线组、通过曲线网格、艺术曲面和扫掠等多种曲面构造的命令。利用曲线构建的自由曲面已全面参数化，即在构造曲面的曲线进行编辑、修改后，曲面会自动更新。

5.2.1 直纹面

直纹面是指通过两条截面线串生成片体或实体。这两条截面线串可以是封闭的，也可以是不封闭的。单击"曲面"工具条上"网格曲面下拉菜单"中的"直纹"按钮 ，或选择菜单【插入】|【网格曲面】|【直纹】，弹出如图 5-16 所示的"直纹"对话框。对话框中各项参数意义如下。

1. 截面线串 1 和截面线串 2

截面线串 1 和截面线串 2 选项表示选择两条截面曲线串，即直纹面仅支持两个截面对象。截面线串 1 和截面线串 2 可以为单一曲线、多重线段、片体或实体边界。若为多重线段，则系统会根据所选取的起始弧及起始弧的位置定义向量方向，并会按所选取的顺序产生体。如果所选取的两条截面线串都为闭合曲线，则可生成片体，也可以生成实体；如果所选取的两条截面线串不闭合，则只能生成片体。

图 5-16 "直纹"对话框

2. 对齐

对齐用于控制两组截面线串的对齐方式。构造曲面时，两组截面线串和等参数曲线建立连接点，对齐方式决定了这些连接点在截面线上的分布和间隔方式，从而在一定范围内控制曲面的形状。

（1）参数　在构建曲面时，将截面线串要通过的点以相等的参数间隔隔开，使每条曲线的整个长度被等分，所创建出来的曲面在等分的间隔点处对齐。在整个截面线串上，若包含直线和曲线，则直线根据等弧长方式间隔点，而曲线根据等角度方式间隔点。

（2）根据点　构造曲面时，允许用户在两条截面线串间选择一些点作为强制的对应点。

3. 设置

用于设置生成体的类型，有"实体"和"图纸页"[①]两个选项。若构建直纹面的两条截面线串均为封闭曲线，则当选择"实体"时，会生成实体，当选择"图纸页"时，会生成片体。

【例 5-5】　创建直纹面。

（1）打开下载文件 CH5\CZSL\CZSL5-5zhiwen.prt，如图 5-17(a)所示。单击"曲面"工具条上"网格曲面下拉菜单"中的"直纹"按钮，弹出如图 5-16 所示的"直纹"对话框。按照图 5-17(b)分别选择截面线串 1 和 2，其余参数采用默认设置。

（2）单击"直纹"对话框中的"确定"按钮，生成如图 5-17(c)所示的曲面。

(a) 源曲线　　　　　　　　(b) 曲线选取　　　　　　　　(c) 生成结果

图 5-17　直纹面实例

5.2.2　通过曲线组构造面

使用"通过曲线组"方法，可以通过大致在同一方向一组截面线串建立片体或者实体。截面线串可以由单个或多个对象组成，每个对象可以是曲线、体边界等。

单击"曲面"工具条中的"通过曲线组"按钮，或选择菜单【插入】|【网格曲面】|【通过曲线组】，弹出如图 5-18 所示的"通过曲线组"对话框。对话框中各项意义如下。

1. 连续性

连续性用于定义所生成曲面的起始端（第一截面线串）和终止端（最后截面线串）的约束条件。

定义第一截面线串和最后截面线串的约束条件共有以下三种方式。

（1）G0（位置约束）　生成的曲面与指定面之间为点连续。

（2）G1（相切约束）　生成的曲面与指定面之间为相切连续。

（3）G2（曲率约束）　生成的曲面与指定面之间为曲率连续。

2. 对齐方式

对齐方式的作用与"直纹面"命令中相似。其对齐方式共有七种，其中"参数"对齐方式和"根据点"对齐方式与"直纹面"含义一致，下面仅介绍其他五种对齐方式。

图 5-18　"通过曲线组"对话框

---

① 注：此处为汉化错误，应为"片体"。

（1）弧长　构造曲面时，对于两组截面线和等参数曲线，根据等弧长方式建立连接点。

（2）距离　在指定的矢量方向上将点沿每条曲线以等距离方式隔开。

（3）角度　构建曲面时，用户指定一条轴线，使通过这条轴线等角分布的平面与截面线的交点作为两组截面线串对应的连接点。

（4）脊线　构建曲面时，用户指定一条脊线，使垂直于脊线的平面与截面线串的交点为创建曲面的连接点。

（5）根据分段　根据包含段数最多的截面曲线，按照每一段曲线的长度比例划分其余的截面曲线，并建立连接对应点。

3. 输出曲面选项

输出曲面选项可以设置补片类型、V 向封闭性、垂直于终止截面和构造等参数。

（1）补片类型　该选项用于设置生成曲面的类型，有单个、多个和匹配线串三个选项。

（2）V 向封闭性　该复选框用于设置 V 向是否封闭。若启用该复选框，并且选择封闭的截面线串，则系统自动创建出封闭的实体。

（3）垂直于终止截面　若启用该复选框，则所创建的曲面与终止截面垂直。

（4）构造　该下拉列表包括"法向"、"样条点"和"简单"三个选项。"法向"选项为使用标准方法构造曲面，所构建的曲面比其他方法建立的曲面有更多的补片数。"样条点"选项要求每条截面线串都要使用单根 B 样条曲线，并要求有相同数量的定义点，利用这些定义点和点的斜率值来构造曲面。

4. 设置

设置选项可以设置体类型、保留形状和公差值等参数。

【例 5-6】　通过曲线组创建曲面。

（1）打开下载文件 CH5\CZSL\CZSL5-6quxianzu.prt，如图 5-19(a)所示。单击"曲面"工具条中的"通过曲线组"按钮 ，按照图 5-19(b)所示方法依次选择截面线串。选择完一条截面线串后，必须使用对话框中的"添加新集"按钮 ，才能继续添加其他截面线串，其余参数采用默认设置。

（2）单击对话框中的"确定"按钮 确定 ，生成如图 5-19(c)所示的曲面。

(a) 源曲线　　　　(b) 曲线选取　　　　(c) 生成结果

图 5-19　通过曲线组创建曲面

5.2.3　通过曲线网格构造面

利用"通过曲线网格"命令，可以通过一个方向的截面网格和另一方向的引导线创建片体或实体。此时，直纹形状匹配曲线网格。若将其中一组同方向的曲线串定义为主曲线，则另外一组大致垂直于主曲线的截面线串定义为交叉曲线。定义的主曲线和交叉曲线必须在设定的公差范围内相交。

单击"曲面"工具条中的"通过曲线网格"按钮，或选择菜单【插入】|【网格曲面】|【通过曲线网格】，弹出如图 5-20 所示的"通过曲线网格"对话框，对话框中主要选项的含义如下。

1. 主曲线和交叉曲线

用于选取主曲线和交叉曲线。需要注意的是，在选择完一条曲线后，必须使用对话框中的"添加新集"按钮，才能继续添加其他主曲线或交叉曲线。

图 5-20 "通过曲线网格"对话框

2. 输出曲面选项

输出曲面选项有"着重"和"构造"两个选项。"着重"选项下拉表有"两者皆是"、"主线串"和"交叉线串"三个参数，用于设置系统在生成曲面时，是使主曲线和交叉曲线具有相同的效果，还是更强调主曲线或交叉曲线。"构造"下拉列表中的三个参数含义与"通过曲线组"命令中的一致，在此不再赘述。

3. 设置

设置选项可以设置生成体的类型和重新构建参数。

（1）体类型　可以设置生成的是实体还是片体。

（2）重新构建　用于重新定义主曲线和交叉曲线的阶次，有"无"、"阶次和公差"和"自动拟合"三个选项。

【例 5-7】　通过曲线网格创建曲面。

（1）打开下载文件 CH5\CZSL\CZSL5- 7quxianwangge.prt，如图 5-21(a)所示。单击"曲面"工具条中的"通过曲线网格"按钮，按照图 5-21(b)所示方法依次选择主曲线和交叉曲线，其余参数采用默认设置。

（2）单击对话框中的"确定"按钮，生成如图 5-21(c)所示的曲面。

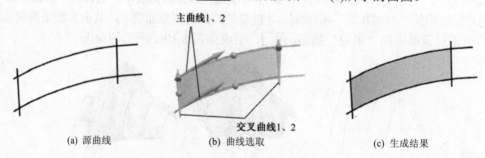

(a) 源曲线　　　　　　　(b) 曲线选取　　　　　　　(c) 生成结果

图 5-21 "通过曲线网格"创建曲面

5.2.4 艺术曲面

"艺术曲面"命令类似于通过曲线网格构造曲面。它可以通过任意数量的截面线串（主要曲线）和引导线串（交叉曲线）创建曲面，在曲面创建完成后还可以改变曲面之间的约束方式。

单击"曲面"工具条中的"艺术曲面"按钮，或选择菜单【插入】|【网格曲面】|【艺术曲面】，弹出如图 5-22 所示的"艺术曲面"对话框。

【例 5-8】 创建艺术曲面。

（1）打开下载文件 CH5\CZSL\CZSL5-8yishuqumian .prt，如图 5-23(a)所示。单击"曲面"工具条中的"艺术曲面"按钮 。按照图 5-23(b)所示方法选择截面线和引导线，其余参数采用默认设置。单击对话框中的"应用"按钮 应用 ，生成如图 5-23(c)所示的曲面。

（2）按照图 5-24(a)所示选择截面线，其余参数采用默认设置。单击对话框中的"应用"按钮 应用 ，生成如图 5-24(b)所示的曲面。

（3）按照图 5-25(a)所示选择截面线、引导线，连续性选项中"第一截面"和"最后截面"参数设置为"G1（相切）"，其余参数采用默认设置，并选择图示的第一截面和最后截面。单击对话框中的"确定"按钮 确定 ，生成如图 5-25(b)所示的曲面。

图 5-22 "艺术曲面"对话框

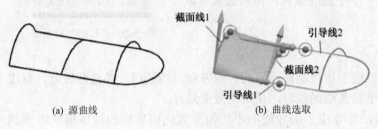

(a) 源曲线　　　　　(b) 曲线选取　　　　　(c) 生成结果

图 5-23 "艺术曲面"（一）

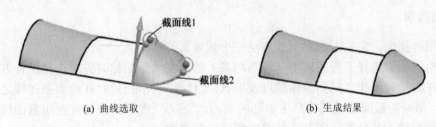

(a) 曲线选取　　　　　(b) 生成结果

图 5-24 "艺术曲面"（二）

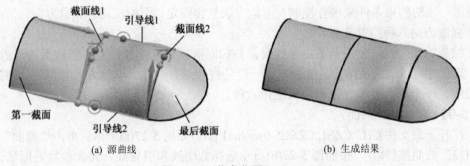

(a) 源曲线　　　　　(b) 生成结果

图 5-25 "艺术曲面"（三）

5.2.5 扫掠曲面

扫掠曲面是通过预先规定的方式将曲线轮廓（截面线串）沿着空间路径（引导线串）移动而生成的曲面。

单击"曲面"工具条中的"扫掠"按钮，或选择菜单【插入】|【扫掠】|【扫掠】，弹出如图 5-26 所示的"扫掠"对话框，对话框中部分选项的意义如下。

1. 截面

用于指定截面线串。截面线可以由单段或多段曲线组成，截面线可以是曲线，也可以是实体（片体）的边。组成每条截面线的所有曲线段之间不一定是相切过渡（一阶导数连续 G1），但必须是 G0 连续。扫掠至少需要一条截面线串，最多可以使用 150 条。

2. 引导线

引导线控制曲面生成方向的范围和尺寸变化。根据用户选择的引导线数目的不同，需要用户给出不同的附加条件。在几何上，引导线即是母线，根据三点确定一个平面的原理，用户最多可以设置三条引导线串。

图 5-26 "扫掠"对话框

3. 脊线

在扫掠过程中，使用脊线可以进一步控制截面线的扫掠方向。当使用一条截面线时，脊线会影响扫掠的长度。当脊线垂直于每条截面线时，使用的效果最好。

一般情况下不建议采用脊线，除非由于引导线的不均匀参数化而导致扫掠体形状不理想时，才使用脊线。

4. 截面选项

截面选项有插值、定位方法和缩放方法三个选项。

（1）插值 如果选择了两条以上（包括两条）的截面线，扫掠时需要选择插补方式，用于确定扫掠时在两组截面线之间扫掠体的过渡形状。"线性"表示扫掠时在两组截面线之间形成线性过渡形状，每两条截面线之间将产生单独的表面。"三次"表示扫掠时在两组截面线之间形成三次函数过渡形状，并且通过所有的截面线生成一张表面。

（2）定位方法 当只使用一条引导线时，截面线在被扫掠过程中，其方位不能完全得到确定，需要进一步的约束条件来进行控制。定位方法包含固定、面的法向、矢量方向、另一曲线、一个点和强制方向六种约束条件。

（3）缩放方法 当只使用一条引导线时，扫掠时可以进行缩放控制。当截面线沿着引导线扫掠时，其尺寸可以放大或缩小，或者根据一定的规律进行变化。缩放方式有恒定、倒圆功能、另一条曲线、一个点、面积规律和周长规律六种。

【例 5-9】 创建扫掠曲面。

（1）打开下载文件 CH5\CZSL\CZSL5-9saolue1.prt，如图 5-27(a)所示。单击"曲面"工具条中的"扫掠"曲面按钮。按照图 5-27(b)所示选择截面线和引导线，其余参数采用默认设置。单击 "扫掠"对话框中的"确定"按钮 [确定]，生成如图 5-27(b)所示的曲面。

（2）打开下载文件 CH5\CZSL\CZSL5-9saolue2.prt，如图 5-28(a)所示。单击"曲面"工具条中的"扫掠"曲面按钮。按照图 5-28(b)所示选择截面线和引导线，其余参数采用默认设置。单击"扫掠"对话框中的"确定"按钮 [确定]，生成如图 5-28(b)所示的曲面。

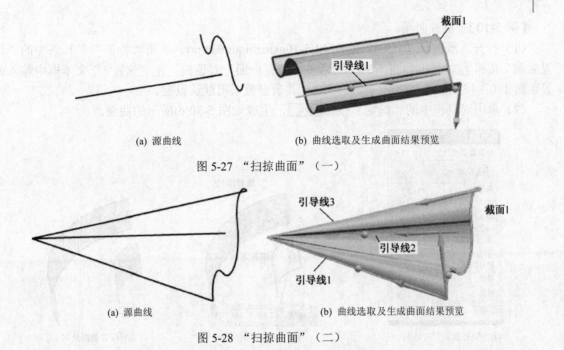

(a) 源曲线　　　　　(b) 曲线选取及生成曲面结果预览

图 5-27 "扫掠曲面"（一）

(a) 源曲线　　　　　(b) 曲线选取及生成曲面结果预览

图 5-28 "扫掠曲面"（二）

（3）打开下载文件 CH5\CZSL\CZSL5-9saolue3.prt，如图 5-29(a)所示。单击"曲面"工具条中的"扫掠"曲面按钮◈。按照图 5-29(b)所示选择截面线和引导线，其余参数采用默认设置。单击"扫掠"对话框中的"确定"按钮 确定 ，生成如图 5-29(b)所示的曲面。

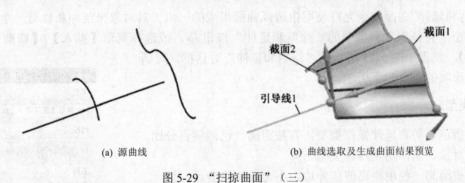

(a) 源曲线　　　　　(b) 曲线选取及生成曲面结果预览

图 5-29 "扫掠曲面"（三）

5.3 编辑曲面

编辑曲面是对已经存在的曲面所进行的操作，使之进一步达到设计意图。在曲面创建过程中，曲面编辑的时间往往要比创建曲面的时间多。UG NX 8.0 中的曲面编辑功能十分强大，它可以编辑参数曲面和非参数曲面，创建出风格不同的曲面，从而满足不同的设计要求。

5.3.1 偏置曲面

偏置曲面是指将某一曲面沿该面的法向方向按给定的距离偏置而生成另一曲面。单击"特征"工具条中的"偏置曲面"按钮🗐，或选择菜单【插入】|【偏置/缩放】|【偏置曲面】，弹出如图 5-30(a)所示的"偏置曲面"对话框。现以实例介绍该命令的操作方法。

【例 5-10】 偏置曲面。

（1）打开下载文件 CH5\CZSL\CZSL5-10pianzhiqumian.prt。单击"特征"工具条中的"偏置曲面"按钮，弹出如图 5-30(a)所示的"偏置曲面"对话框。在"偏置 1"文本框中输入偏置距离 180；按照图 5-30(b)所示选择面 1，其余参数采用默认设置。

（2）单击对话框中的"确定"按钮 确定 ，生成如图 5-30(c)所示的曲面。

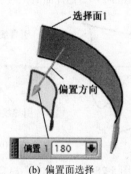

(a)"偏置曲面"对话框　　　　　(b) 偏置面选择　　　　　(c) 偏置曲面结果

图 5-30　偏置曲面

5.3.2　修剪和延伸曲面

"修剪和延伸"曲面命令允许使用由边或曲面组成的一组工具对象来延伸和修剪一个或多个曲面。单击"特征"工具条中的"修剪和延伸"按钮，或选择菜单【插入】|【修剪】|【修剪和延伸】，弹出如图 5-31 所示的"修剪和延伸"对话框，对话框中部分选项的意义如下所述。

1．类型

用于指定修剪和延伸操作类型，有按距离、已测量百分比、直至选定对象、制作拐角四种类型。

（1）按距离　使用距离值延伸边，不会发生修剪。

（2）已测量百分比　将边延伸到选中的其他"测量"边的总圆弧长的某个百分比，不会发生修剪。

（3）直至选定对象　使用选中的边或面作为工具修剪或延伸目标。

（4）制作拐角　在目标和工具之间形成拐角。

2．要移动的边

当类型为"按距离"或"已测量百分比"时，允许用户选择要修剪或延伸的边（只能选择边）。

3．延伸

（1）距离　当类型为"按距离"时，输入要延伸选中对象的距离限制值。

图 5-31　"修剪和延伸"对话框

（2）已测量边的百分比 当类型为"已测量百分比"时，输入要用于选中的测量边的百分比值。目标对象的延伸距离是所有选中的测量边的总长度的百分比。

（3）选择边 当类型为"已测量百分比"时，允许用户选择测量边，可以选择任何边作为测量边。

4．目标

当类型为"直至选定对象"或"制作拐角"时，允许用户选择要修剪或延伸的边或面。

5．工具

当类型为"直至选定对象"或"制作拐角"时，如果选择了边，则用它来限制对目标对象的修剪或延伸；如果选择了面，则只能修剪目标对象（也就是说，不能使用该面作为延伸限制）。可以从单个片体或实体上选择一组相连的面，或选择一个片体的一组相连的自由边缘。

6．设置

指定延伸操作的连续类型。

（1）自然相切 在选中的边上，延伸在与面相切的方向上是线性的。这种类型的延伸为相切（G1）连续。

（2）自然曲率 面延伸时曲率连续（G2）。为了确保在延伸开始时为 G2 连续，在一小段距离后趋于线性算法，可以进行此项操作。

（3）镜像的 面的延伸尽可能反映或"镜像"要延伸的面的形状。

延伸的曲面在自然相切和自然曲率之间的角度偏差通常约为 3°。

【例 5-11】 修剪和延伸曲面。

（1）打开下载文件 CH5\CZSL\CZSL5-11xiujianyuyanshen1.prt，源曲面如图 5-32(a)所示。单击"特征"工具条中的"修剪和延伸"按钮 ，弹出"修剪和延伸"对话框。在该对话框中，"类型"选择"直至选择对象"，"目标"和"工具"的选取如图 5-32(b)所示，在"需要的结果"中箭头侧选项选择"保持"，在"设置"中延伸方法选择"自然曲率"，其余参数采用默认设置。单击对话框的"确定"按钮，沿着工具片体对目标片体进行修剪，修剪结果如图 5-32(c)所示。

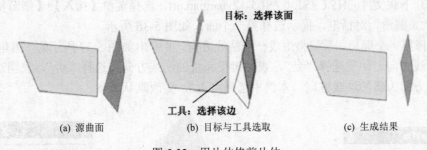

|(a) 源曲面|(b) 目标与工具选取|(c) 生成结果|

图 5-32 用片体修剪片体

（2）打开下载文件 CH5\CZSL\CZSL5-11xiujianyuyanshen2.prt，源曲面如图 5-33(a)所示。单击"特征"工具条中的"修剪和延伸"按钮 ，弹出"修剪和延伸"对话框。在该对话框中，"类型"选择"按距离"，延伸距离设置为 50，在"设置"中延伸方法选择"自然曲率"，其余参数采用默认设置。"要移动的边"的选取及延伸后的结果预览如图 5-33(b)所示。

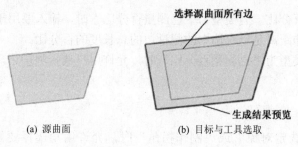

(a) 源曲面　　　　　　　　　(b) 目标与工具选取

图 5-33　延伸片体

（3）打开下载文件 CH5\CZSL\CZSL5-11xiujianyuyanshen3.prt，源曲面如图 5-34(a)所示。单击"特征"工具条中的"修剪和延伸"按钮，弹出"修剪和延伸"对话框。在该对话框中，"类型"选择"制作拐角"，"目标"和"工具"的选取如图 5-34(b)、(c)所示，在"需要的结果"中箭头侧选项选择"保持"，在"设置"中延伸方法选择"自然曲率"，其余参数采用默认设置。单击对话框的"确定"按钮 确定 完成制作拐角，结果如图 5-34(d)所示。

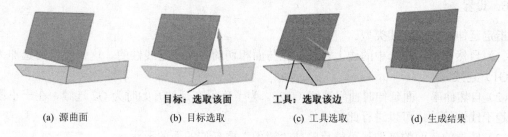

(a) 源曲面　　　(b) 目标选取　　　(c) 工具选取　　　(d) 生成结果

图 5-34　制作拐角

5.3.3　圆角曲面

"圆角曲面"命令用于在两个面之间创建常数或者可变半径的圆角片体。选择菜单【插入】|【细节特征】|【圆角】，弹出如图 5-35 所示的"\t 圆角"对话框。下面通过实例说明创建圆角曲面的过程。

【例 5-12】　圆角曲面。

（1）打开下载文件 CH5\CZSL\CZSL5-12yuanjiao.prt，选择菜单【插入】|【细节特征】|【圆角】，弹出"\t 圆角"对话框，提示选择第一个面，如图 5-36 所示。

（2）选择第一个面后，系统将生成一个法线方向，并弹出如图 5-37 所示的"圆角"对话框，提示选择法线方向。如果选择"是"，表明接受系统的法线方向；选择"否"，表明选择系统法线方向的反方向为新的法线方向。本例中选择"否"，更改默认方向。

图 5-35　"\t 圆角"对话框　　　图 5-36　选择第一个面　　　图 5-37　"圆角"对话框

（3）在选择"否"之后，系统再次弹出如图 5-35 所示的"\t 圆角"对话框，提示选择第二个面，选择图 5-36 中的另一面为第二面。选择第二个面后，系统将生成一个法线方向，并弹出如图 5-37 所示的"圆角"对话框，提示选择法线方向，选择指向内侧的方向，操作结果如图 5-38 所示。

（4）当选择了两个面和法线方向后，系统弹出图 5-39 所示"圆角"对话框，提示选择脊线，按图 5-40 所示选择给定脊线。选择后将弹出如图 5-41 所示的"\t 圆角"对话框，提示选择创建对象，在此将决定完成倒圆角的各项设置后，系统产生圆角或曲线的情况。

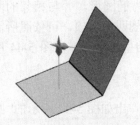
图 5-38　面和法线方向选择结果

图 5-39　"圆角"对话框

图 5-40　脊线选择

"\t 圆角"对话框中有以下两个选项。

① 创建圆角　该选项指定系统在完成各项设置后是否产生圆角。若设置为"是"，则在完成一切步骤后，系统将产生圆角；若设置为"否"，则系统将不产生圆角。

② 创建曲线　该选项将指定系统在完成各项设置后，是否产生将圆角的圆心连接成一条曲线。若设置为"是"，则在完成一切步骤后，系统将产生曲线；若设置为"否"，则在完成一切步骤后，系统将不产生曲线。

在该对话框中，至少需要设置一个选项为"是"，否则系统将停留在此对话框，要求重新定义。本例中将"创建圆角"设置为"是"，将"创建曲线"设置为"否"。

（5）设置完创建对象后，单击对话框中的"确定"按钮，系统弹出如图 5-42 所示的"圆角"对话框，提示选择横截面类型。其横截面类型包括"圆形"和"二次曲线"两种。若之前未选择脊线，将改变对话框中的选项。

① 圆形　将圆角横截面类型定义为圆形，其圆角将相切于其他两个表面。在选择该选项后，系统将要求选择圆角类型，如图 5-43 所示，可依照所需的外形选择不同的圆角类型。圆角类型包括"恒定"、"线性"、"S 型"和"常规"四个选项。若之前未选择脊线，则常规选项没有。

图 5-41　"\t 圆角"对话框

图 5-42　"圆角"对话框

图 5-43　选择圆角类型

- 恒定　以固定的数值定义倒圆角的圆角半径。从起点到终点的半径都是固定的值。若没有选择脊线，则系统将要求更多的设置，在此不进行详述。
- 线性　以起点和终点的圆角半径连成一条直线，作为圆角的外形。在选择该选项后，系统所显示的对话框与常数相同，以相同的步骤产生圆角。

- S 型 以 S 型的曲率定义圆角外形，系统将以 S 型连接圆角的起点和终点。在选择该选项后，系统所显示的对话框与选择恒定选项时相同，以相同的步骤产生圆角。
- 常规 以 S 型的曲率定义圆角外形，系统将以 S 型依次连接圆角的起点、中间若干点和终点。在选择该选项后，系统所显示的对话框与选择 S 型选项时相同，以相同的步骤产生圆角。与 S 型选项时，不同之处在于常规选项允许用户在起点和终点之间可以选择若干中间的点，用以指定圆角半径，从而可以得到更为复杂的圆角曲面。

② 二次曲线 用于将圆角断面类型定义为圆锥形，其圆角外形为椭圆形，并与相邻的两表面相切。在选择该选项后，系统将要求选择恒定、线性、S 型和常规四个选项，可依照所需的外形选择不同的类型，该对话框与图 5-43 所示的相同。选择任一类型，均会弹出图 5-44 所示的"圆角"对话框，提示指定 Rho 功能。

下面只对恒定类型进行简单介绍，其他类型与"圆形"圆角类似。

恒定类型是以固定的数值定义圆角半径。在选择该选项后，系统将弹出如图 5-44 所示的"圆角"对话框，用于指定 Rho 功能。该对话框有两个选项。

与圆角类型相同，用于指定系统以圆角类型定义 Rho 函数。在选择该选项后，系统将弹出"点"对话框，之后的步骤将分为选择脊线和没有选择脊线两种，本书只对选择脊线进行说明。选择起点后，系统将弹出如图 5-45 所示的"圆角"对话框，提示输入数值，包括半径、比例、Rho 等选项，设置数值后单击"确定"按钮，系统再次弹出"点"对话框要求选择终点，选择后系统将根据设置创建圆角曲面。

图 5-44 "圆角"对话框

图 5-45 "圆角"对话框

- 半径 该选项用于决定圆角半径值，系统将依照输入的数值作为圆角的半径值。
- 比率 该选项用于定义偏移交点到两表面间距离的比值，当比率值小于 1 时，此点较接近第二个表面；当比率值大于 1 时，此点较接近第一表面。
- Rho 该选项用于定义倒圆角的圆弧曲率。当 Rho 值接近零时，圆弧的曲率较小；Rho 值接近 1 时，圆弧曲率较大。
- 最小张度 由系统将 Rho 自动指定为最小张力。在选择该选项后，系统将弹出"点"对话框，之后的步骤将分为选择脊线和没有选择脊线两种，本书只对选择脊线进行说明。选择起点后系统将弹出如图 5-46 所示的"圆角"对话框，提示输入数值，包括半径、比率选项。设置数值后单击"确定"按钮，系统再次弹出"点"对话框要求选择终点，选择后系统将根据设置创建圆角曲面。

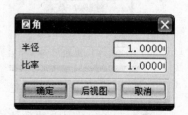

图 5-46 "圆角"对话框

（6）创建线性类型圆形圆角曲面。单击图 5-42 中"圆角"按钮，弹出"选择圆角类型"对话框。选择"线性"后，系统将弹出"点"对话框，要求定义起点，选择如图 5-47 中脊线的一个端点，在弹出的图 5-48 所示对话框中将半径值设置为 20。

单击"确定"按钮后，将再次弹出"点"对话框，选择脊线的另一个端点作为圆角终点，在弹出的对话框中将半径值设置为 100，系统将根据设置生成圆角，最后效果如图 5-49(a)所示。

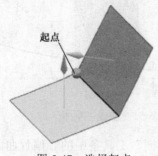

图 5-47　选择起点

图 5-48　输入半径

（7）创建 S 型圆形圆角曲面。单击图 5-42 中"圆角"按钮，弹出"选择圆角类型"对话框。选择"S 型"后，系统将弹出"点"对话框，要求定义起点，选择如图 5-47 中脊线的一个端点，在弹出的对话框中将半径值设置为 20。单击"确定"按钮后，将再次弹出"点"对话框，选择脊线的另一个端点作为圆角终点，在弹出的对话框中将半径值设置为 100，系统将根据设置生成圆角，最后效果如图 5-49(b)所示。

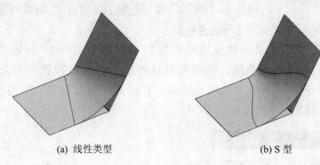

(a) 线性类型　　　　　　　　　　　　　　(b) S 型

图 5-49　圆角曲面

5.4　操作实例

本节将通过对两个典型的曲面设计实例进行详细的讲解，可以使读者进一步清晰地理解曲面设计的一般过程，加深对曲面设计的认识。

5.4.1　实例 1——风扇叶片

（1）单击工具条中的"新建文件"按钮，弹出"新建文件"对话框，设置尺寸单位为"毫米"，新建文件名命名为"CZSL5-13fengshanyelun.prt"，单击"确定"按钮，进入建模模块。选择菜单【首选项】|【背景】，设置背景色为"纯色"，"普通颜色"为"白色"，单击"确定"按钮 确定 。

（2）选择菜单【插入】|【设计特征】|【圆柱体】，弹出"圆柱"对话框，设置直径为 32，高度为 42，其余采用参数默认设置，单击"确定"按钮 确定 ，创建圆柱体如图 5-50 所示。

（3）选择菜单【插入】|【任务环境中的草图】，弹出"创建草图"对话框。选择 YZ 基准平面为草图平面，单击"确定"按钮 确定 ，进入草图环境，绘制如图 5-51 所示的草图。

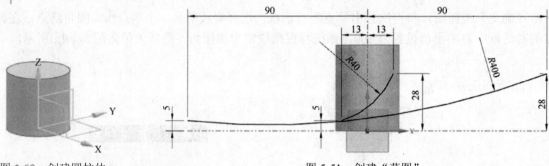

图 5-50 创建圆柱体   图 5-51 创建"草图"

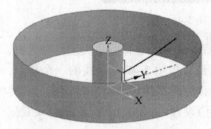

图 5-52 偏置曲面结果

（4）单击"特征"工具条中的"偏置曲面"按钮，弹出如图 5-30(a)所示的"偏置曲面"对话框，选择圆柱面作为要偏置的面，在"偏置 1"文本框中输入偏置距离 80，其余参数采用默认设置。单击对话框中的"确定"按钮 ，生成结果如图 5-52 所示。

（5）编辑对象显示。选择菜单【编辑】|【对象显示】，弹出"类选择"对话框。选择圆柱体和偏置后的片体，单击"确定"按钮 ，弹出"编辑对象显示"对话框，将透明度设置为 80%，单击"确定"按钮 。

（6）选择菜单【插入】|【来自曲线集的曲线】|【投影】，弹出"投影曲线"对话框。选择 R40 的圆弧作为要投影的对象的曲线，选择圆柱体外表面作为要投影的对象，选择 X 基准轴作为要投影的方向，设置选项中的输入曲线为隐藏，其余采用默认设置，如图 5-53 所示，单击"应用"按钮，完成 R40 圆弧曲线的投影。

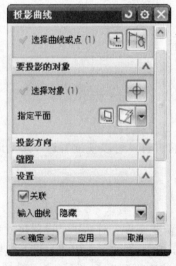

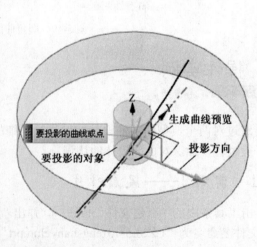

图 5-53 投影 R40 圆弧曲线

（7）将 R400 的圆弧曲线投影至偏置后的圆柱面片体上，操作过程、投影的方向及相关设置与第（6）步类似，单击"投影曲线"对话框中的"确定"按钮，操作结果如图 5-54(a)所示。

（8）隐藏不必要的对象，操作结果如图 5-54(b)所示。

（9）更改 R400 投影后的曲线长度。选择菜单【编辑】|【曲线】|【长度】，弹出"曲线长

度"对话框。选择 R400 投影后的曲线作为要更改长度的对象,在对话框中"极限"和"设置"选项参数设定如图 5-55 所示,其余参数采用默认设置,单击"应用"按钮 应用 。

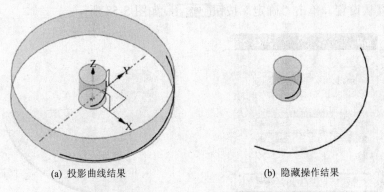

(a) 投影曲线结果　　　　　　　　　　(b) 隐藏操作结果

图 5-54　投影 R400 圆弧曲线和隐藏操作结果

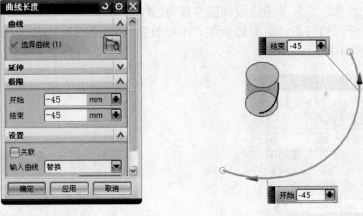

图 5-55　更改曲线长度

　　(10)更改 R40 投影后的曲线长度。在"曲线长度"对话框中的"极限"选项中,开始设置为"–8",结束设置为""–8",其余设置同第(9)步,单击"确定"按钮 确定 ,操作结果如图 5-56 所示。

　　(11)单击"曲面"工具条中的"通过曲线组"按钮 。依次选择两条曲线作为截面线串 1 和 2。需要注意的是,选择完一条截面线串后,必须使用对话框中的"添加新集"按钮 ,才能继续添加其他截面线串,其余参数采用默认设置。单击对话框中的"确定"按钮 确定 ,生成如图 5-57 所示的曲面。

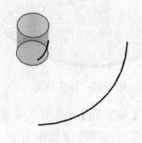
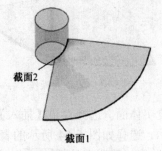

图 5-56　曲线长度操作结果　　　　　　　　图 5-57　通过曲线组操作结果

（12）加厚片体。单击"特征"工具条上"偏置/缩放下拉菜单"中的"加厚"按钮 ，弹出"加厚"对话框，选择第（11）步操作生成的曲面作为要加厚的对象，对厚度参数进行设置，其余参数采用默认设置，单击"确定"按钮 确定 ，如图 5-58 所示。

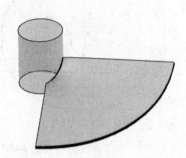

图 5-58　加厚片体

（13）单击"特征"工具条中"边倒圆"按钮 ，弹出如图 5-59 所示的"边倒圆"对话框，选择图 5-60 所示的两条边进行边倒圆，半径设置为 36 和 22。单击"确定"按钮 确定 ，边倒圆结果如图 5-61 所示。

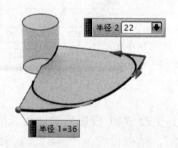

图 5-59　"边倒圆"对话框　　　　　　　　　　图 5-60　边选取及预览

（14）隐藏圆柱体、片体及曲线，操作结果如图 5-62 所示。

图 5-61　边倒圆操作　　　　　　　　　　图 5-62　操作结果

（15）偏置实体面。选择菜单【插入】|【偏置/缩放】|【偏置面】，弹出"偏置面"对话框，如图 5-63 所示。选择如图 5-64 所示的表面进行偏置，偏置方向和厚度如图所示，其余参数采用默认设置。单击"确定"按钮 确定 ，生成结果如图 5-65 所示。

图 5-63 "偏置面"对话框

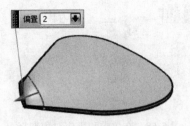

图 5-64 偏置面选择

（16）将隐藏的圆柱体显示，并将其透明度设置为 0，操作结果如图 5-66 所示。

图 5-65 偏置曲面操作结果

图 5-66 显示圆柱体操作结果

（17）使用"移动对象"命令创建另外两个叶片。选择菜单【编辑】|【移动对象】，弹出"移动对象"对话框。选择叶片作为移动的对象，变换方式选择"角度"，矢量指定为 ZC 方向，轴点指定为(0,0,0)点，角度设置为 120，"结果"区域参数及设置如图 5-67 所示，其余参数采用默认设置。单击"确定"按钮 确定 ，弹出"移动对象"提示对话框，单击"是"按钮，完成另外两个叶片的创建。

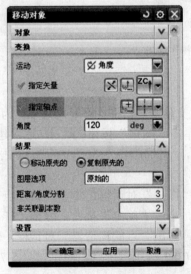

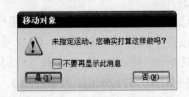

图 5-67 移动对象操作

（18）单击"特征"工具条中布尔操作求和按钮 ，弹出"求和"对话框，选择圆柱体为目标体，选择其余三个叶片为刀具体，如图 5-68 所示。单击"确定"按钮 确定 ，完成求和操作。

（19）单击"特征"工具条中的"边倒圆"按钮 ，选择图 5-69 所示的圆柱体上表面的边进行边倒圆操作，半径设置为 12。单击"确定"按钮 确定 ，边倒圆操作结果如图 5-70 所示。

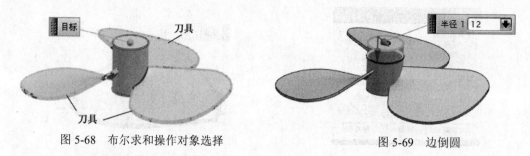

图 5-68　布尔求和操作对象选择　　　　　　　　图 5-69　边倒圆

（20）单击"特征"工具条中的"孔"按钮 ⬛，弹出"孔"对话框，启用捕捉点工具条中的圆弧中心 ⊙，以圆柱体下表面中心为孔中心，创建常规简单孔，尺寸参数为直径 20，深度 28，顶锥角 0，其余参数采用默认设置。单击"确定"按钮 确定，完成孔的创建，结果如图 5-72 所示。

（21）保存部件文件。

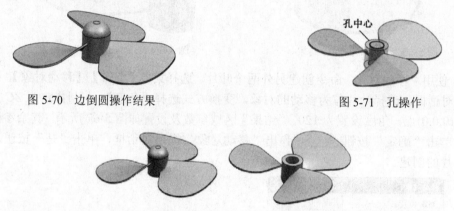

图 5-70　边倒圆操作结果　　　　　　　　　　图 5-71　孔操作

图 5-72　风扇叶片建模操作结果

5.4.2　实例 2——自行车坐垫

（1）单击工具条"新建文件"按钮 ⬜，弹出"新建文件"对话框，设置尺寸单位为"毫米"，新建文件名命名为"CZSL5-14zixingchechezuo.prt"，单击"确定"按钮 确定，进入建模模块。选择菜单【首选项】|【背景】，设置背景色为"纯色"，"普通颜色"为"白色"，单击"确定"按钮 确定。

（2）选择菜单【插入】|【曲线】|【样条】，弹出"样条"对话框，单击"通过点"按钮，弹出"通过点生成样条"对话框，参数采用默认设置。单击"确定"按钮，弹出"样条"对话框，提供选择点的指定方法，单击"点构造器"按钮，弹出"点的构造器"对话框，依次指定 (0,0,0)、(30,70,0)、(71,58,0)、(240,18,0)、(269,14,0)、(280,14,0) 六个点，创建如图 5-73 所示的样条曲线 1。

（3）按照上述方法，通过点 (0,0,60)、(46,0,38)、(140,0,15)、(210,0,5)、(245,0,−5)、(280,14,0) 六个点，创建如图 5-74 所示的样条曲线 2。

（4）单击"特征"工具条中的"拉伸"命令 ⬛，弹出"拉伸"对话框，分别将上面创建的样条曲线 1、2 向两侧各拉伸 100 mm，创建结果如图 5-75 所示。

（5）单击"曲线"工具条上的"相交曲线"按钮 ⬛，弹出"相交曲线"对话框，选择第一组、第二组曲面后，单击"确定"按钮 确定，生成相交曲线 1，如图 5-76 所示。

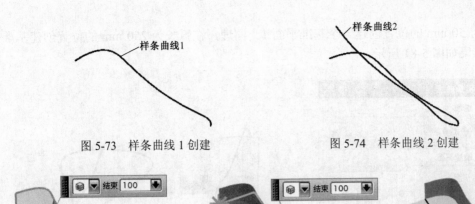

图 5-73　样条曲线 1 创建　　　　　图 5-74　样条曲线 2 创建

图 5-75　样条曲线拉伸方向及创建结果

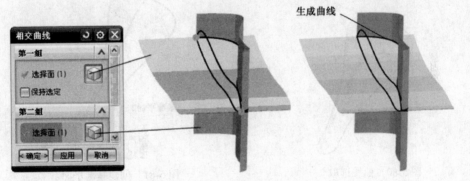

图 5-76　相交曲线

（6）隐藏曲面及样条曲线 1、2，只保留相交曲线，结果如图 5-77 所示。

（7）按照第（2）步的操作方法，通过点(0,0,60)、(20,0,75)、(93,0,63)、(207,0,35)、(260,0,27)、(280,0,0)六个点，创建如图 5-78 所示的样条曲线 3。

图 5-77　隐藏结果　　　　　　图 5-78　创建样条曲线 3

（8）镜像相交曲线 1。单击"曲线"工具条上的"镜像曲线"按钮 ，弹出"镜像曲线"对话框，选择相交曲线 1 作为要镜像的对象，镜像平面选择 XZ 平面，单击"确定"按钮 确定 ，生成镜像曲线，如图 5-79 所示。

（9）创建基准平面。单击"特征"工具条上的"基准平面"按钮 ，弹出"基准平面"对话框，在对话框中选择"曲线上"类型，选取图 5-80 中的样条曲线 3（选取时注意方向），在曲线上弧长为 50 mm 的位置创建一个基准平面 1。同理，在弧长为 250 mm 的位置创建基准平面 2，创建结果如图 5-81 所示。

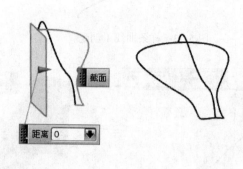

图 5-79　镜像曲线

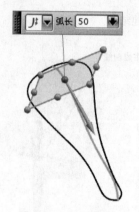

图 5-80　曲线选取

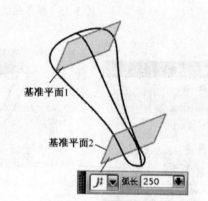

图 5-81　创建基准平面

（10）创建交点。单击"特征"工具条上"基准/点下拉菜单"中的"点"按钮➕，弹出"点"对话框，在"类型"下拉框中选择"交点"，如图 5-82 所示，选择图中所示的基准平面 1 和曲线（需要注意：先选面，后选曲线），单击"应用"按钮，生成交点 1。依次选择基准平面 1 和另外两条曲线，生成交点 2、3。同理，依次选择基准平面 2 和三条曲线，创建交点 4、5、6。创建完交点 6 后，单击"点"对话框中的"确定"按钮 确定 ，完成点的创建，创建结果如图 5-83 所示。

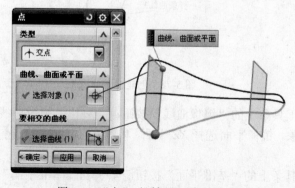

图 5-82　"点"对话框及对象选取

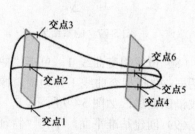

图 5-83　点创建结果

（11）创建样条曲线。隐藏基准平面 1 和 2，利用"样条曲线"命令分别过交点 1、2、3 和交点 4、5、6 创建样条曲线 4 和 5，隐藏 6 个交点，结果如图 5-84 所示。

（12）分割曲线。单击"编辑曲线"工具条上的"分割曲线"按钮 ∫，弹出"分割曲线"对话框，选择图中曲线 1 作为要分割的曲线，弹出"参数移除"警告对话框，单击"确定"按钮 ⬚确定，边界对象选择样条曲线 4、5 与曲线 1 的交点，其余参数采用默认设置，单击"应用"按钮，将曲线 1 分割为 1、2、3 段，如图 5-85 所示。同理，分割曲线 2、3，分割结果如图 5-86 所示。

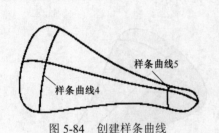

图 5-84　创建样条曲线

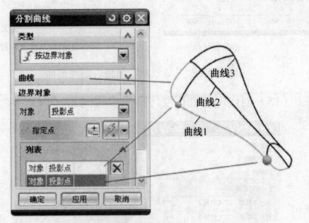

图 5-85　曲线 1 的分割

（13）创建扫掠曲面。单击"曲面"工具条中的"扫掠"按钮 🗇，弹出"扫掠"对话框。截面和引导线的选取如图 5-87 所示，其余参数采用默认设置。单击"扫掠"对话框中的"确定"按钮 ⬚确定，生成如图 5-88 所示的曲面。

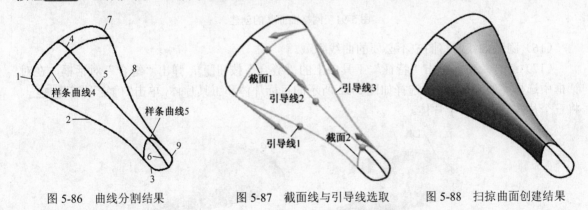

图 5-86　曲线分割结果　　　　图 5-87　截面线与引导线选取　　　　图 5-88　扫掠曲面创建结果

 选择截面线串和引导线串时，选择完一条线串后，必须使用对话框中的"添加新集"按钮 ➕，才能继续添加下一组线串。另外，需要保证截面线串上箭头所指的方向大体一致，引导线上箭头所指的方向要一致。

（14）创建网格曲面 1。单击"曲面"工具条中的"通过曲线网格"按钮 🗇，弹出如图 5-89(a) 所示的"通过曲线网格"对话框。主曲线和交叉曲线按照图 5-89(b)所示依次选取，需要指出的是主曲线 1 和主曲线 3 为点。连续性选项的设置和面的选取如图 5-89 所示，其余参数采用默认设置。单击"确定"按钮 ⬚确定，生成如图 5-90 所示的网格曲面。

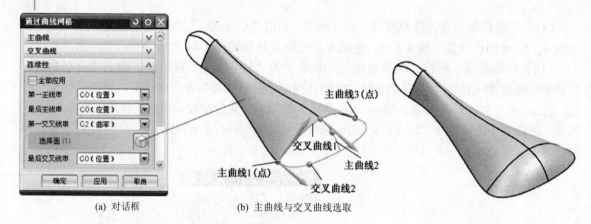

(a) 对话框　　　　　　　(b) 主曲线与交叉曲线选取

图 5-89　"通过曲线网格"创建曲面　　　　　　图 5-90　曲面创建结果

（15）创建网格曲面 2。操作步骤同第（14）步，如图 5-91 所示。

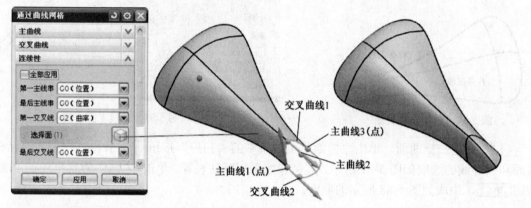

图 5-91　网格曲面 2 的创建

（16）隐藏曲线。将图中不必要的曲线隐藏。

（17）缝合片体。单击"特征"工具条上的"缝合"按钮，弹出"缝合"对话框，在对话框中选择类型为"片体"，选择如图 5-92 所示的目标片体和工具片体，单击"确定"按钮，将三个片体缝合为一个片体。

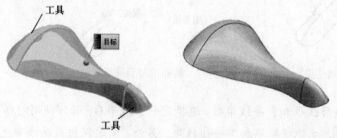

图 5-92　缝合片体

（18）更改着色方式。将工具条中带边着色方式更改为着色方式（不显示边）。

（19）加厚片体。单击"特征"工具条上的"加厚"按钮，弹出"加厚"对话框，选择缝合后的片体作为要加厚的对象，厚度设置和加厚方向如图 5-93 所示，其余参数采用默认设置。单击"确定"按钮，完成片体的加厚。

（20）隐藏不需要显示的对象，结果如图 5-94 所示，保存图形。

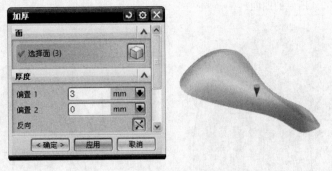

图 5-93 加厚片体

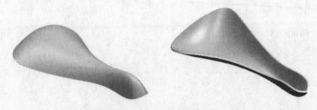

图 5-94 自行车坐垫操作结果

思考题与操作题

5-1 思考题

5-1.1 曲面造型方式大致可以分成哪几种？

5-1.2 由点到面方式中，点和面是相关的吗？由线到面方式中，线和面是相关的吗？

5-1.3 "直纹面"命令与"通过曲线组"命令构建的曲面是否有区别？

5-1.4 偏置曲面的作用是什么？

5-2 操作题

5-2.1 绘制如图 5-2.1 所示的曲面。

5-2.2 绘制如图 5-2.2 所示的五角星曲面。

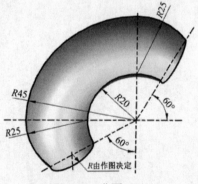

图 5-2.1 曲面（1）

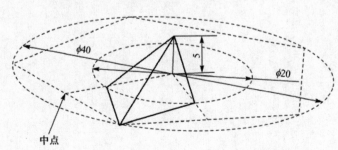

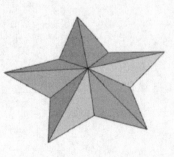

图 5-2.2 曲面（2）

5-2.3　绘制如图 5-2.3 所示的曲面。

5-2.4　绘制如图 5-2.4 所示的曲面。

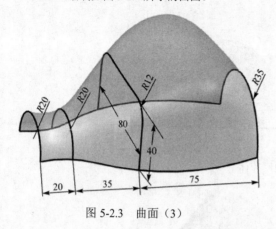

图 5-2.3　曲面（3）

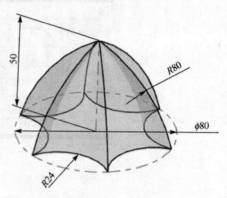

图 5-2.4　曲面（4）

第 6 章

装 配 设 计

装配设计是将产品的各个部件进行组织和定位操作的一个过程。通过装配操作，用户可以在计算机上完成虚拟装配，从而形成产品的一个部件的结构，并对结构进行干涉检查、生成爆炸图等。在 UG NX 8.0 中提供了专门的装配设计模块来实现这部分功能。

本章将介绍 UG NX 8.0 装配模块中各种操作命令的使用方法、装配结构与建模方法、装配约束、爆炸图及装配查询与分析，使用户能掌握装配操作的主要功能，完成一个完整的虚拟装配过程。

6.1 装配结构与建模方法

装配设计是在装配模块中完成的，单击"标准"工具条中的"开始"按钮，选择下拉列表中的"装配"选项可以进入装配模块；或当新建文件时，在"新建"对话框的"模板"区域中选择"装配"来新建文件，直接进入装配模块。系统将打开"装配"工具条，其中包含了与装配相关的命令。

6.1.1 装配结构

在装配好的产品中，各个部件形成了一定的关系层次，每个部件都有它自身所处的一个层次及位置，如图 6-1 所示。

1. 装配体和子装配

把单个零件通过约束的方式组装起来成为一个具有一定功能的部件或产品的过程称为装配，得到的模型称为装配体。

而装配中用做组件的装配体被称为子装配。如图 6-1 所示，在装配体结构树中就存在一个子装配，这个子装配由若干个零件装配而成。

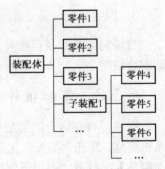

图 6.1　装配结构

 装配中的零件在装配时仅是引用和链接零件的映像，并非将零件复制到装配体中，因此，若被引用的零件模型文件移动了保存位置或更改了文件名或被删除，则装配模型文件中该零件显示为空。

2. 组件

组件是指处于装配体结构中某一特定位置的一部分，可以是单个的零件，也可以是包含其他组件的子装配体。每一个组件只包含一个指针指向零件，当零件的几何特征发生变化时，由于组件的指针指向该零件，组件的形状也会反映这一变化，装配体中该零件自动发生改变。

3. 主模型

在装配中被引用的零件就是主模型。主模型不仅可以在装配中引用，还可以在制图模块、分析模块、编程模块中被引用，是各个模块公共调用和引用的模型。当主模型改变后，引用它的其他模块的模型也会发生相应的变化。

4. 上下文设计

在装配模块中，对装配组件中的零件模型进行设计和编辑的方法称为上下文设计。

5. 显示部件和工作部件

显示部件是指当前显示在图形区域的部件，而工作部件是指正在设计的可编辑的部件。

6.1.2　装配建模方法

UG NX 8.0 支持以下三种装配建模方法。

1. 自底向上装配

自底向上装配时，先设计好装配体中的所有零部件，再将零部件添加到装配体中，这种设计方法与现实生产中先生产零件最后对零件进行装配的方法一致，可以看做对装配生产的模拟，比较符合装配设计工程师的设计习惯。

2. 自顶向下装配

自顶向下装配时，先创建装配体文件，从装配体的总体出发，在装配体文件中创建组件。在设计过程中，可以直接在装配体中新建一个组件，参照其他组件对其进行设计，即上下文设计；也可以根据其他零件对已有的工作部件进行编辑。

3. 混合装配

自顶向下装配及自底向上装配各有优势，在实际的装配设计中往往将两种方法结合使用，即混合装配。

6.1.3　添加组件

在进行自底向上的装配设计时，需要将已设计好的组件添加到装配体中来，并指定约束关系以定位。单击"装配"工具条上的"添加组件"按钮，或选择菜单【装配】|【组件】|【添加组件】，打开"添加组件"对话框，如图 6-2 所示。

添加组件的基本步骤如下。

（1）选择要添加的部件。若部件已加载，则可以在"已加载的部件"列表中选择；也可以在"最近访问的部件"列表中选择，若上两个列表中都没有要添加的部件，则可单击"打开"按钮，在弹出的"部件名"对话框中单击要添加的部件，并单击"确定"按钮。

（2）选择放置方式。系统提供了四种方式：绝对原点、选择原点、通过约束和移动。"绝对原点"将使部件的原点与装配体的原点重合,"选择原点"可以指定部件的原点放置位置,"通过约束"将使部件与装配体上已有部件通过指定约束的方式定位,"移动"让部件在装配体中位置不固定。

(3)在"设置"区域选择"引用集"、"图层选项"。"引用集"是被添加组件在引用时的集合,可选择模型、整个部件、空及组件文件中定义过的其他引用集。图层选项可以选择原始的、工作的或指定的图层进行引用。

(4)单击"确定"按钮 确定 ,完成组件的添加。

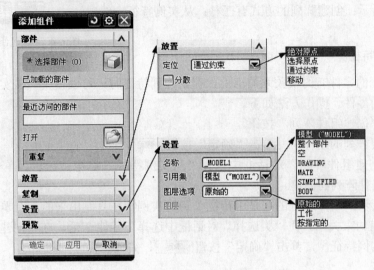

图 6-2 "添加组件"对话框

 在一般情况下,在装配体中添加第一个组件时是以"绝对原点"方式放置,而不使用"通过约束"方式;在添加随后的组件时可以选择其他方式。

 在添加组件时,注意不能添加引用过本装配体的组件,即不能循环引用组件。

6.1.4 新建组件

使用自顶向下装配设计方法时,需要在装配体文件中创建新的组件文件,新建组件步骤如下。

(1)单击"装配"工具条"组件"下拉菜单中的"新建组件"按钮 ,或选择菜单【装配】|【组件】|【新建组件】,弹出"新组件文件"对话框。

(2)指定好保存路径及文件名后,单击"确定"按钮 确定 ,弹出如图 6-3 所示的"新建组件"对话框。

(3)选择要创建到新组件的模型对象,若要创建空组件,则不选择任何对象。

(4)在"设置"区域,指定组件名、引用集和图层选项等,设置是否删除已选定的模型对象。

(5)单击"确定"按钮 确定 ,完成新组件的创建。

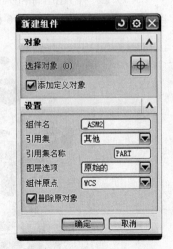

图 6-3 "新建组件"对话框

6.1.5　创建组件阵列

在 UG NX 8.0 中，创建组件阵列工具可以将组件以阵列方式复制到装配体中并进行装配。单击"装配"工具条"创建组件阵列"按钮，或选择菜单【装配】|【组件】|【创建组件阵列】选项，弹出"类选择"对话框；选择要进行阵列装配的组件，单击"确定"按钮 确定 ，弹出"创建组件阵列"对话框，如图 6-4 所示；创建阵列的方式有三种：从实例特征、线性和圆形。

图 6-4　"创建组件阵列"对话框

1. 从实例特征

当与被装配的零件有约束关系的部件上存在阵列特征时，可以使用"从实例特征"方式直接复制被装配的零件。操作方法如下。

（1）单击"创建组件阵列"按钮。

（2）选择要阵列的组件，并单击"确定"按钮 确定 。

（3）在"创建组件阵列"对话框中选择"从实例特征"单选按钮后，单击"确定"按钮 确定 ，完成组件阵列的创建。

如图 6-5 所示，零件 1 上的孔是由特征 1 通过实例特征复制出来的，而零件 2 在装配时与特征 1 的表面有约束关系。在"类选择"对话框中选择了零件 2 后，在"创建组件阵列"对话框中选择"从实例特征"，单击"确定"按钮 确定 ，完成组件阵列的创建。

2. 线性

线性阵列可以将组件进行线性复制，复制出的组件与装配体中的其他组件无任何约束关系。操作方法如下。

（1）单击"创建组件阵列"按钮。

（2）选择要阵列的组件，并单击"确定"按钮 确定 。

（3）在"创建组件阵列"对话框中选择"线性"，单击"确定"按钮 确定 ，弹出"创建线性阵列"对话框，如图 6-6 所示。

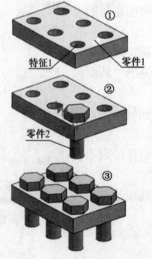

图 6-5　"从实例特征"阵列效果

图 6-6　"创建线性阵列"对话框

（4）选择一种阵列定义的方式，并设置阵列参数：偏置总数及偏置量，单击"确定"按钮 [确定]，完成组件阵列的创建。

阵列方向定义有以下四种方式。

① 面的法向　指定一个面后，将沿面的法向按总数及偏置量进行阵列；若指定两个面，则将沿两个面的法向进行矩形阵列。

② 基准平面法向　指定基准平面来确定阵列的方向。

③ 边　指定实体的边线来确定阵列的方向。

④ 基准轴　指定基准轴来确定阵列的方向。

3．圆形

圆形阵列可以将组件进行环形复制，复制出的组件与装配体中的其他组件无约束关系。操作方法如下。

（1）单击"创建组件阵列"按钮。

（2）选择要阵列的组件，并单击"确定"按钮 [确定]。

（3）在"创建组件阵列"对话框中选择"圆形"，单击"确定"按钮 [确定]，弹出"创建圆形阵列"对话框，如图 6-7 所示。

（4）选择一种阵列轴定义的方式，并设置阵列参数：总数及相邻角度，单击"确定"按钮 [确定]，完成组件阵列的创建。

阵列轴定义有以下三种方式。

① 圆柱面，指定一个圆柱面后，将沿圆柱面的轴向为旋转轴，按总数及角度进行圆形阵列。

图 6-7　"创建圆形阵列"对话框

② 边，指定实体的边线来确定圆形阵列的方向，若指定的为直线边，则将其作为圆形阵列的旋转轴；若指定的为圆弧边，则以其圆心作为阵列中心进行圆形阵列。

③ 基准轴，指定基准轴来作为圆形阵列的旋转轴。

6.1.6　替换组件

在 UG NX 8.0 中，替换组件工具可以用一个组件来替换已添加到装配体中的另一组件。操作步骤如下。

（1）单击"装配"工具条"组件"下拉菜单中的"替换组件"按钮 x，或选择菜单【装配】|【组件】|【替换组件】，弹出"替换组件"对话框，如图 6-8 所示；

（2）选择要被替换的组件，可从图形窗口中选择或从装配导航器中选择，单击鼠标中键确认。

（3）选择要替换的组件，可从"已加载部件"列表、"已卸载部件"列表或通过单击浏览按钮进行选择。

（4）在"设置"区域，对名称选项、引用集、图层选项等进行设置，并且可以设置"维持关系"、"替换装配中的所有事例"两个复选框。

（5）单击"确定"按钮 [确定]，完成替换组件操作。

 当在"设置"区域选中了"维持关系"复选框时，若被替换组件与替换组件之间无关联，则系统会弹出"警报"提示框，如图 6-9 所示。

图 6-8　"替换组件"对话框　　　　　　　图 6-9　"警报"提示框

6.1.7　移动组件

在 UG NX 8.0 中，移动组件工具可以用于未定位的组件。操作步骤如下。

（1）单击"装配"工具条中的"移动组件"按钮，或选择菜单【装配】|【组件位置】|【移动组件】，弹出"移动组件"对话框，如图 6-10 所示。

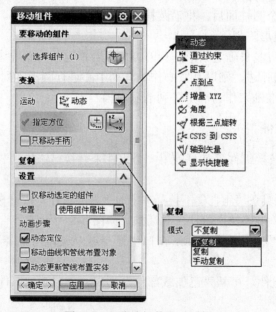

图 6-10　"移动组件"对话框

（2）选择要移动的组件，可从图形窗口选择或从装配导航器中选择，单击鼠标中键确认。

（3）选择变换运动的方式：动态、通过约束、距离、点到点、增量、角度、根据三点旋转、CSYS 到 CSYS、轴到矢量等。

（4）选择复制模式：无复制、复制、手动复制。

（5）单击"确定"按钮，完成移动组件操作。

当被移动组件已经通过装配约束使其位置完全固定时，将无法移动其位置；若与之有装配关系的组件位置并没有完全固定，则可以共同移动。

6.1.8　WAVE 几何链接器

在 UG NX 8.0 中，使用 WAVE 几何链接器可以在不同组件之间或装配体与组件之间建立几何链接关系，以实现部件之间几何元素的复制、引用。操作步骤如下。

（1）单击"装配"工具条中"关联控制下拉菜单"中的"设置工作部件"按钮 ，或选择菜单【装配】|【关联控制】|【设置工作部件】，弹出"设置工作部件"对话框，如图 6-11 所示。

（2）从已加载部件列表中选择要编辑的组件，单击"确定"按钮 确定 ，将要编辑的部件设置为工作部件，工作部件高亮显示，而其他部件暗色显示。

（3）单击"装配"工具条中"WAVE 几何链接器"按钮 ，弹出"WAVE 几何链接器"对话框，如图 6-12 所示。

图 6-11　"设置工作部件"对话框　　　　图 6-12　"WAVE 几何链接器"对话框

（4）选择要复制的元素类型：复合曲线、点、基准、草图、面、面区域、体、镜像体、管线布置对象等。

（5）选择增色显示的部件，即非当前工作部件上的相应几何元素，将其作为几何链接对象。

（6）单击"确定"按钮 确定 完成几何链接操作，将非工作部件上的几何元素复制到工作部件中。

【例 6-1】　根据图 6-13 所示的凹模孔的形状设计凸模。

操作步骤如下。

（1）将下载文件"CH6\CZSL\SL6-1.prt"复制到硬盘合适路径下。

（2）在 UG NX 8.0 界面中单击"新建"按钮 ，在弹出的"新建"对话框中选择"装配"模板，将文件命名为"asm- SL6-1.prt"，设置路径与"SL6-1.prt"复制路径一致，单击"确定"按钮 确定 ，进入装配环境，弹出"添加组件"对话框。

（3）单击"打开"按钮 ，找到"SL6-1.prt"文件，单击"确定"按钮 确定 ，回到"添加组件"对话框。

（4）在"放置"区域中，选择定位方式为"绝对原点"。

（5）单击"确定"按钮 确定 ，完成组件的添加。

（6）单击"新建组件"按钮 ，在弹出的"新建组件"对话框中，选择"模型"模板，将文件命名为"SL6-2.prt"，设置路径同前，单击"确定"按钮 确定 ，弹出"添加组件"对话框。

（7）不选择任何对象，单击"确定"按钮 确定 ，创建一个空的新组件。

（8）在装配导航器中，右键单击"SL6-2.prt"，在弹出的快捷菜单中选择"设为工作部件"选项，将"SL6-2.prt"设置为工作部件。

（9）单击"WAVE 几何链接器"按钮 ，弹出"WAVE 几何链接器"对话框。

（10）在"类型"列表中选择"复合曲线"选项。

（11）选择如图 6-14 所示的"SL6-1.prt"上孔的边线为链接曲线。

（12）单击"确定"按钮 确定 ，完成曲线的链接。

（13）单击"拉伸"按钮 ，在弹出的"拉伸"对话框中选择"绘制截面"按钮 ，选择 XC-YC 平面作为草图平面，单击"确定"按钮 确定 ，进入草图状态。

（14）单击"投影曲线"按钮 ，弹出"投影曲线"对话框，选中链接复制的曲线为要投影的对象，单击"确定"按钮 确定 ，完成曲线投影。

（15）选中步骤（14）中投影出的所有曲线，单击"转换自/至参考对象"按钮 ，将投影曲线转换为参考对象。

（16）单击"偏置曲线"按钮 ，弹出"偏置曲线"对话框，选中所有参考曲线为要偏置的对象，设置偏置距离为 8，单击"反向"按钮 ，使曲线向内侧偏置，单击"确定"按钮 确定 ，完成曲线偏置，如图 6-15 所示。

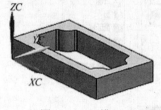

图 6-13　凹模

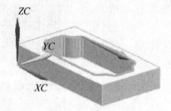

图 6-14　链接曲线

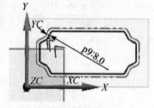

图 6-15　偏置曲线

（17）单击"完成草图"按钮 完成草图 ，回到"拉伸"对话框。

（18）设置拉伸距离为 120。

（19）单击"确定"按钮 确定 ，保存文件，完成凸模外形的创建，如图 6-16 所示。

 当在被链接部件上几何外形发生改变时，根据链接几何元素创建的模型也将发生相应的改变。

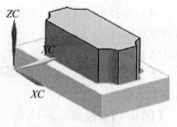

图 6-16　凸模

6.1.9　装配导航器

装配导航器在一个单独的窗口中以图形化的方式来显示当前装配体中所有组件的结构，同时提供了在装配环境中快速并且简单地组件的修改方法。图 6-17 所示的是一个装配体的装配导航器，其中图标说明如下。

表示装配体，双击可将其设置为当前部件。

表示部件，双击可将其设置为当前部件。

表示该装配体已经展开，单击可将装配体组件折叠。

表示该装配体已经折叠，单击可将装配体组件展开。

表示组件已加载，单击可隐藏组件。

☑ 表示组件已加载且被隐藏。

💾 表示组件可读/写。

🔒 表示组件写保护，不可编辑。

⬚ 表示组件被抑制。

● 表示组件完全约束。

◐ 表示组件部分约束。

○ 表示组件未约束。

📝 表示组件有修改，未保存。

　　装配导航器还可以方便用户完成一些常用操作。当用鼠标右键单击部件名时，弹出如图 6-18 所示的快捷菜单，可以完成相应的操作。

图 6-17　装配导航器

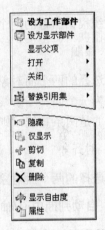

图 6-18　装配导航器快捷菜单

6.2　装配约束

　　在进行组件的装配时，需要对组件在装配体中的位置进行确定。UG NX 中是通过装配约束来完成的。装配约束是在各个零件之间建立一定的连接关系，并对其相互位置进行约束，从而确定各个零件在空间的相对位置关系，在"约束导航器"中可以看到添加的所有装配约束。添加装配约束后，组件的自由度将减少，在装配导航器中用右键单击要查看的组件，在快捷菜单中选择"显示自由度"选项，可以查看组件的自由度。

　　添加装配约束的方法如下。

　　（1）单击"装配"工具条中的"装配约束"按钮🔧，或选择菜单【装配】|【组件位置】|【装配约束】，弹出"装配约束"对话框，如图 6-19 所示。

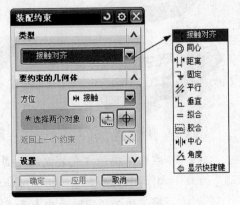

图 6-19　装配约束

（2）在"类型"下拉列表中选择约束类型，UG NX 提供了 10 种约束方式。

（3）在"要约束的几何体"区域设置约束对象。

（4）单击"确定"按钮 确定 或"应用"按钮 应用，完成约束。

> 在两个组件中进行装配时，先选择几何对象的组件为基准件，后选择的是装配件，建立装配约束关系时，基准件的位置不变，而装配件根据装配关系调整位置；一般在两个组件中建立多个装配约束时，始终以同一组件为基准件，另一组件为装配件。

6.2.1　接触对齐

接触对齐约束，可以使两组件上的几何元素接触或对齐。当在"装配约束"对话框中选择了"接触对齐"后，在"要约束的几何体"区域的"方位"下拉列表中可以选择对齐方式，有以下几种。

1．首选接触

系统根据所选的两个几何元素自动选择一种接触对齐方式。

2．接触

使选择的两个面对象面对面地接触，同时两个面的法向矢量相对，如图 6-20 所示；若选择的对象为一个面和一条线，则将移动零件使线与面接触；若选择的是两条曲线，则使它们共面；若选择的是两条直线，则使它们共线。

3．对齐

使选择的两个面对象向同一侧对齐，同时两个面的法向矢量同向，如图 6-21 所示。

4．自动判断中心/轴

使选择的两个面有共同的中心或轴，如图 6-22 所示。当选择的对象为两个回转面时，两个面的轴线将共线；当选择的对象为一平面和一回转面时，回转面的轴线将移动至平面内；当选择的是两平面时，两个面将共面。

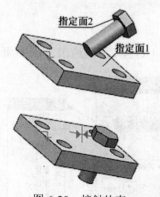
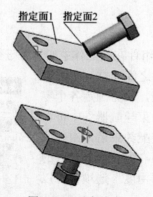
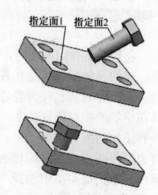

图 6-20　接触约束　　　　图 6-21　对齐约束　　　　图 6-22　自动判断中心/轴

> 在使用接触方式装配两个圆柱面时，要求两个圆柱面直径相等，且一个为内表面，另一个为外表面；而使用对齐方式装配两个圆柱面时，同样要求两个圆柱面直径相等，但必须同时为内表面或外表面。

6.2.2　同心

同心约束，可以使两组件上的两个圆对象同心放置且处于同一平面上。操作时，在"装配约束"对话框中选择"同心"，如图 6-23 所示，在两个组件上选择两个圆对象，单击"确定"按钮 [确定] 或"应用"按钮 [应用] 完成操作，效果如图 6-24 所示。

 同心约束的两个圆对象无直径要求，直径相等或不相等均可。若同心约束后，组件的方位不合要求，可以单击"返回上一个约束"按钮[⊠]，以调整组件装配方位。

图 6-23　"同心"约束对话框

图 6-24　同心约束效果

6.2.3　距离

距离约束，可以使两组件上的指定对象以一定距离放置。操作时，在"装配约束"对话框中选择"距离"，如图 6-25 所示。在两个组件上选择两对象，单击"确定"按钮 [确定] 或"应用"按钮 [应用] 完成操作，效果如图 6-26 所示。若被选择的两个对象均为平面，则它们将处于平行位置并以指定距离放置；若被选择对象中有回转面，将以回转面的轴线来测定距离。

图 6-25　"距离"约束

图 6-26　距离约束效果

6.2.4　平行

平行约束，可以使两组件上的指定对象的方向矢量平行放置。操作时，在"装配约束"对话框中选择"平行"，在两个组件上选择两对象，单击"确定"按钮 [确定] 或"应用"按钮 [应用] 完成操作，效果如图 6-27 所示。若被选择对象中有回转面，将以回转面的轴线作为平行对象。

6.2.5　垂直

垂直约束，可以使两组件上的指定对象的方向矢量垂直放置。操作时，在"装配约束"对话框中选择"垂直"，在两个组件上选择两对象，单击"确定"按钮 确定 或"应用"按钮 应用 完成操作，效果如图 6-28 所示。若被选择对象中有回转面，同样将以回转面的轴线作为垂直对象。

6.2.6　中心

中心约束，可以使两组件上的多个指定对象中心对中心进行放置。操作时，在"装配约束"对话框中选择"中心"，对话框如图 6-29 所示；在"要约束的几何体"区域，选择中心约束的子类型，指定中心对齐的对象，单击"确定"按钮 确定 或"应用"按钮 应用 完成操作。三种中心对齐含义如下。

图 6-27　平行约束效果　　　　图 6-28　垂直约束效果　　　　图 6-29　"中心"约束对话框

1.　1 对 2

将装配组件上的一个指定对象与基准组件上的两个对象的中心对齐，如图 6-30①所示。在选择装配组件上的对象时，在"要约束的几何体"区域选择子类型"1 对 2"，在"轴向几何体"下拉列表中指定目标对象的类型：使用几何体、自动判断中心/轴。"使用几何体"方式将直接使用所选中的目标对象，"自动判断中心/轴"方式将以选中对象的中心或轴为最终选定的目标对象。

图 6-30　中心约束效果

2.　2 对 1

将组件上的两个指定对象的中心与另一组件上的一个对象对齐，如图 6-30②所示。在选择基准组件上的对象时，也可以选择指定的目标对象：使用几何体、自动判断中心/轴。

3. 2 对 2

将组件上的两个指定对象的中心与另一组件上的两个对象的中心对齐，如图 6-30③所示。

6.2.7 角度

角度约束，可以使两组件上的两个指定对象的方向或方向矢量以一定的角度放置。操作时，在"装配约束"对话框中选择"角度"，对话框如图 6-31 所示；在"要约束的几何体"区域，选择角度约束的子类型，指定要成一定角度的对象，在"角度"区域指定角度值，单击"确定"按钮 确定 或"应用"按钮 应用 完成操作，如图 6-32 所示。

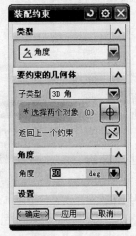

图 6-31 "角度"约束对话框

图 6-32 角度约束效果

6.3 爆炸图

装配完成后，为了将各装配组件之间的相互位置关系表达清楚，还需要创建爆炸图。爆炸图是将装配体中的组件按装配体中的拆卸方向将其拉离，以表达组件装配关系的视图。在装配工具条中单击"爆炸图"按钮 ，打开"爆炸图"工具条，或选择菜单【装配】|【爆炸图】的子选项，可对爆炸图进行相关操作。

6.3.1 新建爆炸图

新建爆炸图的操作步骤如下：

（1）单击"爆炸图"工具条上的"新建爆炸图"按钮 ，或选择菜单【装配】|【爆炸图】|【新建爆炸图】，弹出如图 6-33 所示的"新建爆炸图"对话框。

（2）在"新建爆炸图"对话框中，为爆炸图命名。

（3）单击"确定"按钮 确定 或"应用"按钮 应用 完成操作。

图 6-33 "新建爆炸图"对话框

创建完成后，在图形窗口中模型并未发生变化，仅只在爆炸图工具条中的"工作爆炸视图"下拉列表框中显示爆炸图的名称。

6.3.2　自动爆炸组件

自动爆炸组件将根据装配约束关系自动创建爆炸图，操作步骤如下。

（1）单击"爆炸图"工具条上的"自动爆炸组件"按钮，或选择菜单【装配】|【爆炸图】|【自动爆炸组件】，弹出"类选择"对话框。

（2）选择要爆炸的组件，单击"确定"按钮，弹出如图 6-34 所示的"自动爆炸组件"对话框。

（3）在"自动爆炸组件"对话框中设置好爆炸距离。

（4）单击"确定"按钮或"应用"按钮，完成操作。

图 6-34　"自动爆炸组件"对话框

6.3.3　编辑爆炸图

编辑爆炸图可对创建过爆炸的组件的爆炸位置进行改变，操作步骤如下。

（1）单击"爆炸图"工具条上的"编辑爆炸图"按钮，或选择菜单【装配】|【爆炸图】|【编辑爆炸图】，弹出如图 6-35 所示的"编辑爆炸图"对话框。

（2）选择要编辑位置的组件，单击鼠标中键，或单击"编辑爆炸图"对话框中的"移动对象"单选按钮。

（3）在图形窗口中单击要移动到的目标点，也可以使用动态坐标拖动对象或转动对象。

（4）单击"确定"按钮或"应用"按钮，完成操作。

图 6-35　"编辑爆炸图"对话框

6.3.4　取消爆炸组件

取消爆炸组件可将创建过爆炸的组件的位置恢复到装配位置，操作步骤如下。

（1）单击"爆炸图"工具条上的"取消爆炸组件"按钮，或选择菜单【装配】|【爆炸图】|【取消爆炸组件】，弹出"类选择"对话框。

（2）选择要取消爆炸的组件，单击"确定"按钮或"应用"按钮完成操作。

6.3.5　删除爆炸图

删除爆炸图可删除创建的爆炸图，操作步骤如下。

（1）单击"爆炸图"工具条上的"删除爆炸图"按钮，或选择菜单【装配】|【爆炸图】|【删除爆炸图】，弹出如图 6-36 所示的"爆炸图"对话框。

（2）在爆炸图列表中选择要删除的爆炸图，单击"确定"按钮完成操作。

　当前的爆炸图不能删除，否则会弹出提示框，不允许删除。要改变当前的图或回到未爆炸的视图，只需要在装配工具条"工作视图爆炸"下拉列表中选择即可。

图 6-36　"爆炸图"对话框

6.4　装配查询与分析

UG NX 8.0 还提供了装配组件的信息查询和分析功能，可查询组件信息、检查组件之间的干涉或间隙情况。

6.4.1　部件信息查询

部件信息查询的方法有以下几种。

（1）选择菜单【信息】|【对象】，弹出"类选择"对话框，选择要查询的几何对象，单击"确定"按钮 确定 后，弹出如图 6-37 所示的"信息"窗口，列出所选对象的基本信息。

（2）选择菜单【信息】|【部件】|【已加载部件】，弹出"信息"窗口，列出所有已加载部件的基本信息。

（3）选择菜单【信息】|【部件】|【修改】，弹出如图 6-38 所示的"部件修改"对话框，可选择不同部件的修改记录。

（4）选择菜单【信息】|【部件】|【部件历史记录】，弹出如图 6-39 所示的"部件历史记录"对话框，选择要查询的部件，单击"确定"按钮 确定 后，弹出"信息"窗口，列出所选对象的历史信息。

除以上介绍的查询功能外，在菜单【信息】|【装配】各项子菜单中还可以进行"列出组件"、"组件阵列"、"爆炸"等查询。

图 6-37　"信息"窗口

图 6-38　"部件修改"对话框

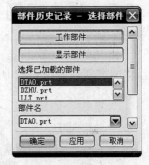

图 6-39　"部件历史记录"对话框

6.4.2　简单干涉检查

简单干涉检查可以对指定的两部件进行干涉检查，在模型窗口中显示出干涉信息，操作步骤如下。

（1）选择菜单【分析】|【简单干涉】，弹出如图 6-40 所示的"简单干涉"对话框。

（2）选择要检查的两个组件。

（3）在"干涉检查结果"区域选择要查看结果类型，可以在模型窗口中看到干涉检查的结果。

图 6-40　"简单干涉"对话框

6.4.3　简单间隙检查

"简单间隙检查"命令可以对指定的两个部件进行间隙检查，在模型窗口中显示出干涉信息，操作步骤如下。

（1）单击"装配"工具条上装配间隙下拉菜单的"简单间隙检查"按钮 ✗，或选择菜单【分析】|【装配间隙】|【简单间隙检查】，弹出"类选择"对话框。

（2）选择要检查干涉的组件。

（3）单击"确定"按钮 确定 后，弹出图 6-41 所示的"干涉检查"窗口，列出所选组件干涉信息。

图 6-41　"干涉检查"窗口

6.5　操作实例

本例将创建如图 6-42 所示的虎钳的装配模型，操作思路如图 6-43 所示。

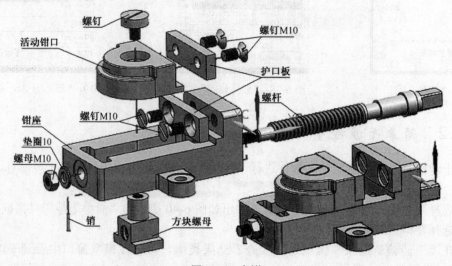

图 6-42　虎钳

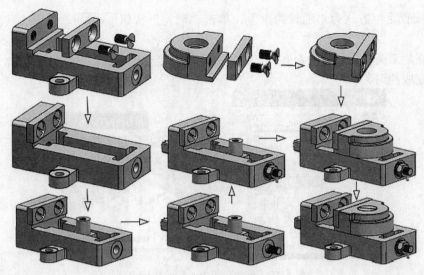

图 6-43　虎钳装配思路

操作步骤如下。

1．装配活动钳口

（1）单击“标准”工具条中的“新建”按钮，在“新建”对话框中，选择“装配”模板，将文件命名为“HDQK_asm.prt”，单击“确定”按钮。

（2）单击“装配”工具条中的“添加组件”按钮，打开“添加组件”对话框。

（3）通过“打开”按钮选择“huodongqiankou.prt”为添加组件，设置放置定位方式为“绝对原点”，单击“应用”按钮，完成组件添加，仍返回到“添加组件”对话框。

（4）通过“打开”按钮选择“hukouban.prt”为添加组件，设置放置定位方式为“通过约束”，单击“应用”按钮，弹出“装配约束”对话框及“组件预览”窗口。

（5）选择约束类型为“接触对齐”，设置方位为“接触”方式，选择如图 6-44 所示的两个面为对象，完成约束。

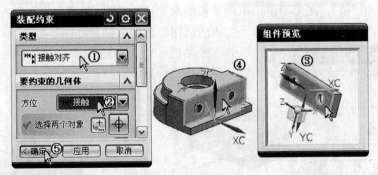

图 6-44　接触约束操作

（6）选择约束类型为“接触对齐”，设置方位为“自动判断中心/轴”方式，选择如图 6-45 所示的两个面为对象，完成约束。

（7）使用与步骤（6）相同的方法完成另外两个孔的对齐，单击“确定”按钮，完成护口板的装配，结果如图 6-46 所示。

（8）再次打开“添加组件”对话框，通过“打开”按钮选择“luodingM10-20.prt”为添加组件，设置放置定位方式为"通过约束"，单击"确定"按钮 确定，弹出"装配约束"对话框。

（9）选择约束类型为"接触对齐"，设置方位为"接触"方式，选择如图 6-47 所示的两个面为对象，完成约束。

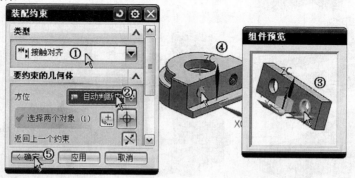

图 6-45　自动判断中心轴约束操作

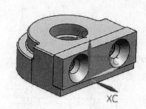

图 6-46　护口板的装配

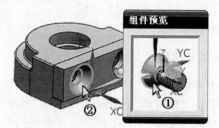

图 6-47　指定两个面为"接触对齐"对象

（10）选择约束类型为"接触对齐"，设置方位为"自动判断中心/轴"方式，选择护口板上的孔圆柱面和螺钉上的圆柱面为约束对象，单击"确定"按钮 确定，完成螺钉装配。

（11）单击"装配"工具条中的"创建组件阵列"按钮 ，弹出"类选择"对话框；选择螺钉，单击"确定"按钮 确定，弹出"创建组件阵列"对话框。

（12）选择"线性"选项，单击"确定"按钮 确定，弹出"创建线性阵列"对话框，将方向定义选项设置为"边"，在模型窗口单击护板的水平边，设置总数为 2，偏置为– 40，单击"确定"按钮 确定，操作如图 6-48 所示，完成活动钳口装配，结果如图 6-49 所示。

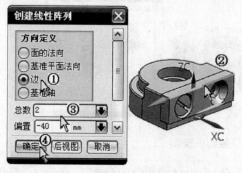

图 6-48　创建线性阵列操作

图 6-49　组件阵列创建结果

2. 装配固定钳口

（1）单击"标准"工具条的"新建"按钮 ，在"新建"对话框中，选择"装配"模板，将文件命名为"GDQK_asm.prt"，单击"确定"按钮 确定。

（2）单击"装配"工具条中的"添加组件"按钮 ，打开"添加组件"对话框。

（3）通过"打开"按钮 选择"qianzuo.prt"为添加组件，设置放置定位方式为"绝对原点"，单击"应用"按钮 ，完成组件添加，仍返回到"添加组件"对话框。

（4）通过"打开"按钮 选择"hukouban.prt"为添加组件，设置放置定位方式为"通过约束"，单击"应用"按钮 ，弹出"装配约束"对话框。

（5）选择约束类型为"接触对齐"，设置方位为"接触"方式，选择如图 6-50 所示的两个面为对象，完成约束。

（6）选择约束类型为"接触对齐"，设置方位为"自动判断中心/轴"方式，选择如图 6-51 所示的两个面为对象，完成约束。

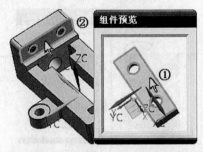

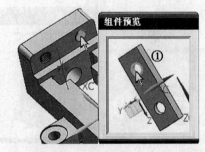

图 6-50　指定两个面为接触对象　　　　　　图 6-51　指定两个面为约束对象

（7）使用与步骤（6）相同的方法完成另外两个孔的对齐，单击"确定"按钮 ，完成护口板的装配，结果如图 6-52 所示。

（8）再次打开"添加组件"对话框，通过"打开"按钮 选择"luodingM10-20.prt"为添加组件，设置放置定位方式为"通过约束"，单击"确定"按钮 ，弹出"装配约束"对话框。

（9）使用"接触对齐"，分别设置方位为"接触"、"自动判断中心/轴"方式，完成螺钉装配。

（10）单击"装配"工具条中的"创建组件阵列"按钮 ，弹出"类选择"对话框；选择螺钉，单击"确定"按钮 ，弹出"创建组件阵列"对话框。

（11）选择"线性"选项，单击"确定"按钮 ，弹出"创建线性阵列"对话框，将方向定义选项设置为"边"，在模型窗口单击护板的水平边，设置总数为 2，偏置为 – 40，单击"确定"按钮 ，操作结果如图 6-53 所示，完成固定钳口装配。

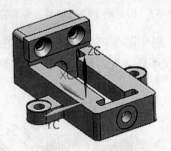

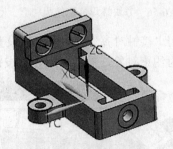

图 6-52　护口板装配结果　　　　　　图 6-53　螺钉装配结果

3. 装配总图

（1）单击"标准"工具条中的"新建"按钮 ，在"新建"对话框中，选择"装配"模板，将文件命名为"HQ_asm.prt"，单击"确定"按钮 。

（2）单击"装配"工具条中的"添加组件"按钮 ，打开"添加组件"对话框。

（3）通过"打开"按钮 选择"GDQK_asm.prt"为添加组件，设置放置定位方式为"绝对原点"，单击"应用" 按钮 应用 ，完成组件添加，仍回到"添加组件"对话框。

（4）通过"打开"按钮 选择"fangkuailumo.prt"为添加组件，设置放置定位方式为"通过约束"，单击"应用"按钮 应用 ，弹出"装配约束"对话框。

（5）选择约束类型为"平行"，选择如图 6-54 所示的两个面为对象，完成约束。

（6）选择约束类型为"接触对齐"，设置方位为"自动判断中心/轴"方式，选择如图 6-55 所示的两个面为对象，完成约束，单击"确定"按钮 确定 ，完成方块螺母的装配，结果如图 6-56 所示。

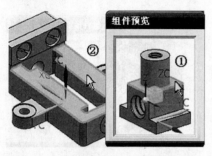
图 6-54　指定两个面为平行约束对象

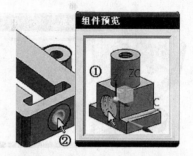
图 6-55　指定两个面为约束对象

（7）再次打开"添加组件"对话框，通过"打开"按钮 选择"luogan.prt"为添加组件，设置放置定位方式为"通过约束"，单击"确定"按钮 确定 ，弹出"装配约束"对话框。

（8）使用"接触对齐"约束，方位设置为"接触"方式，选择如图 6-57 所示的两个面为约束对象，完成约束。

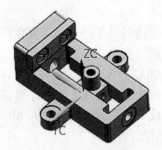
图 6-56　方块螺母装配结果

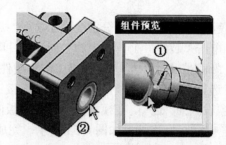
图 6-57　指定两个面为接触约束对象

（9）使用"接触对齐"约束，方位设置为"自动判断中心/轴"方式，指定如图 6-58 所示的两个圆柱面为约束对象，单击"确定"按钮 确定 完成螺杆装配，结果如图 6-59 所示。

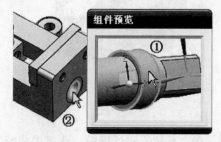
图 6-58　指定两个面为自动判断中心/轴约束对象

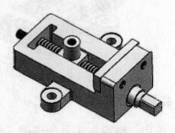
图 6-59　螺杆装配结果

（10）再次打开"添加组件"对话框，通过"打开"按钮 选择"dianquan10.prt"为添加组件，设置放置定位方式为"通过约束"，单击"确定"按钮 确定 ，弹出"装配约束"对话框。

（11）使用"接触对齐"约束，方位设置为"接触"方式，选择如图 6-60 所示的两个面为约束对象，完成约束。

（12）使用"接触对齐"约束，方位设置为"自动判断中心/轴"方式，指定如图 6-61 所示的两个面为约束对象，单击"确定"按钮 确定 ，完成垫圈 10 的装配，结果如图 6-62 所示。

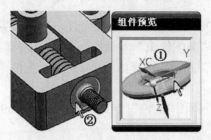 

图 6-60　指定两个面为接触约束对象　　　图 6-61　指定两个面为自动判断中心/轴约束对象

（13）再次打开"添加组件"对话框，选择"luomuM10.prt"为添加组件，设置放置定位方式为"通过约束"，单击"确定"按钮 确定 ，弹出"装配约束"对话框。

（14）使用"接触对齐"约束，方位设置为"接触"方式，选择如图 6-63 所示的两个面为约束对象，完成约束。

图 6-62　垫圈 10 装配结果　　　　　图 6-63　指定两个面为接触约束对象

（15）使用"同心"约束，指定如图 6-64 所示的两条边为约束对象，单击"确定"按钮 确定 完成螺母 M10 装配，结果如图 6-65 所示。

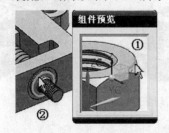 

图 6-64　指定两条边为同心约束对象　　　　图 6-65　螺母 M10 装配结果

（16）再次打开"添加组件"对话框，选择"xiao.prt"为添加组件，设置放置定位方式为"通过约束"，单击"确定"按钮 确定 ，弹出"装配约束"对话框。

（17）使用"接触对齐"约束，方位设置为"自动判断中心/轴"方式，选择如图 6-66 所示的两个面为约束对象，单击"确定"按钮 确定 ，完成销的装配。

（18）单击"装配"工具条中的"移动组件"按钮，打开"移动组件"对话框，选择销为移动对象，使用手柄将其移动到如图 6-67 所示的位置。

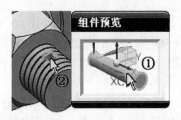

图 6-66　指定两个面为自动判断中心/轴约束对象　　图 6-67　销的移动位置

（19）再次打开"添加组件"对话框，选择"HDQK_asm.prt"为添加组件，设置放置定位方式为"通过约束"，单击"确定"按钮 确定 ，弹出"装配约束"对话框。

（20）使用"接触对齐"约束，方位设置为"接触"方式，选择如图 6-68 所示的两个面为约束对象。

（21）使用"接触对齐"约束，方位设置为"自动判断中心/轴"方式，选择如图 6-69 所示的两个面为约束对象。

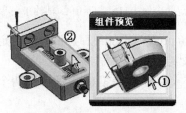

图 6-68　指定两个面为接触约束对象　　　图 6-69　指定两个面为自动判断中心/轴约束对象

（22）使用"平行"约束，选择如图 6-70 所示的两个面为约束对象；单击"确定"按钮 确定 ，完成活动钳口的装配，结果如图 6-71 所示。

（23）在"添加组件"对话框，选择"luoding.prt"为添加组件，设置放置定位方式为"通过约束"，单击"确定"按钮 确定 ，弹出"装配约束"对话框。

（24）使用"接触对齐"约束，方位分别设置为"接触"、"自动判断中心/轴"方式，对螺钉进行装配，完成整个虎钳的装配，结果如图 6-72 所示。

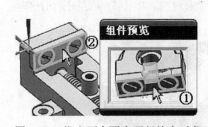

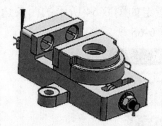

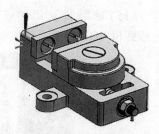

图 6-70　指定两个面为平行约束对象　　图 6-71　活动钳口装配结果　　图 6-72　虎钳装配结果

思考题与操作题

6-1　思考题

6-1.1　在 UG NX 8.0 中有哪几种装配方式，装配过程是怎样的？

6-1.2　如何进行自顶向下的装配，在 UG NX 8.0 中有哪些工具可以使用？

6-1.3　装配导航器有哪些作用？

6-1.4　在 UG NX 8.0 中有哪些装配约束关系，各适用于什么场合？

6-1.5　在 UG NX 8.0 中怎样生成爆炸图？

6-2　操作题

6-2.1　使用下载文件夹 CH6/CZLX/czlx6-2.1 进行如图 6-2.1 所示的装配，并创建爆炸图。

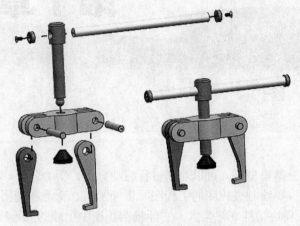

图 6-2.1　拆卸器装配图及爆炸图

6-2.2　使用下载文件夹 CH6/CZLX/czlx6-2.2 进行如图 6-2.2 所示的装配。

图 6-2.2　手表装配图及爆炸图

6-2.3　使用下载文件夹 CH6/CZLX/czlx6-2.3 进行如图 6-2.3 所示的装配。

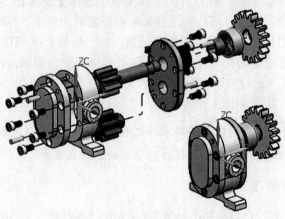

图 6-2.3　齿轮油泵装配图及爆炸图

第7章

工　程　图

在建立了零部件的三维模型后，可以对其进行运动分析、受力分析、应力分析、强度计算、加工设计等。最后，还需要绘制成相应的工程图，以便加工、交流和使用。

UG NX 8.0 的制图模块功能非常强大，它能根据建模中生成的三维模型创建二维图形，并与三维图形相关联。当三维图形发生任何变化时，其二维图形也会随之改变，使二维图形与三维模型之间保持一致。制图模块是一个相对独立的操作环境，它不仅可以通过投影获得零部件的基本视图，而且还可以自动生成投影视图、剖视图、局部放大图等辅助视图，并可以对视图进行编辑、标注等操作。

本章将介绍 UG NX 8.0 制图模块的常用功能，零件工程图和装配工程图的绘制，工程图的定制、编辑和标注，最后通过实例介绍工程图的绘制过程。

7.1　图纸管理

绘制工程图之前首先要在建模环境中建立零部件的三维模型，然后绘制工程图。进入制图操作模块的方法有以下两种。

（1）绘制零件工程图　在建立零件的三维模型之后，打开该部件文件，然后单击"标准"工具条中的"开始"按钮 [开始▾]，在打开的下拉菜单中选择【制图】，进入制图操作模块。

（2）绘制装配工程图　在建立部件的三维装配模型之后，单击"标准"工具条中的"新建"按钮，弹出"新建"对话框，选择"图纸"标签，在"模板"区域设置尺寸单位并根据需要选择系统提供的（或自行绘制的）、大小适当的图纸模板或空白图纸，在"要创建图纸的部件"区域选择装配对象的模型（prt 格式）文件，在"文件夹"区域指定图纸文件存放的目录，在名称区域指定图纸文件名，进入制图工作界面。

　如果绘制装配工程图时采用与零件工程图同样的方式进入制图操作模块，则装配图上的零件明细表和零件标识符自动导入功能将丧失。

7.1.1　新建图纸页

首次进入制图模块，系统会自动弹出如图 7-1 所示的"图纸页"对话框，用以创建新的图纸。

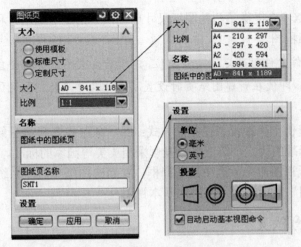

图 7-1 "图纸页"对话框

如果已经建立了图纸页，需要再新建图纸页，可单击"图纸"工具条上的"新建图纸页"按钮 ，或者选择菜单【插入】|【图纸页】，弹出"图纸页"对话框，用以建立新的图纸页。现对"图纸页"对话框中各选项的设置加以介绍。

1. 大小

图纸大小的确定方式有三种，分别是使用模板、标准尺寸、定制尺寸。

（1）使用模板　UG NX 8.0 软件自带了多种图纸模板，在这些模板中已经预设了幅面大小、边框、标题栏等参数和选项，用户也可以根据自己的需要和绘图风格添加模板，以备使用。选择该方式后，"图纸页"对话框中的"大小"区域会显示已经保存在系统中的模板列表，选择其中一种模板后，预览区域会显示该模板的大致轮廓，单击"确定"按钮 确定 或"应用"按钮 应用 ，可建立图纸页。

（2）标准尺寸　按照国标规定确定图纸的大小、比例、尺寸单位、投影方式等生成图纸页。选择该方式后，"图纸页"对话框中的"大小"区域会显示图纸的"大小"、"比例"，在相应的下拉列表框中选择后，单击"确定"按钮 确定 或"应用"按钮 应用 ，可建立图纸页。

（3）定制尺寸　UG NX 8.0 提供了非标准尺寸图纸的创建功能，允许用户根据自己的需要定制图纸幅面的大小。选择该方式后，"图纸页"对话框中的"大小"区域会显示图纸"高度"和"长度"输入框，输入相应的尺寸并进行相应设置后，单击"确定"按钮 确定 或"应用"按钮 应用 ，可建立图纸页。

2. 名称

当图纸大小选用"标准尺寸"或"定制尺寸"确定时，"图纸页"对话框中的"名称"区域会显示系统中已建立的图纸页和正要新建的图纸页的名称。系统默认的命名方式是按照图纸页建立的先后次序，依次命名为 SHT1、SHT2、SHT3、……，用户可以根据自己的需要或习惯，重新命名图纸页。

3. 设置

当图纸大小选用"标准尺寸"或"定制尺寸"确定时，"图纸页"对话框中的"设置"区域用以设置图纸页的尺寸单位、投影方式等。

（1）单位　UG NX 8.0 提供了两种图纸尺寸单位，分别是"毫米"和"英寸"。可选择其中一种尺寸单位绘制工程图。

 当新建部件文件时选定了尺寸单位，建模后生成图纸页时会自动继承建模时使用的尺寸单位，即使在新建图纸页时设置了其他尺寸单位，系统仍然使用建模时使用的尺寸单位。

（2）投影　系统提供了两种投影视图的方式：第一象限投影和第三象限投影。第一象限投影符合我国制图国家标准的规定，第三象限投影采用英美等国家的标准。

（3）自动启动图纸视图命令　选中该选择框，在新建图纸页后，系统会自动启动基本视图命令，弹出"基本视图"对话框，用以添加基本视图。

7.1.2　编辑图纸页

"编辑图纸页"命令用于对已建立的工程图的名称、图纸大小、尺寸单位、比例、投影方式进行修改。单击"制图编辑"工具条上的"编辑图纸页"按钮 ，或者选择菜单【编辑】|【图纸页】，弹出"图纸页"对话框，如图 7-2 所示。

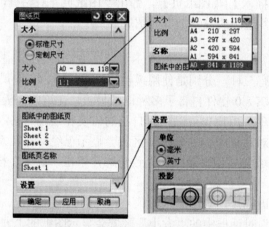

图 7-2　"编辑图纸页"对话框

与图 7-1 相比，图 7-2 中的"大小"区域只有"标准尺寸"和"定制尺寸"两种方式可供选用；图纸大小和绘图比例可以重新确定。每一个区域的编辑修改方法与图 7-1 类似，设置后单击"确定"按钮 确定 或"应用"按钮 应用 ，完成修改。

 如果图纸页中已经建立投影视图，则图纸的尺寸单位和投影方式不允许修改。

7.1.3　打开图纸页

"打开图纸页"命令用于打开一张已建立的工程图。单击"图纸"工具条上的"打开图纸页"按钮 ，弹出"打开图纸页"对话框，如图 7-3 所示。从现有的非活动图纸页列表中选择要打开的图纸页名称，则该页图纸名称自动进入到"图纸页名称"文本框中，也可以直接在"图纸页名称"文本框中输入要打开的图纸页名称，单击"确定"按钮 确定 或"应用"按钮 应用 ，可打开非活动图纸页。如果该模型的图纸页很多，可以根据不同的属性用过滤器先行过滤，然后进行选择。

图 7-3　"打开图纸页"对话框

7.1.4 删除图纸页

"删除图纸页"命令用于删除已经建立的工程图。删除的方法有以下三种。

（1）在制图模块中单击"标准"工具条上的"删除"按钮 ✖，弹出"类选择"对话框，选择要删除的工程图，单击"确定"按钮 确定 ，完成操作。

（2）直接在制图模块中选择要删除的工程图，按键盘上的<Delete>或<Del>键，删除该工程图。

（3）在制图模块或建模模块中，展开部件导航器，选中要删除的工程图，单击鼠标右键，在快捷菜单中选择"删除"，完成操作。

7.1.5 制图界面的参数设置

在绘制工程图之前，通常要根据制图需要及用户习惯对制图界面及相关参数，如视图样式、尺寸标注样式、工程图几何元素的颜色等进行设置。

1. 制图首选项

在主菜单中选择【首选项】|【制图】，弹出"制图首选项"对话框。该对话框有六个标签，各标签的设置说明如下。

（1）常规　用于设置部件文件中制图对象和成员视图的版次、图纸工作流、图纸设置和栅格设置，通常采用默认设置。

（2）视图　用于设置视图的更新方式、视图是否带边界以及边界的颜色、显示已抽取的面、加载组件选项、视觉效果等，如图 7-4 所示。

（3）预览　用于设置视图的显示方式、光标跟踪方式等。

（4）注释　用于设置视图中保留的注释颜色、线型、线宽等，如图 7-5 所示。

（5）图纸页　用于设置图纸页的页号编排方式。

（6）断开视图　用于设置视图中断开表达部位断裂线的样式及相关参数，如图 7-6 所示。

图 7-4　制图首选项"视图"标签

图 7-5　制图首选项"注释"标签

2. 视图首选项

用于设置视图中可见对象、隐藏（不可见）对象显示方式、螺纹显示方式、展开图和局部放大图的显示方式等，如图 7-7 所示。

3. 注释首选项

用于设置剖面符号的类型、尺寸线和尺寸箭头类型与大小、尺寸数字的格式、注释文字样式等，如图 7-8 所示。

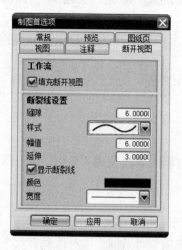

图 7-6 制图首选项"断开视图"标签

图 7-7 "视图首选项"对话框

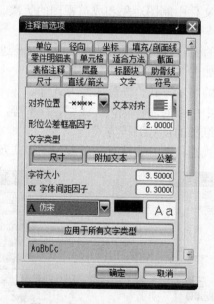

图 7-8 "注释首选项"对话框

4. 截面线首选项

用于设置剖视图剖切符号的类型与参数，如图 7-9 所示。

5. 视图标签首选项

用于设置视图标签的样式，如图 7-10 所示。

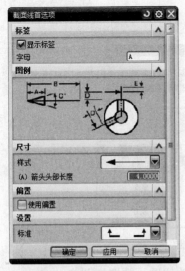

图 7-9 "截面线首选项"对话框

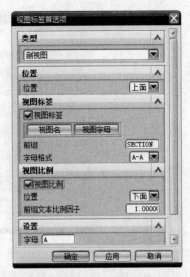

图 7-10 "视图标签首选项"对话框

7.2 建立视图

建立图纸页后，接下来的工作就是在图纸页上添加各种视图，以平面视图表达三维实体。添加视图操作包括：添加模型视图、正投影视图、辅助视图、局部视图和各种剖视图等。使用"图纸"工具条中的视图操作功能按钮可添加各种常见的视图，如图 7-11 所示，也可以选择菜单【插入】|【视图】调用相关命令。

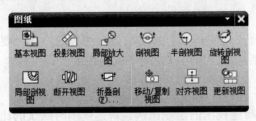

图 7-11 "图纸"工具条

7.2.1 建立基本视图

利用该功能将模型的各种基本视图添加到图纸页的指定位置。单击"图纸"工具条上的"基本视图"按钮 ，或选择菜单【插入】|【视图】|【基本】，弹出如图 7-12 所示的对话框。对话框中各参数及选项的意义如下。

1. 部件

部件区域用于显示已加载和最近访问过的部件，选择需要绘制工程图的部件，也可以单击"打开"按钮，插入其他部件文件将其投影并建立视图。

2. 视图原点

"视图原点"区域用于指定视图放置的位置。在"放置方法"下拉列表框中有以下五种放置方式可供选择。

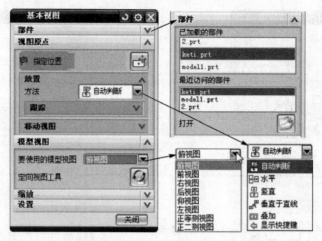

图 7-12 "基本视图"对话框

（1）自动判断　通过移动鼠标在图面上指定或捕捉点的位置，放置视图。

（2）水平　选择图面上现有的视图，以该视图为基准，在其左侧或右侧适当的位置放置新的视图。

（3）竖直　选择图面上现有的视图，以该视图为基准，在其上方或下方适当的位置放置新的视图。

（4）垂直于直线　选择图面上现有的视图，并指定一个矢量方向，以选定视图为基准，在指定的矢量方向上投影，在垂直于投影方向的直线上适当的位置放置新的视图。

（5）叠加　选择图面上要锁定与其对齐的现有视图，并指定一点，以选定视图为基准，在指定的点处放置新的视图。

3．模型视图

模型视图区域用于选择三维实体投影到图纸页上的方向，在"要使用的模型视图"下拉列表框中有八种投影方向可供选择，也可以使用"定向视图工具"自定义投影方向。

4．缩放

"缩放"区域用于设定新建视图的绘制比例。新建视图时默认的比例是所在图纸页建立时设定的比例。如果新建的视图比例与所在图纸页比例不同，可在该区域重新设定比例。

5．设置

（1）视图样式　用于设置新建视图绘制的样式。单击"设置"区域的"视图样式"图标按钮，弹出"视图样式"设置对话框，如图 7-13 所示，可通过该对话框设置视图样式。

（2）非剖切　用于绘制视图时将部分实体作为隐藏的对象，按不可见形体绘制投影。单击该区域"选择对象"，用鼠标在绘图窗口中选择需隐藏的组件，绘制视图时这些组件将按隐藏对象处理。

现以图 7-14 所示的水槽为例，分析建立基本视图的过程。

（1）打开下载文件"CH7\CZSL\7.14.prt"，选择菜单【开始】|【制图】进入制图模块。单击"图纸"工具条上的"新建图纸页"按钮，弹出"图纸页"对话框。

（2）在"图纸页"对话框的"大小"区域中选择"标准尺寸"方式，设定图纸大小为"A4-210×297"，绘图比例为"1：2"；在"名称"区域中的"图纸页名称"文本框中输入新建的图纸页名称为"ShuiCao_1"；在"设置"区域选择绘图的尺寸单位为"毫米"，视图投影方式为

"第一象限投影",选择"自动启动视图创建"选项下的"基本视图命令",如图 7-15 所示,单击"确定"按钮 确定 ,弹出"基本视图"对话框。

图 7-13 "视图样式"对话框

图 7-14 水槽

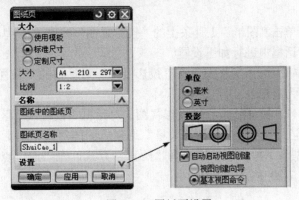

图 7-15 图纸页设置

(3)在"基本视图"对话框中"模型视图"区域的"要使用的模型视图"下拉列表框中选择主视图"前视图","视图原点"区域的"放置方法"下拉列表框中选择"自动判断",其他选项默认,拖动鼠标至适当的位置单击,生成三维实体的主视图,如图 7-16 所示。

(4)以主视图为基准,在其下方拖动鼠标至适当的位置单击,生成三维实体的俯视图,结果如图 7-17 所示。

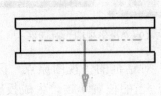
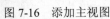

图 7-16 添加主视图

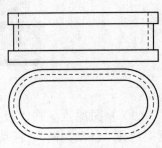

图 7-17 添加俯视图

7.2.2　建立投影视图

投影视图是指用已存在的视图作为父视图，按投影关系在指定方向上生成新的视图，既可以生成向视图，又可以生成正交视图。现以图 7-18 所示的弯头为例，介绍投影视图的建立方法。在制图模块中，先建立实体的主视图。

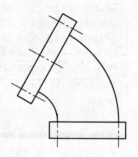

图 7-18　弯头

单击"图纸"工具条上的"投影视图"按钮，弹出"投影视图"对话框，如图 7-19 所示。在对话框中进行如下设置。

（1）选择父视图　在"投影视图"对话框的"父视图"区域中单击，在图形窗口选择主视图作为父视图。

（2）铰链线　在"投影视图"对话框"铰链线"区域中的"矢量选项"下拉列表框中选择"已定义"，单击"指定矢量"选项右侧的"矢量对话框"按钮，弹出"矢量"对话框，在"类型"下拉列表框中选择"两点"方式，在"通过点"区域分别指定两点，确定投影方向，如图 7-20 中①、②所示。

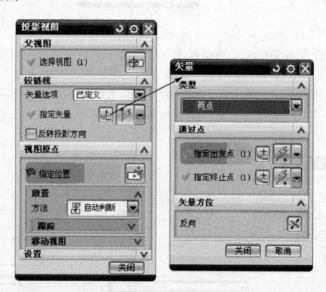

图 7-19　"投影视图"对话框

（3）视图原点　在"投影视图"对话框的"视图原点"区域中"放置方法"下拉列表框中选择"自动判断"，拖动鼠标到适当的位置单击，生成投影视图——斜视图，如图 7-21 所示。

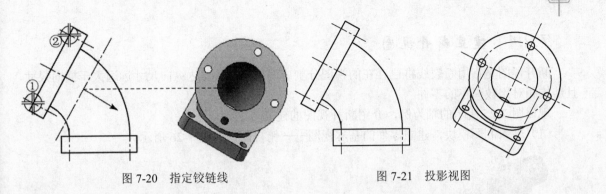

图 7-20　指定铰链线　　　　　　　　图 7-21　投影视图

7.2.3　建立局部放大图

对于零部件上尺寸相对较小、结构复杂的部分可用局部放大图来表达。图 7-22①所示的实体有一尺寸较小的沉孔，直接在视图上无法表达清楚或难以标注尺寸。采用局部放大的操作步骤如下。

（1）在制图模块中建立全剖的主视图，如图7-22②所示。单击"图纸"工具条上的"局部放大图"按钮 ，弹出"局部放大图"对话框，如图 7-23 所示。

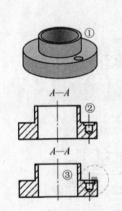

图 7-22　三维实体及主视图

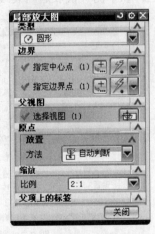

图 7-23　"局部放大图"对话框

（2）在"局部放大图"对话框的类型下拉列表框中选择指定放大范围的类型为"圆形"；在"边界"区域单击"指定中心点"，用鼠标在图形窗口中捕捉或用点构造器指定圆形放大区域的中心点；在"局部放大图"对话框的"边界"区域单击"指定边界点"，按鼠标左键并在图形窗口中拖动确定放大区域的范围，如图7-22③所示。

（3）在"局部放大图"对话框的"比例"下拉列表框中选择相对于原图的放大比例为 2∶1。

（4）在"局部放大图"对话框的"原点"区域的"放置方法"下拉列表框中选择"自动判断"，拖动鼠标至适当的位置单击，生成局部放大图，如图 7-24 所示。

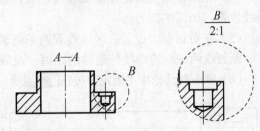

图 7-24　局部放大图

7.2.4 建立断开视图

断开视图是指用断裂线将已存在的视图分割成两段，用于表达纵向尺寸远远大于横向尺寸，且结构相对比较简单的零件。

现以图 7-25 所示的轴为例，介绍断开视图的建立方法。

（1）进入制图模块，建立零件的基本视图——俯视图，如图 7-26 所示。

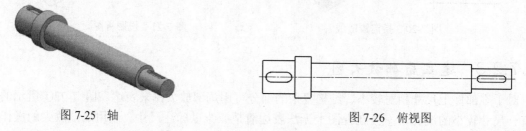

图 7-25　轴 　　　　　　　　　　　　　　　　　　图 7-26　俯视图

（2）单击"图纸"工具条上的"断开视图"按钮，弹出"断开视图"对话框，如图 7-27 所示。在类型区域选择断开视图的类型。系统提供了两种类型的断裂视图：常规（断裂线两侧的结构均予以表达）和单侧（仅表达断裂线一侧的结构），选择"常规"类型。

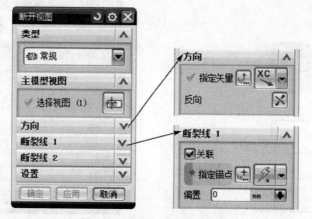

图 7-27　"断开视图"对话框

（3）系统提示用户选择"主模型视图"，捕捉现有的俯视图作为主模型视图，在对话框的方向区域，用矢量构造器指定轴线方向作为断裂方向。

（4）在俯视图上指定左侧断裂线位置，通过输入偏置数值微调断裂线位置；再指定右侧断裂线位置，如图 7-28 所示。

（5）在对话框"设置"区域设置两条断裂线之间的间隔、断裂线的线型、断裂线弯曲的幅度、断裂线两端向轮廓线外延伸的距离（通常为零）、断裂线颜色和线宽等。

（6）单击对话框中"确定"按钮 确定 或"应用"按钮 应用 完成操作，结果如图 7-29 所示。

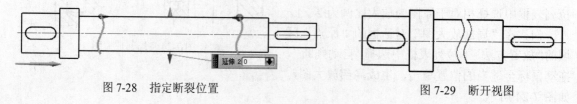

图 7-28　指定断裂位置 　　　　　　　　　　　　图 7-29　断开视图

7.2.5 建立全剖视图和半剖视图

剖视图分为全剖视图、半剖视图、旋转剖视图、折叠剖视图等，单击"图纸"工具条上的相应按钮，可建立剖视图。

现以图 7-30 所示的实体为例，介绍剖视图和半剖视图的建立方法。

（1）进入制图模块后，生成实体的基本视图——俯视图，如图 7-31 所示。

图 7-30 接头

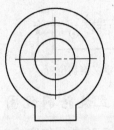

图 7-31 俯视图

（2）单击"图纸"工具条上的"半剖视图"按钮，弹出"半剖视图"快捷工具栏，如图 7-32 所示。系统提示用户"选择父视图"，捕捉现有的俯视图作为父视图，按照提示定义"剖切位置"，捕捉圆心，如图 7-33 所示；指定"折弯位置"，捕捉圆心，如图 7-34 所示；拖动鼠标指定剖视图中心点放置的位置，生成半剖视的主视图，如图 7-35 所示。

图 7-32 "半剖视图"快捷工具栏

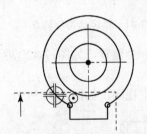

图 7-33 定义剖切位置

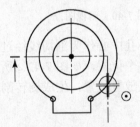

图 7-34 定义折弯位置

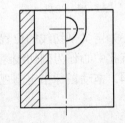

图 7-35 半剖视主视图

（3）单击"图纸"工具条上的"剖视图"按钮，弹出"剖视图"快捷工具栏，如图 7-36 所示。系统提示用户"选择父视图"，选择现有半剖视的主视图作为父视图，按照提示定义"剖切位置"，选择主视图轴线上任意一点，如图 7-37 所示；拖动鼠标指定剖视图中心点放置位置，生成全剖视的左视图，如图 7-38 所示。

图 7-36 "剖视图"快捷工具栏

图 7-37　定义剖切位置

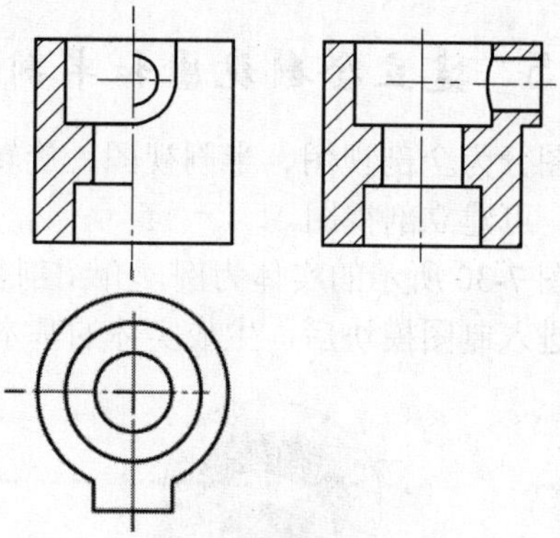

图 7-38　全剖左视图

7.2.6　建立旋转剖视图

要表达清楚图 7-39 所示的实体上均匀分布的孔的结构，需采用旋转剖视图。在制图模块中建立俯视图，如图 7-40 所示。

（1）单击"图纸"工具条上的"旋转剖视图"按钮 ⚙，弹出"旋转剖视图"快捷工具栏，选择现有俯视图作为父视图。

（2）定义"剖切旋转点"，选择主孔的中心作为剖切旋转点，如图 7-41 所示。

图 7-39　轮盘

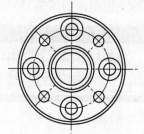

图 7-40　俯视图

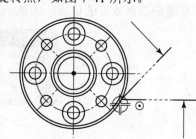

图 7-41　指定剖切旋转点

（3）定义剖切线的位置，捕捉小孔中心作为剖切线经过的第一个位置，如图 7-42①所示；捕捉沉孔中心作为剖切线经过的第二个位置，如图 7-42②所示。

（4）拖动鼠标指定剖视图中心点放置位置，生成旋转剖视的主视图，如图 7-43 所示。

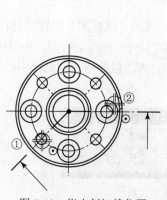

图 7-42　指定剖切线位置

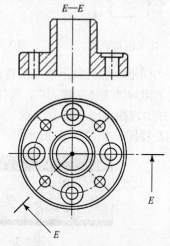

图 7-43　旋转剖视图

7.2.7　建立折叠剖视图

折叠剖视是指用一组转折的剖切平面将实体剖开，向指定的方向投影。现采用折叠剖视图表达如图 7-44 所示实体的结构。

（1）在制图模块中建立俯视图，如图 7-45 所示。单击"图纸"工具条上的"折叠剖视图"按钮 ，弹出"折叠剖视图"快捷工具栏，选择现有俯视图作为父视图。

图 7-44　孔板

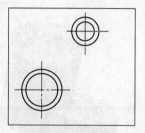

图 7-45　俯视图

（2）捕捉左侧边定义投影方向，如图 7-46 所示。

（3）指定剖切位置，经过两个孔的中心画竖直和水平剖切线，如图 7-47 所示。

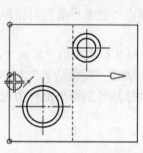

图 7-46　定义投影方向

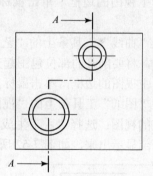

图 7-47　指定剖切位置

（4）单击"折叠剖视图"快捷工具栏上"放置视图"按钮，拖动鼠标指定剖视图中心点放置位置，生成折叠剖视的左视图，如图 7-48 所示。

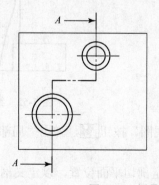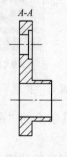

图 7-48　折叠剖视图

折叠剖视与旋转剖视的区别在于：旋转剖视分别将两个剖切面向各自正交的方向投影，然后将其画在同一平面上；折叠剖视将所有剖切面向同一指定的方向投影。

7.2.8　建立局部剖视图

局部剖视是指在现有视图上用一剖切平面将实体的一部分剖开，将该部分画成剖视图。现以图 7-49 所示实体为例介绍局部剖视图的建立过程。

（1）在制图模块中建立俯视图和主视图，如图 7-50 所示。

图 7-49　方孔支架

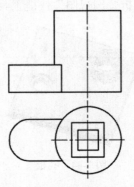

图 7-50　主视图和俯视图

（2）选择主视图的边框，单击鼠标右键，在弹出的快捷菜单中选择"扩展"，如图 7-51 所示。

（3）单击"曲线"工具条上的"艺术样条"按钮，弹出"艺术样条"对话框，绘制样条曲线作为断裂线，将要剖开的部位包围起来。

（4）选择主视图的边框，单击鼠标右键，在弹出的快捷菜单中取消"扩展"。

（5）单击"图纸"工具条上的"视图边界"按钮，弹出"视图边界"对话框，选择主视图作为要调整的视图；选择"手工生成矩形"方式，拖动鼠标绘制矩形框作为视图新的边界，以使断裂线全部显示出来，如图 7-52 所示。

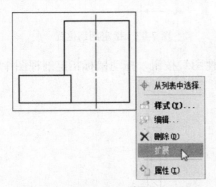

图 7-51　主视图设置为"扩展"状态

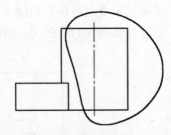

图 7-52　绘制断裂线

（6）单击"图纸"工具条上的"局部剖视图"按钮，弹出"局部剖视图"对话框，选择主视图作为要剖切的视图。

（7）在俯视图上选择方孔的边缘中点指定剖切平面位置，以定义剖切位置和撕扯方向，如图 7-53 所示。

（8）选择断裂线，单击对话框中的"应用"按钮 应用 或"确定"按钮 确定 完成操作，生成局部剖视如图 7-54 所示。

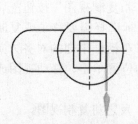

图 7-53 定义剖切位置和撕扯方向

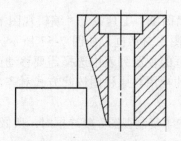

图 7-54 局部剖视图

7.3 编辑视图

视图创建后，经常需要对其进行更新、对齐、移动、复制等操作。

1. 更新视图

当模型修改后，可通过手动更新视图。单击"图纸"工具条上的"更新视图"按钮，弹出"更新视图"对话框，如图 7-55 所示。

单击对话框中"视图"区域"选择视图"按钮，在图形窗口中用鼠标选择需要更新的视图，或在对话框的"视图列表"中选择需要更新的视图，单击"确定"按钮 确定 或"应用"按钮 应用 ，完成视图更新。如果同时需要更新多个视图，则在选择视图的同时按住键盘上的"Ctrl"键；也可以在对话框中单击"选择所有过时视图"按钮 或"选择所有过时自动更新视图"按钮 ，更新模型修改后所有未更新过的视图。

2. 对齐视图

该命令用于调整已建立的视图位置，并按设定方式对齐。

单击"图纸"工具条上"编辑视图下拉菜单"中的"对齐视图"按钮，弹出"对齐视图"对话框，如图 7-56 所示。指定一点作为对齐的基准点；在图形窗口中用鼠标选择需要对齐的视图，或在对话框的视图列表中按住"Ctrl"键选择需要对齐的视图；选择对话框中部的对齐方式，则所选视图按指定方式，以所选的点为基准对齐。

图 7-55 "更新视图"对话框

图 7-56 "对齐视图"对话框

3. 移动/复制视图

该命令用于移动或复制已建立的视图，并按选定的方式和位置放置。

单击"图纸"工具条上"编辑视图下拉菜单"中的"移动/复制视图"按钮 🐾，弹出"移动/复制视图"对话框，如图 7-57 所示。在图形窗口中用鼠标选择需要移动或复制的视图，或在对话框的视图列表中选择需要移动或复制的视图；选择对话框中部的对齐方式，使移动或复制后的视图与原视图按此方式对齐，拖动鼠标至适当的位置单击，移动视图或生成新的视图。

未选中"复制视图"复选框时，所做的操作将移动视图，反之将复制视图。

4．视图相关编辑

"视图相关编辑"命令用于编辑视图中某一对象的显示，同时不影响同一对象在其他视图中的显示。单击"制图编辑"工具条上的"视图相关编辑"按钮 📑，或选择菜单【编辑】|【视图】|【视图相关编辑】，弹出"视图相关编辑"对话框，如图 7-58 所示。对话框中各区域的功能与设置介绍如下。

图 7-57 "移动/复制视图"对话框

图 7-58 "视图相关编辑"对话框

（1）添加编辑　用于添加对视图的编辑项目，如删除视图中的对象 📑、编辑视图中某一整体对象 📑、编辑视图中某一整体对象上的一段 📑、编辑着色对象 📑、编辑剖视图背景 📑。

（2）删除编辑　用于删除已经编辑的项目，如删除选择的擦除 📑 —— 有选择地恢复被删除的对象；删除选择的编辑 📑 —— 有选择地撤销已做的编辑；删除所有编辑 📑 —— 撤销所做的全部编辑。

（3）线框编辑　用于设置所需编辑的图线的属性，如图线颜色、线型、线宽等。该区域的内容只有部分编辑选项可用。

（4）着色编辑　用于设置所需编辑的图线的显示特性，如图着色、透明度等。该区域的内容只有部分编辑选项可用。

7.4　图样标注

视图绘制完成后，图样标注是一项重要而且工作量很大的任务，非常烦琐，需要耐心细致才能完成。图样标注包括尺寸标注、文字标注、形位公差等。

7.4.1　尺寸标注

使用"尺寸"工具条中的"尺寸功能"按钮可标注各种类型的尺寸，如图 7-59 所示；也可以选择【插入】|【尺寸】菜单，调用相关命令。

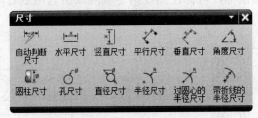

图 7-59　尺寸工具条

1．自动判断尺寸

单击"尺寸"工具条上的"自动判断尺寸"按钮，弹出"自动判断尺寸"快捷工具栏，如图 7-60 所示。按照提示用户可选择要标注尺寸的图形对象，系统会根据所选对象的属性，自动选择适当的尺寸类型加以标注；也可以双击现有的尺寸对其进行编辑，按鼠标中键确认尺寸编辑。"自动判断尺寸"快捷工具栏各选项的含义及用法说明如下。

图 7-60　"自动判断尺寸"快捷工具栏

（1）值　用于设置尺寸的数值标注形式（如是否带有尺寸公差、公差表达的方式）及尺寸的小数位数。

（2）公差　用于设置尺寸的公差数值及公差标注的小数位数。

（3）文本　用于设置尺寸的文本格式，插入制图符号和形位公差符号等。

（4）设置　用于设置尺寸样式，或重置尺寸样式，恢复到系统默认的初始样式。单击工具栏上的图标按钮，弹出"尺寸样式"对话框，可对尺寸样式进行设置。

（5）驱动　用于设置尺寸驱动。

（6）层叠　层叠注释。

（7）对齐　将一组尺寸沿水平方向或竖直方向对齐。

自动判断方式标注尺寸是由系统自动判断实施标注，标注结果可能是下述方法中的任意一种，可能与用户希望的标注方式并不相符。

2．水平尺寸

该命令用于标注两点之间的水平距离。

单击"尺寸"工具条上的"水平尺寸"按钮，弹出"水平尺寸"快捷工具栏，该工具栏与"自动判断的尺寸"工具栏基本相同，在此不再重述。选择一条图线或依次选择两点并拖动鼠标，可标注图线两个端点或所选两点之间的水平距离，如图 7-61 所示，分别捕捉两圆孔的中心，标注水平尺寸。

3．竖直尺寸

该命令用于标注两点之间的竖直距离。

单击"尺寸"工具条上的"竖直尺寸"按钮 ，弹出"竖直尺寸"快捷工具栏，选择一条图线或依次选择两点并拖动鼠标，可标注图线两个端点或所选两点之间的竖直距离，如图 7-62 所示。

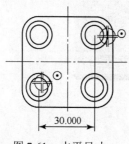

图 7-61　水平尺寸

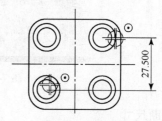

图 7-62　竖直尺寸

4．平行尺寸

该命令用于标注两点之间的直线距离。

单击"尺寸"工具条上的"平行尺寸"按钮 ，弹出"平行尺寸"快捷工具栏，选择一条图线或依次选择两点并拖动鼠标，可标注图线两个端点或所选两点之间的直线距离，如图 7-63 所示。

5．垂直尺寸

该命令用于标注点与直线之间的垂直距离。

单击"尺寸"工具条上的"垂直尺寸"按钮 ，弹出"垂直尺寸"快捷工具栏，选择一点和一条直线并拖动鼠标，可标注所选点与直线之间的垂直距离，如图 7-64 所示。

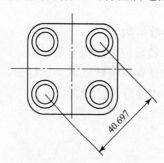

图 7-63　平行尺寸

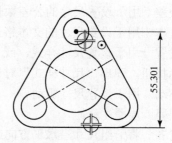

图 7-64　垂直尺寸

6．角度尺寸

该命令用于标注两直线之间的夹角。

单击"尺寸"工具条上的"角度"按钮 ，弹出"角度尺寸"快捷工具栏。依次选择两条直线并拖动鼠标，可标注所选直线之间的夹角，如图 7-65 所示。

标注的结果与选择两条直线的次序有关。

7．半径尺寸

该命令用于标注圆或圆弧的半径。

单击"尺寸"工具条上的"半径尺寸"按钮 $\swarrow$，弹出"半径尺寸"快捷工具栏。选择圆或圆弧并拖动鼠标，可标注所选对象的半径，如图 7-66①所示。

8．直径尺寸

该命令用于标注圆或圆弧的直径。

单击"尺寸"工具条上的"直径尺寸"按钮 $\diagdown$，弹出"直径尺寸"快捷工具栏。选择圆或圆弧并拖动鼠标，可标注所选对象的直径，如图 7-66②所示。

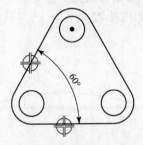

图 7-65　角度尺寸

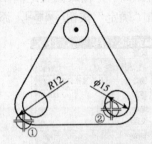

图 7-66　半径与直径尺寸

9．圆柱尺寸

当圆柱投影轮廓为直线时，使用该命令可标注圆柱形的直径。与"水平尺寸"、"竖直尺寸"或"平行尺寸"标注方式相比，在尺寸数字前多了直径符号 ϕ。

单击"尺寸"工具条上的"圆柱尺寸"按钮 $\blacksquare$，弹出"圆柱尺寸"快捷工具栏。选择两个对象或两点并拖动鼠标，可标注圆柱的直径，如图 7-67 所示。

10．孔尺寸

该命令用一段引导线标注对象的孔尺寸。

单击"尺寸"工具条上的"孔尺寸"按钮 σ，弹出"孔尺寸"快捷工具栏。选择圆或圆弧并拖动鼠标，可标注所选对象的孔直径，如图 7-68 所示。

11．过圆心的半径尺寸

该命令用于标注尺寸线过圆心的半径尺寸。

单击"尺寸"工具条上的"过圆心的半径尺寸"按钮 $\nearrow$，弹出"过圆心的半径尺寸"快捷工具栏。选择圆或圆弧并拖动鼠标，可标注所选对象的半径，如图 7-69 所示。

图 7-67　圆柱尺寸

图 7-68　孔尺寸

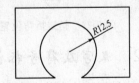

图 7-69　过圆心的半径尺寸

12．带折线的半径尺寸

该命令用于标注尺寸较大的圆或圆弧的半径尺寸。

单击"尺寸"工具条上的"带折线的半径"按钮 $\nearrow$，弹出"带折线的半径尺寸"快捷工具栏。选择圆或圆弧并设置折弯位置，可标注所选对象的半径。现以图 7-70 所示大尺寸（R400）圆弧半径标注为例，介绍带折线的半径标注方法。

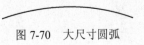

图 7-70　大尺寸圆弧

（1）单击"注释"工具条上"中心线下拉菜单"中的"偏置中心点符号"按钮，或选择菜单【插入】|【中心线】|【偏置中心点符号】，弹出"偏置中心点符号"对话框，如图 7-71 所示。

⚠️　　首次使用该命令时，该命令菜单和按钮均处于隐藏状态。通过命令查找器找到该命令后，可在命令查找器对话框中将该命令添加到相应的菜单和工具条上。

（2）按提示行提示，选择要标注尺寸的对象——大圆弧，在对话框中设置偏置方式为"从圆弧算起的竖直距离"，输入偏置距离 100，选择中心点显示方式为"中心点"，设置中心点符号的尺寸，单击"确定"按钮 确定 ，添加中心点符号如图 7-72 所示。

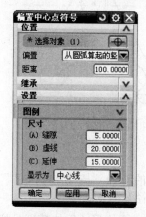

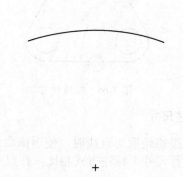

图 7-71　"偏置中心点符号"对话框

图 7-72　添加中心点符号

（3）单击"尺寸"工具条上的"带折线的半径"按钮 ，选择大圆弧和刚生成的偏置中心点，并指定折弯位置，如图 7-73 所示。拖动鼠标到合适的位置单击，完成半径尺寸标注，如图 7-74 所示。

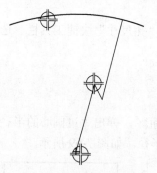

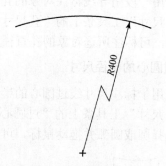

图 7-73　指定折弯位置

图 7-74　带折线的半径

7.4.2　文字及符号标注

文字及符号标注的有关命令可用于标注和编辑图形上的文字注释和各种符号，使用"注释"工具条上的功能按钮可完成相关操作，常用图标按钮如图 7-75 所示。也可以从菜单【插入】中选择有关的子菜单进行操作。

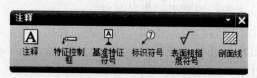

图 7-75　"注释"工具条

1．文字标注

文字标注的有关命令用于在工程图中插入文本注释。

单击"注释"工具条上的"注释"按钮**A**，或选择菜单【插入】|【注释】|【注释】，弹出"注释"对话框，如图 7-76 所示。对话框中各区域功能介绍如下。

（1）原点　用于设置文本放置的对齐方式、锚点位置，指定文本注释的图形对象及注释放置的位置，如图 7-76①所示。

（2）指引线　用于设置文本注释的指引线类型及样式，如图 7-76②所示。

（3）文本输入　可在文本输入框中输入文本、编辑文本、设置文本格式；也可以从其他文本文件（*.txt 格式）中导入文本、将文本输入框中现有的文本导出并保存为文本文件（*.txt 格式），如图 7-76③所示；还可以插入各种制图符号，如图 7-77 所示。

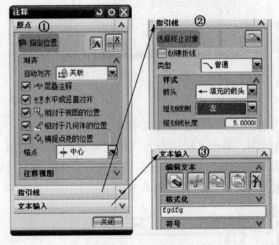

图 7-76　"注释"对话框

图 7-77　制图符号

2．形位公差标注

形位公差标注的有关命令用于在工程图中插入形位公差标注。有以下两种标注方式。

（1）在"注释"对话框的"文本输入"区域从"符号类别"中选择"形位公差"，如图 7-78 所示。在"标准"下拉列表框中选择一种标准，如 ISO 1101 1983 等；单击某种特征控制框按钮，如图 7-78①所示的"单特征控制框"按钮⊞；单击"形位公差符号"按钮，如图 7-78②所示的"垂直度"按钮⊥；然后输入公差值；单击"框分割线"按钮┤，如图 7-78③所示；单击基准字母符号按钮，如图 7-78④所示的"基准 B"按钮Ｂ，完成形位公差的设定；在图形窗口中选择要标注的对象，并按住鼠标左键拖动拉出指引线，在适当的位置单击鼠标左键确定形位公差标注框格的位置。单击"关闭"按钮 关闭 ，退出"注释"对话框。

（2）单击"注释"工具条上的"特征控制框"按钮，或选择菜单【插入】|【注释】|【特征控制框】，弹出"特征控制框"对话框，如图 7-79 所示。在"框"区域的"特征"下拉列表框中选择形位公差的类型，如图7-79①所示；在"框样式"下拉列表框中选择形位公差框格的样式，如图 7-79②所示；在对话框中输入公差值；设置其他选项，如图7-79③所示；在图形窗口中选择要标注的对象，并按住鼠标左键拖动拉出指引线，在适当的位置单击鼠标左键确定形位公差标注框格的位置。单击"关闭"按钮 关闭 ，退出"特征控制框"对话框。

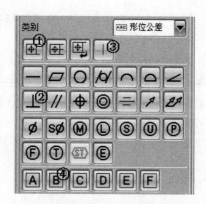

图 7-78 形位公差符号

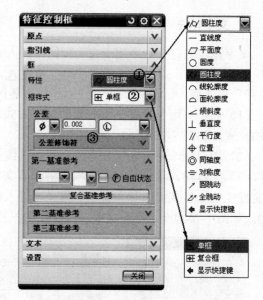

图 7-79 "特征控制框"对话框

3.ID 标识符号标注

ID 标识符号标注命令可向图纸中手动插入 ID 符号，用于表示零件的序号。

单击"注释"工具条上的"标识符号"按钮，弹出"标识符号"对话框，如图 7-80 所示。在"类型"下拉列表框中选择符号类型，设置相关参数，按住鼠标左键并拖动，拖出引导线，在适当位置放置符号，单击"关闭"按钮 关闭，退出"标识符号"对话框。

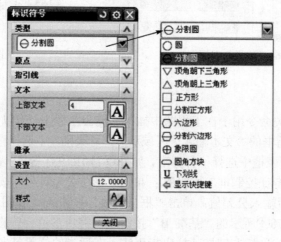

图 7-80 "标识符号"对话框

4.基准特征符号

基准特征符号标注的有关命令用于在工程图中插入基准特征符号。

单击"注释"工具条上的"基准特征符号"按钮，或选择菜单【插入】|【注释】|【基准特征符号】，弹出"基准特征符号"对话框，如图 7-81 所示。

在"指引线"区域的"类型"下拉列表框中选择指引线的类型，如图 7-81①所示；在"样式"的"箭头"下拉列表框中选择箭头样式，如图 7-81②所示；在"短划线侧"的下拉列表框中选择引线标出的方向，如图 7-81③所示；在对话框中输入短画线的长度值，如图 7-81④所示；

在"基准标识符"区域的"字母"输入框输入作为基准的字母，如图7-81⑤所示；设置其他选项；在图形窗口中选择要标注的对象，并按住鼠标左键拖动拉出引导线，单击鼠标左键确定基准特征符号的位置。单击"关闭"按钮 关闭 ，退出"基准特征符号"对话框。

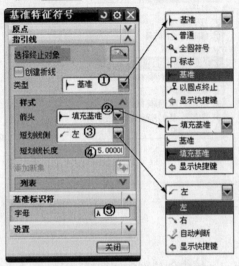

图 7-81 "基准特征符号"对话框

5. 表面粗糙度符号

表面粗糙度符号命令用于在指定表面轮廓线上标注表面粗糙度符号。

单击"注释"工具条上的"表面粗糙度符号"按钮√，或选择菜单【插入】|【注释】|【表面粗糙度符号】，弹出"表面粗糙度"对话框，如图 7-82 所示。操作步骤如下。

（1）在对话框中"原点"区域，设置指定粗糙度符号尖顶放置的位置。

（2）当粗糙度符号需要引出标注时，需在对话框的"指引线"区域设置指引线的类型、结构和尺寸，如图 7-83 所示。

图 7-82 "表面粗糙度"对话框

图 7-83 指引线设置

（3）"属性"区域用于设定粗糙度符号的"材料移除"方式、相应图例中参数输入等，如图 7-84 所示。

（4）"设置"区域用于设置粗糙度符号中文字的样式、粗糙度符号放置的方向与水平线之间的夹角。当标注粗糙度的表面在当前视图中处于实体的下方或右侧时，需选中"反转文本"复选框，以使粗糙度符号的方向与其中的文字方向匹配，并保证文字方向符合国标规定，如图 7-85 所示。

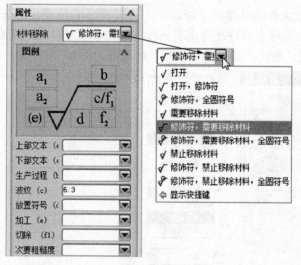

图 7-84 "属性"区域

图 7-85 "设置"区域

6.剖面线

"剖面线"命令用于在指定区域内创建剖面线图样。

单击"注释"工具条上的"剖面线"按钮▨，或选择菜单【插入】|【注释】|【剖面线】，弹出"剖面线"对话框，如图 7-86 所示。操作如下。

（1）指定区域　在对话框的"边界"区域的"选择模式"下拉列表框中提供了两种指定边界的方式："边界曲线"（选择一组边界围成的封闭区域）和"区域中的点"（在封闭区域中任意一点单击）。

（2）设置剖面线的属性　在对话框的"设置"区域指定"剖面线文件"目录和文件名、设置剖面线参数、颜色、线型和线宽等。

（3）单击"确定"按钮 确定 或"应用"按钮 应用 ，完成操作。

图 7-86 "剖面线"对话框

7.5 工程图样

在制作工程图过程中，为了使图纸符合国标，需要完成大量的设置工作。如设计图框、标题栏，根据用户的操作习惯设置相应的参数，为了方便快捷地使用这些设置，减少重复性劳动，通常是先建立独立的含有标注图框和标题栏，参数已按实际需要做了相应设置的图样文件，在需要时直接插入到工程图中。

　　图样文件的保存有模式格式和普通的 part 文件格式两种。模式格式是 UG 建立图样的传统方式，使用时将图样作为整体调入，占用空间小；普通的 part 文件格式图样调用方便，但占用空间较大。

　　现以 A3 图纸的图样为例，介绍以模式格式创建图样的方法与过程。

　　（1）单击"标准"工具条上的"新建"按钮，在弹出的"新建"对话框中设置"单位"为"毫米"，文件名为"BTL-A3.prt"。

　　（2）进入"制图"模块，系统弹出"图纸页"对话框，在"大小"区域选择"标准尺寸"单选框，在"大小"下拉列表框中选择"A3-297x420"，"比例"下拉列表框中选择"1∶1"，"图纸页名称"默认，"单位"选择"毫米"，"投影"选择"第一角投影"，单击"确定"按钮 确定 。

　　（3）在图纸有效区域内绘制图框和标题栏并标注有关文字，如图 7-87 所示。

　　（4）选择菜单【文件】|【选项】|【保存选项】，弹出"保存选项"对话框，设置对话框中各选项，如图 7-88 所示。

　　（5）单击"标准"工具条上的"保存"按钮，将图样文档保存。

　　模式格式的图样文件建立后，绘制工程图的过程中可随时调用，且调用时不会修改图样文件。

　　普通的 part 格式图样文件创建过程与创建一般部件文件类似，先绘制图框和标题栏，设置各种参数，保存文件。需要使用该图样绘图时，先打开图样文件，另存后进行建模和绘图操作。

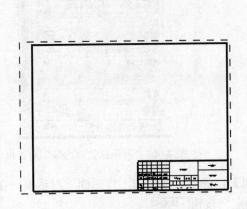

图 7-87　图框与标题栏

图 7-88　"保存选项"对话框

　　用普通的 part 格式图样文件时，为避免图样文件调用时被修改，创建图样文件后可将文件属性设置成"只读"。

7.6　操作实例

7.6.1　零件图实例

　　本节将通过实例介绍零件工程图绘制的一般操作过程。

　　（1）单击"标准"工具条上的"打开"按钮，打开下载文件 CH7\CZSL\7.89.prt，文件中的实体为转轴，如图 7-89 所示。

（2）单击"标准"工具条上的"开始"下拉列表，选择"制图"进入制图模块；单击"图纸"工具条上的"新建图纸页"按钮 🗋，弹出"图纸页"对话框。在对话框中"大小"区域选择"标准尺寸"单选框，在"大小"下拉列表框中选择"A3-297×420"，在"比例"下拉列表框中选择"1：1"，"图纸页名称"默认，"设置"区域"单位"选择"毫米"，"投影"类型选择"第一角投影"，单击"确定"按钮 确定 完成图纸页设置与创建。

（3）选择菜单【首选项】|【视图标签】，弹出"视图标签首选项"对话框。在"类型"区域选择"其他"；在"位置"区域的"位置"下拉列表框中选择"上面"；在"视图标签"区域选中"视图标签"复选框；单击"视图字母"按钮，设置"前缀"文本框格为空；在"字母格式"下拉列表框中选择"A–A"格式；在"字母大小比例因子"文本框格中输入"2"；取消选中"视图比例"复选框；在"设置"区域的"字母"文本框格中输入"A"；其他选项采用默认设置，设置结果如图 7-90 所示；"类型"区域的"局部放大图"和"剖视图"采用默认设置，单击"确定"按钮 确定 完成设置。

图 7-89　转轴

图 7-90　"视图标签首选项"对话框

（4）选择菜单【首选项】|【栅格和工作平面】，弹出"栅格和工作平面"对话框，在"栅格设置"区域取消选择所有的复选框，单击"确定"按钮 确定 。

（5）选择菜单【首选项】|【视图】，弹出"视图首选项"对话框，在"隐藏线"标签中选中"隐藏线"复选框，设置不可见轮廓线为虚线，线宽为细线；在"可见线"标签中设置可见轮廓线为实线，线宽为中粗线；在"光顺边"标签中取消选中"光顺边"复选框；在"截面线"标签中选中"剖面线"复选框，取消选中"前景"和"背景"复选框，单击"确定"按钮 确定 。

（6）选择菜单【首选项】|【截面线】，弹出"截面线首选项"对话框，在"标签"区域取消选中"显示标签"复选框；在"设置"区域"标准"下拉列表框中选择剖切线的类型为"GB标准"形式 ⌐ ┐，颜色设置为黑色；剖切线"宽度"下拉列表框中选择粗线，单击"确定"按钮 确定 。

（7）选择菜单【首选项】|【制图】，弹出"制图首选项"对话框，在"视图"标签的"边界"区域取消选中"显示边界"复选框，单击"确定"按钮 确定 。

（8）单击"图纸"工具条上的"基本视图"按钮 📑，弹出"基本视图"对话框，在对话框中"模型视图"区域"要使用的模型视图"下拉列表框中选择主视图"前视图",在"比例"下拉列表框中选择"1∶1",在"视图原点"的"放置方法"下拉列表框中选择"自动判断",拖动鼠标将主视图预览图像移动到绘图窗口的适当位置,单击鼠标左键生成主视图,如图 7-91 所示。

(9)单击"图纸"工具条上的"剖视图"按钮 ,弹出"剖视图"快捷工具栏,选择主视图为父视图,选择键槽水平边缘的中点为剖切点位置,向右拖动鼠标在适当位置单击,生成轴的剖面图。

(10)单击"图纸"工具条上的"移动/复制视图"按钮 ,弹出"移动/复制视图"对话框,用鼠标选择剖面图并拖动至适当位置单击定位剖面图。

(11)选择菜单【插入】|【中心线】|【中心标记】,弹出"中心标记"对话框,选择剖面图圆周捕捉圆心作为中心标记放置位置,单击"确定"按钮 确定 生成中心标记,结果如图 7-92 所示。

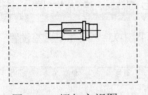

图 7-91　添加主视图

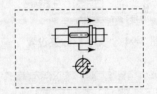

图 7-92　添加并移动剖面视图

(12)选择菜单【首选项】|【注释】,弹出"注释首选项"对话框。

① 选择"直线/箭头"标签,设置如图 7-93 所示,单击"应用于所有线和箭头类型"按钮。

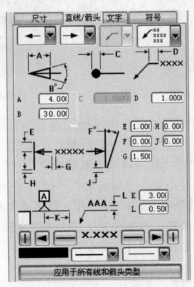

图 7-93　"直线/箭头"标签设置

② 选择"文字"标签,单击"常规"按钮,设置如图 7-94 所示,单击"应用于所有文字类型"按钮。

③ 选择"尺寸"标签,设置如图 7-95 所示。

④ 选择"单位"标签,设置如图 7-96 所示。

⑤ 选择"径向"标签,设置如图 7-97 所示。

其他标签及选项默认,单击"确定"按钮 确定 。

图 7-94　"文字"标签设置

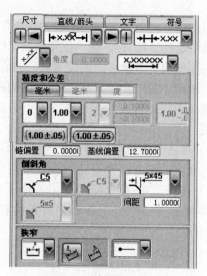

图 7-95　"尺寸"标签设置

图 7-96　"单位"标签设置

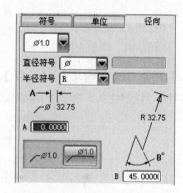

图 7-97　"径向"标签设置

　　（13）单击"尺寸"工具条上的"水平"按钮 ，标注主视图上水平尺寸，如图 7-98 所示。

　　（14）单击"尺寸"工具条上的"水平"按钮 ，在弹出的"水平尺寸"快捷工具栏上单击"设置"按钮 ，在弹出的"尺寸标注样式"对话框"尺寸"标签的"精度和公差"区域设置成"双向公差"、公差值取两位小数，上偏差输入"0"，下偏差输入"–0.02"；在"单位"标签中选中"前导零-尺寸"、"前导零-公差"复选框，取消选中"后置零-尺寸和公差"复选框；在"文字"标签中单击"公差"按钮，设置公差字符大小为 2.5，单击"确定"按钮 确定 完成设置。在剖面视图上标注带公差的水平尺寸，如图 7-99 所示。

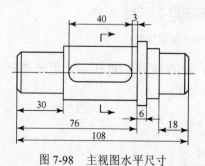

图 7-98　主视图水平尺寸

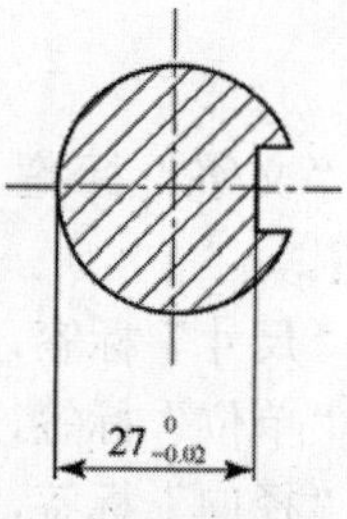

图 7-99　剖面图水平尺寸

（15）单击"尺寸"工具条上的"竖直"按钮，在弹出的"竖直尺寸"快捷工具栏上单击"设置"按钮，在弹出的"尺寸样式"对话框"尺寸"标签的"精度和公差"区域设置成"双向公差"、公差值取三位小数，上偏差输入"0"，下偏差输入"−0.015"；在"单位"标签中选中复选框"前导零–尺寸"、"前导零–公差"，取消选中"后置零–尺寸和公差"复选框；在"文字"标签中单击"公差"按钮，设置公差字符大小为 2.5，单击"确定"按钮完成设置。在剖面视图上标注带公差的键槽宽度尺寸，如图 7-100 所示。

（16）单击"尺寸"工具条上的"圆柱"按钮，在主视图上标注不带公差的圆柱直径尺寸 $\phi30$、$\phi38$，如图 7-101 所示。

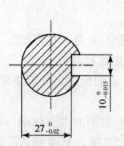

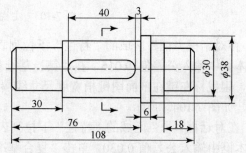

图 7-100　剖面图带公差键槽宽度尺寸　　　　图 7-101　主视图无公差圆柱直径尺寸

（17）单击"尺寸"工具条上的"圆柱"按钮，在弹出的"圆柱尺寸"快捷工具栏上单击"设置"按钮，在弹出的"尺寸样式"对话框的"尺寸"标签的"精度和公差"区域设置成"双向公差"、公差值取三位小数，上偏差输入"0.015"，下偏差输入"0.002"；在"单位"标签中选中复选框"前导零–尺寸"、"前导零–公差"，取消选中"后置零–尺寸和公差"复选框；在"文字"标签中单击"公差"按钮，设置公差字符大小为 2.5，单击"确定"按钮完成设置。在主视图上标注带公差的两端圆柱直径 $\phi25$；在"尺寸样式"对话框"尺寸"标签的上偏差输入"0.042"，下偏差输入"0.026"，其他设置同上，在主视图上标注带公差的圆柱直径 $\phi32$，如图 7-102 所示。

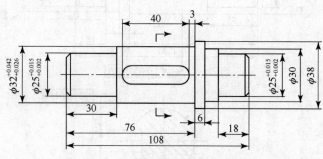

图 7-102　主视图带公差圆柱直径尺寸

（18）单击"尺寸"工具条上的"倒斜角"按钮，在弹出的"倒斜角尺寸"快捷工具栏上单击"设置"按钮，在弹出的"尺寸样式"对话框"尺寸"标签的"精度和公差"区域设置成"无公差"，间距文本框中输入倒角偏置量 2；单击"确定"按钮完成设置。在主视图上轴两端标注倒角尺寸，如图 7-103 所示。

（19）单击"注释"工具条上的"特征控制框"按钮，弹出"特征控制框"对话框。

① 在对话框"框"区域的"特性"下拉列表框中选择形位公差类型为"直线度"，"框样式"

下拉列表框中选择形位公差框格类型为"单框",在"公差"文本框中输入公差的数值 0.020;在"指引线"区域设置"类型"为"普通","箭头样式"为"填充的箭头","短画线长度"为 5,用鼠标左键在主视图 ϕ32 圆柱轮廓线上单击并拖动至合适的位置定位框格建立直线度公差,如图 7-104①所示。

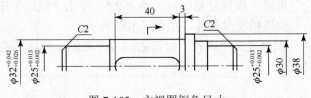

图 7-103　主视图倒角尺寸

② 在对话框"框"区域的"特性"下拉列表框中选择形位公差类型为"对称度",在"公差"文本框中输入公差值 0.015,在"第一基准参考"下拉列表框中选择基准为"C",其他设置同上,用鼠标左键在剖面图键槽宽度尺寸线端部单击并拖动至合适的位置定位框格建立对称度公差,如图 7-104②所示。

③ 在对话框"框"区域的"特性"下拉列表框中选择形位公差类型为"圆跳动",在"公差"文本框中输入公差值 0.030,单击"复合基准参考"按钮,弹出"复合基准参考"对话框,在"基准参考"下拉列表框中选择基准为"A",单击"添加新集"按钮,在"基准参考"下拉列表框中选择基准为"B",单击"确定"按钮返回"特征控制框"对话框,其他设置同上,用鼠标左键在主视图 ϕ32 圆柱轮廓线上单击并拖动至合适的位置定位框格建立圆跳动公差,如图 7-104③所示。

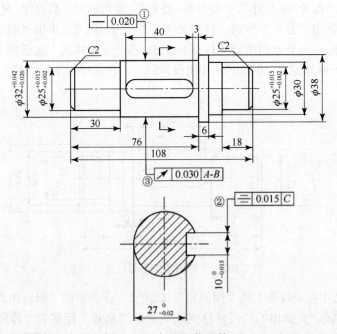

图 7-104　标注形位公差

(20) 单击"注释"工具条上的"注释"按钮 **A**,弹出"注释"对话框。在对话框"指引线"区域设置"类型"为"基准","箭头样式"为"填充基准","短画线长度"为 0,在"文本输入"区域设置符号"类别"为"形位公差","标准"类别为"ISO 1101 1983",选择基准符号 **A**,

用鼠标左键在主视图左端 $\phi 25$ 尺寸线端点单击并拖动至合适的位置定位创建基准代号 A；依次选择基准符号 **B**、**C**，其他设置同上，可分别创建基准符号 B、C，如图 7-105 所示。

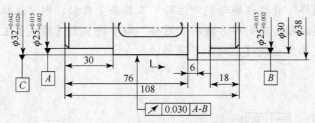

图 7-105　标注形位公差基准

（21）单击"注释"工具条上的"表面粗糙度符号"按钮 $\sqrt{}$，弹出"表面粗糙度符号"对话框。

① 在"属性"区域的"材料移除"下拉列表框中选择符号类型为"修饰符，需要移除材料"，在粗糙度数值"c"项文本框输入 1.6；在"设置"区域的文本样式中设置符号文本大小 3.5 毫米，符号颜色为黑色，符号线型为实线，符号线宽为细线；符号放置"角度"输入 0；在"原点"区域的"对齐"方式中选中"捕捉点处的位置"复选框，去掉选中其他复选框；捕捉主视图上 $\phi 32$ 的尺寸线上端点，生成 $\phi 32$ 轴段的圆柱面粗糙度符号。

② 返回"表面粗糙度符号"对话框，在"属性"区域粗糙度数值"c"项文本框输入 0.8，其他参数同上；在"指引线"区域选择指引线"类型"为"普通"，"箭头"形式为"填充的箭头"，"短画线侧"选择"自动判断"，"短画线长度"输入 5 毫米；对话框中其他选项设置同上。捕捉主视图右端 $\phi 25$ 的尺寸线上端作为指引线起点，拖动鼠标指定另一点作为指引线终点，再指定一点作为符号放置位置生成右端 $\phi 25$ 轴段的圆柱面粗糙度符号。

③ 返回"表面粗糙度符号"对话框，在"设置"区域的符号放置"角度"输入 180，选中"反转文本"复选框。在主视图左端 $\phi 25$ 的轴段下侧轮廓线上选择一点作为指引线起点，拖动鼠标指定另一点作为指引线终点，再指定一点作为符号放置位置生成左端 $\phi 25$ 轴段的柱面粗糙度符号。

④ 返回"表面粗糙度符号"对话框，在"属性"区域粗糙度数值"c"项文本框输入 6.3，在"设置"区域的符号放置"角度"输入 0，取消选中"反转文本"复选框；对话框的其他设置同上。捕捉剖面图上键宽尺寸线中点附近一点作为指引线起点，拖动鼠标指定另一点作为指引线终点，再指定一点作为符号放置位置生成键槽侧面粗糙度符号。

⑤ 返回"表面粗糙度符号"对话框，在"属性"区域粗糙度数值"c"项文本框输入 12.5，"e"项文本框输入"其余"；在"设置"区域的文本样式中设置符号文本大小为 7 毫米，选择图纸右上方适当位置，单击鼠标左键放置其余未注表面的粗糙度符号。

粗糙度标注结果如图 7-106 所示。

（22）单击"注释"工具条上的"图样"按钮 图样(P)...，或选择菜单【格式】|【图样】，弹出"图样"对话框，如图 7-107 所示。单击"调用图样"按钮，弹出"调用图样"对话框，如图 7-108 所示。在对话框中设置参数后单击"确定"按钮，弹出"调用图样"文件对话框。选择图样文件"BTL-A3.prt"，连续两次单击"确定"按钮，弹出"点构造器"，指定图样插入点为坐标原点，单击"确定"按钮导入图样。

　如果"注释"工具条中没有"图样"按钮或【格式】菜单中没有【图样】子菜单，则先打开"注释"工具条，然后在任意一个已经打开的工具条上任意位置单击鼠标右键，从弹出的右键菜单中选择【定制】选项，弹出"定制"对话框。在对话框中单击"命令"标签，在"类别"区域选择"格式"，在"命令"区域中用鼠标左键指向"图样"并按住拖动到"注释"工具条上释放，则"注释"工具条上出现"图样"工具按钮；用同样方法将"图样"命令拖曳到【格式】主菜单上释放，则【格式】主菜单中出现【图样】子菜单。

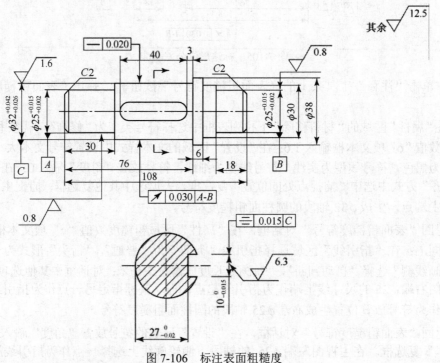

图 7-106   标注表面粗糙度

图 7-107   "图样"对话框

图 7-108   "调用图样"对话框

（23）单击"注释"工具条上的"注释"按钮 **A**，弹出"注释"对话框。在"文本输入"区域的文本输入框中输入零件图技术要求的内容，拖动鼠标至合适的位置单击左键创建技术要求文本；在图纸的标题栏中填写相关信息，完成零件图的全部设计内容，如图 7-109 所示。

（24）保存部件文件。

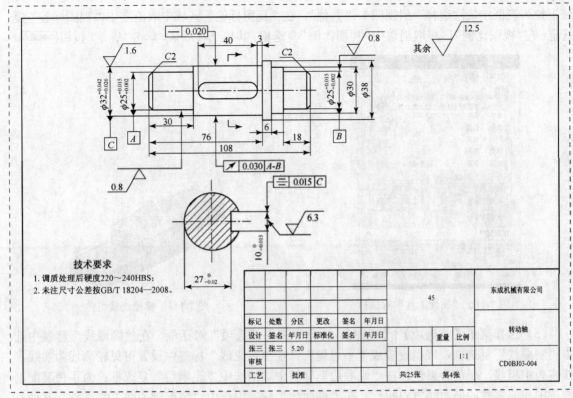

图 7-109　轴零件图

7.6.2　装配图实例

本节将通过实例介绍装配工程图绘制的一般操作过程。

(1) 单击"标准"工具条上的"打开"按钮，依次打开各零件的部件文件，选择主菜单【GC 工具箱】|【GC 数据规范】|【属性工具】，弹出"属性工具"对话框，在"属性填写"标签中"Title"列文本框中输入文本"序号"，在"Value"列文本框中用阿拉伯数字输入该零件的序号，单击"应用"按钮建立"序号"属性；用同样方法依次建立"名称"、"材料"、"数量"、"备注"(标准件属性值为其国标代号，非标准件属性值为其部件图号)属性，如图 7-110 所示，单击"确定"按钮，保存部件文件。

(2) 单击"标准"工具条上的"新建"按钮，弹出"新建"对话框，选择"图纸"标签，在"模板"区域设置尺寸单位为"毫米"，根据需要选择系统提供的(或自行绘制的)、大小适当的图纸模板或空白图纸(此处以空白图纸为例)；在"要创建图纸的部件"区域打开下载 CH7\CZSL\ZPSL\ZhuangPei.prt，文件中的实体为螺栓连接组件，如图 7-111 所示；在"文件夹"区域指定图纸文件存放的目录；在名称区域指定图纸文件名称"ZhuangPei_dwg.prt"，单击"确定"按钮进入制图工作界面。

(3) 单击"图纸"工具条上的"新建图纸页"按钮，弹出"图纸页"对话框。在对话框中"大小"区域选择"标准尺寸"单选框，在"大小"下拉列表框中选择"A3-297×420"，在"比例"下拉列表框中选择"1:1"，"图纸页名称"默认，"设置"区域"单位"选择"毫米"，"投影"类型选择"第一角投影"，单击"确定"按钮完成图纸页设置与创建。

(4) 选择菜单【首选项】|【视图标签】，弹出"视图标签首选项"对话框，在"类型"区

域下拉列表框中依次选择"剖视图"、"其他"，在"视图标签"区域中取消选中"视图标签"复选框；在"视图比例"区域取消选中"视图比例"复选框；其他选项默认，单击"确定"按钮 确定 。

图 7-110　"属性工具"对话框

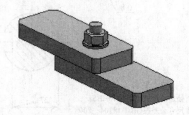

图 7-111　螺栓连接组件

（5）选择菜单【首选项】|【视图】，弹出"视图首选项"对话框，在"隐藏线"标签中选中"隐藏线"复选框，线型设置成"不可见"；在"可见线"标签中设置可见轮廓线为实线，线宽为中粗线，颜色为黑色；在"光顺边"标签中取消选中"光顺边"复选框；为了使装配剖视图中相邻零件的剖面线方向相反，在"截面线"标签中选中"装配剖面线"复选框，其他标签及选项默认，单击"确定"按钮 确定 。

（6）选择菜单【首选项】|【制图】，弹出"制图首选项"对话框，在"视图"标签的"边界"区域取消选中"显示边界"复选框，单击"确定"按钮 确定 。

（7）选择菜单【首选项】|【注释】，弹出"注释首选项"对话框。设置方法同上一节零件工作图创建步骤（12）。

（8）单击"图纸"工具条上的"基本视图"按钮 ，弹出"基本视图"对话框，在对话框中"模型视图"区域"要使用的模型视图"下拉列表框选择"俯视图"，"比例"下拉列表框选择"1∶1"，"视图原点"的"放置方法"下拉列表框选择"自动判断"，拖动鼠标将俯视图预览图像移动到绘图窗口的适当位置，单击鼠标左键生成俯视图。

（9）单击"图纸"工具条上的"剖视图"按钮 ，弹出"剖视图"快捷工具栏，选择俯视图为父视图，在"剖视图"快捷工具条上单击"设置"区域的"非剖切组件/实体"按钮 ，弹出"类选择"对话框，在俯视图中用鼠标捕捉剖视图中不剖切的零件（螺栓、螺母、垫圈），也可以在"装配导航器"中选择部件名称，当选择多个对象时需在选择的同时按住<Ctrl>键。单击"确定"按钮 确定 ，返回添加剖视图状态，选择俯视图上螺栓端面圆心，确定剖切平面经过的位置，向上拖动鼠标在适当位置单击，生成剖切的主视图。

（10）标注装配图尺寸，填写技术要求，如图 7-112 所示。

（11）选择菜单【格式】|【图样】，弹出"图样"对话框，单击"调用图样"按钮，弹出"调用图样"对话框，在对话框中设置参数后单击"确定"按钮，弹出"调用图样"文件对话框。选择下载文件夹中图样文件"CH7\CZSL\BTL-A3.prt"，连续两次单击"确定"按钮，弹出"点构造器"，指定图样插入点为坐标原点，单击"确定"按钮导入图样。

（12）在标题栏中填写装配图的相关信息。

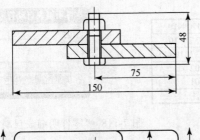

技术要求

1. 连接可靠，工作时两被连接件
   之间不得产生错动；
2. 螺栓头部、螺母支承面应平整。

图 7-112   添加视图并标注尺寸

（13）选择菜单【插入】|【表格】|【零件明细表】，将零件明细表添加到标题栏上方，如图 7-113 所示。

（14）将鼠标指向"QTY"框格单击右键，在弹出的快捷菜单中选择菜单【选择】|【列】，选中"QTY"列后将鼠标指向该列并单击右键，在弹出的快捷菜单中选择菜单【镶块】|【在右侧插入列】；用同样方法在"QTY"列右侧再插入一列，如图 7-114 所示。

5	LUMU	1
4	DIANQUAN	1
3	LUSHUAN	1
2	BEILIANJIAN2	1
1	BEILIANJIAN1	1
PC NO	PART NAME	OTY

图 7-113   添加零件明细表

5	LUMU	1	
4	DIANQUAN	1	
3	LUSHUAN	1	
2	BEILIANJIAN2	1	
1	BEILIANJIAN1	1	
PC NO	PART NAME	OTY	

图 7-114   明细表中插入列

（15）选择"PC NO"列并单击鼠标右键，在弹出的快捷菜单中选择菜单【样式】，弹出"注释样式"对话框，在对话框中选择"列"标签，如图 7-115 所示。在"列类型"下拉列表框中选择"常规"；单击"属性名"右侧的"属性名称"按钮，弹出"属性名"对话框，从中选择"序号"，如图 7-116 所示，单击"确定"按钮 确定 ，返回"注释样式"对话框，单击"确定"按钮 确定 ，则在明细表的"序号"列的标题框格中自动输入中文"序号"以代替现有的标题"PC NO"。

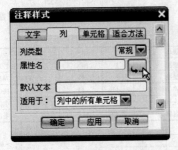

图 7-115   "注释样式"对话框

图 7-116   "属性名"对话框

用同样方法输入"PART MANE"列的信息，以各零件的中文名称替换现有的名称；接着依次选择"QTY"和剩余两列，用上述方法自动输入零件的数量、材料、备注（各非标准件的图号或标准件的国标代号）信息。

（16）将鼠标指向相邻两列分界线，出现拖动箭头光标时拖动鼠标，按标准要求调整各列宽度，并使整个明细表与标题栏宽度相同，结果如图 7-117 所示。

5	螺母	1	45	GB/T 6J70 N10
4	垫圈	1	45	GB/T 97.2　10
3	螺栓	1	45	GB/T 5783 M10×40
2	被连接件2	1	45	0002
1	被连接件1	1	45	0001
序号	名称	数量	材料	备注

图 7-117　填写零件明细表信息

图 7-118　"零件明细表自动符号标注"对话框

　　(17) 选择明细表中所有文字，单击鼠标右键，在弹出的快捷菜单中选择"样式"，弹出"注释样式"对话框。在"文字"标签中设置明细表中字符大小等数据，选择字符类型为"仿宋"，单击对话框中的"应用"按钮；在"单元格"标签中设置文本对齐方式为"中心"，单击对话框中的"确定"按钮，完成明细表文本格式设置。

　　(18) 在零件明细表左上角单击明细表标识符选择整个明细表，单击右键，在快捷菜单中选择【排序】，弹出排序对话框，选择列表中"序号"，单击"确定"按钮。

　　(19) 选择整个明细表，单击右键，在快捷菜单中选择【自动符号标注】，或选择菜单【插入】|【表格】|【自动符号标注】，弹出"零件明细表自动符号标注"对话框，在窗口中或部件导航器中选择零件明细表，弹出另一"零件明细表自动符号标注"对话框，如图 7-118 所示。选择需要标注零件 ID 符号的主视图，单击"确定"按钮，则在主视图上生成 ID 符号。选择所有 ID 符号，从右键快捷菜单中选择【样式】，弹出"注释样式"对话框，选择"直线/箭头"标签，选择箭头类型为"填充圆点"，圆点大小为 3；选择"文字"标签，设置字符大小为 5；选择"符号"标签，设置标识符大小为 7，单击"确定"按钮；用鼠标按住 ID 符号拖动调整排放位置，完成装配图全部设计内容，结果如图 7-119 所示。

 　　导入图样的工程图在保存并关闭后重新打开时可能会丢失图样中的部分信息，操作时可先打开图样文件，然后打开工程图文件。

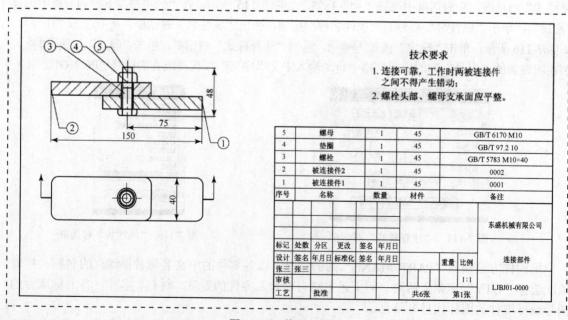

图 7-119　装配工程图

思考题与操作题

7-1 思考题

7-1.1 用 UG NX 8.0 建立平面工程图的一般过程是怎样的？

7-1.2 工程图与草图都是平面图，两者有何区别？

7-1.3 建立图纸页时选定的投影角在修改图纸页时能否更改？

7-1.4 如何修改 ID 符号的大小及符号中数字的大小？

7-2 操作题

7-2.1 打开下载文件 CH7\CZLX\7-2.1.prt 文件，标注图 7-2.1 所示尺寸。

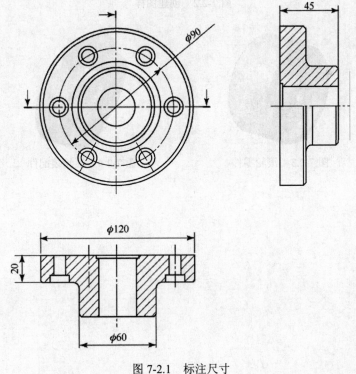

图 7-2.1 标注尺寸

7-2.2 创建图 7-2.2 所示的线框，并作为 A4 幅面的工程图样保存为 BTL-A4.prt。

7-2.3 打开下载文件 CH7\CZLX\7-2.3.prt，并采用上题创建的工程图样按 2∶1 比例生成如图 7-2.3 所示滚轮零件的工程图。

7-2.4 打开下载文件 CH7\CZLX\GunLun\7-2.4.prt，并采用题 7-2.2 创建的工程图样（标题栏部分框格需按装配图要求修改），按 2∶1 比例生成如图 7-2.4 所示滚轮装配件的装配工程图。

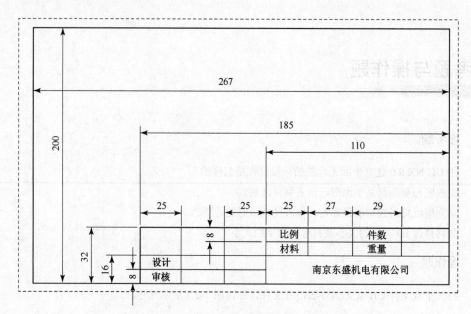

图 7-2.2　创建图样

图 7-2.3　滚轮零件

图 7-2.4　滚轮装配件

第8章

综合实例

螺旋千斤顶是简易的小型起重装置，常用于施工现场和汽车维修。本章主要介绍螺旋千斤顶的结构、工作原理，以及采用自底向上的方法创建螺旋千斤顶零件模型、装配模型及工程图的操作过程。

8.1　螺旋千斤顶结构与工作原理

螺旋千斤顶由七个零件组成，装配示意图如图 8-1 所示。底座 1 主要起支承作用，其结构尺寸如图 8-2 所示。螺套 2 结构尺寸如图 8-3 所示，支承在底座 1 上，底座上 $\phi67$ 的孔与螺套上 $\phi67$ 的轴段同轴配合；底座上 $\phi81$ 孔的底面与螺套台阶平面接触；底座与螺套上各有 M12 的半螺纹孔，两者同轴；螺套的内孔有大径 51 mm 的矩形牙内螺纹。

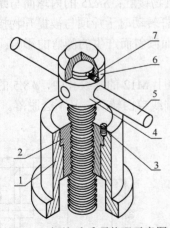

图 8-1　螺旋千斤顶装配示意图

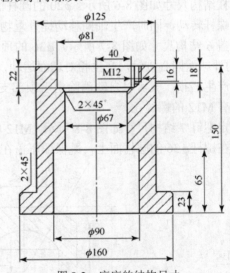

图 8-2　底座的结构尺寸

紧定螺钉 3 结构尺寸如图 8-4 所示，安装时旋入底座与螺套上 M12 的螺纹孔内，使底座与螺套之间做周向定位。紧定螺钉与相应的螺纹孔同轴，紧定螺钉的端面与底座顶面平齐或略低。

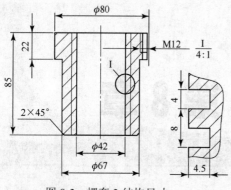

图 8-3 螺套 2 结构尺寸

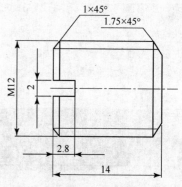

图 8-4 紧定螺钉 3 结构尺寸

螺杆 4 是工作时的主要传力构件，其结构尺寸如图 8-5 所示。大径为 50 mm 的矩形牙外螺纹与螺套上的矩形牙内螺纹旋合，产生相对轴向移动；正交方向各有一个 $\phi 22$ 的孔用于插入绞杠 5，端部有 SR25 的球形结构。

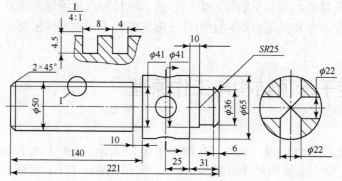

图 8-5 螺杆 4 结构尺寸

绞杠结构尺寸如图 8-6 所示。$\phi 20$ 的圆柱面与螺杆上 $\phi 22$ 的圆柱孔同轴；工作时用于施加力矩驱使螺杆转动，同时产生轴向移动提升重物。

压盖 6 结构尺寸如图 8-7 所示。$\phi 36$ 的顶面与被提升的重物接触；SR25 的内球面与螺杆上 SR25 的外球面同心接触，产生相对球面运动，既可以保证螺杆转动时千斤顶与被提升物接触部位不会产生磨损，又可以自动消除由于顶部支承面与底座底面倾斜而产生的侧弯的影响；外圆柱面上有 M12 的螺纹孔。

紧定螺钉 7 结构尺寸如图 8-8 所示。M12 的螺纹旋入压盖上 M12 的螺纹孔中，$\phi 8.5$ 的圆柱端部顶在螺杆 $\phi 36$ 的圆柱面上，既保证压盖在螺杆上可以绕轴线自由转动，又不会脱落。

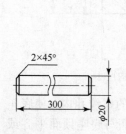

图 8-6 绞杠 5 结构尺寸

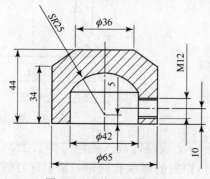

图 8-7 压盖 6 结构尺寸

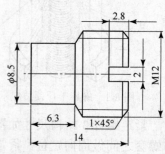

图 8-8 紧定螺钉 7 结构尺寸

8.2 千斤顶零件设计

8.2.1 底座 1 设计

1. 新建部件文件

启动 UG 软件，新建部件文件 QJD001.prt，单位设置为"毫米"，在模板中选择建模模块。

2. 三维建模

（1）单击"特征"工具条上的"圆柱"按钮圆柱，弹出"圆柱"对话框，选择"轴、直径和高度"建模方式，ZC 正方向为轴线方向，指定点（0，0，0）作为底面圆心位置，输入直径 160，高度 23，单击"确定"按钮 确定 ，生成如图 8-9 所示的圆柱体。

（2）单击"特征"工具条上的"凸台"按钮凸台，弹出"凸台"对话框，选择图 8-9 所示圆柱的顶面作为凸台放置面，在对话框中输入直径 125，高度 127，锥角 0°，单击"确定"按钮 确定 ，弹出"定位"对话框，选择"点落在点上"定位方式，将凸台底面圆心定位在圆柱顶面的圆心处，生成如图 8-10 所示的凸台。

（3）单击"特征"工具条上的图标按钮"孔"孔，弹出"孔"对话框。在"类型"下拉列表中选择孔的类型为"常规孔"；单击"选择条"上圆心捕捉方式或图标按钮"点构造器"点构造器，选择图 8-10 所示凸台的顶面圆心作为孔口的中心位置；在"孔方向"下拉列表中选择"垂直于面"；在"形状和尺寸"区

图 8-9 创建圆柱体

图 8-10 创建凸台

域的"成形"下拉列表中选择孔的子类型为简单孔；在对话框"形状和尺寸"区域中输入直径 81，深度 22，顶锥角 0°，单击"应用"按钮 应用 ，生成如图 8-11 所示的平底孔。

（4）捕捉图 8-11 所示孔的底面圆心作为孔的顶面中心位置，在对话框中输入直径 67，深度 100，顶锥角 0°，其他设置同上，单击"应用"按钮 应用 ，生成如图 8-12 所示的孔。

（5）捕捉图 8-13①所示底座的底面圆心作为孔的顶面中心位置，在对话框中输入直径 90，深度 65，顶锥角 0°，其他设置同上，单击"确定"按钮 确定 ，生成如图 8-13②所示的孔。

图 8-11 生成平底孔

图 8-12 生成孔

图 8-13 生成底部通孔

（6）单击"特征"工具条上的图标按钮"倒斜角"倒斜角，弹出"倒斜角"对话框，选择图 8-14①所示上部两孔台阶的内边缘和图 8-14②所示底盘上部的外边缘，在对话框中设置对称型倒斜角，输入距离 2，单击"确定"按钮 确定 ，生成如图 8-14③所示的倒角。

（7）单击"实用工具"工具条上的图标按钮"WCS 定向"WCS定向，弹出"CSYS"坐标系变换

对话框，在"类型"下拉列表中选择"动态"，捕捉底座顶面的圆心作为新的工作坐标系原点，如图 8-15 所示。

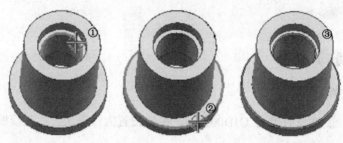

图 8-14　倒斜角

（8）单击"特征"工具条上的图标按钮"孔" ，弹出"孔"对话框，在"类型"下拉列表中选择孔的类型为"螺纹孔"；单击"选择条"上图标按钮"点构造器" ，在弹出的"点构造器"对话框中输入点相对于 WCS 的坐标（40，0，0）作为孔的顶面中心位置，单击"确定"按钮 确定 返回"孔"对话框。在"孔方向"下拉列表中选择"沿矢量"，用"指定矢量"工具设置–ZC 作为孔的轴线方向；在对话框"形状和尺寸"区域的"螺纹尺寸"区域的"大小"下拉列表中选择"M12×1.75"，螺纹深度 16，螺纹旋向选择"右手"；在"形状和尺寸"区域的"尺寸"区域输入深度 18，顶锥角 118°，单击"确定"按钮 确定 ，生成如图 8-16 所示的螺纹孔。

3．绘制工程图

（1）单击"标准"工具条上的"开始"按钮 开始▼ ，在打开的下拉菜单中选择【制图】，进入制图模块。

（2）单击"图纸"工具条上的"新建图纸页"按钮 ，弹出"图纸页"对话框。在对话框中"大小"区域选择"定制尺寸"单选框，在"高度"文

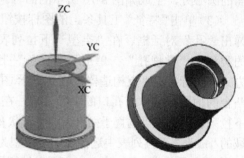

图 8-15　平移坐标系　图 8-16　生成螺纹孔

本框中输入 420，"长度"文本框中输入 297，在"比例"下拉列表框中选择"1∶1"，"图纸页名称"默认，"设置"区域"单位"选择"毫米"，"投影"类型选择"第一角投影"，单击"确定"按钮 确定 创建立向放置的 A3 幅面的图纸页。

（3）选择菜单【首选项】|【视图标签】，弹出"视图标签首选项"对话框。对所有类型的视图取消选中"视图标签"和"视图比例"复选框。

（4）选择菜单【首选项】|【栅格和工作平面】，弹出"栅格和工作平面"对话框，在"栅格设置"区域取消选中所有复选框。

（5）选择菜单【首选项】|【视图】，弹出"视图首选项"对话框，在"隐藏线"标签中选中"隐藏线"复选框，设置不可见轮廓线为虚线，线宽为细线，颜色为黑色；在"可见线"标签中设置可见轮廓线为实线，线宽为中粗线，颜色为黑色；在"光顺边"标签中取消选中"光顺边"复选框；在"截面线"标签中选中"剖面线"复选框，取消选中"前景"。

（6）选择菜单【首选项】|【截面线】，弹出"截面线首选项"对话框，在"标签"区域取消选中"显示标签"复选框。

（7）选择菜单【首选项】|【制图】，弹出"制图首选项"对话框，在"视图"标签的"边界"区域取消选中"显示边界"复选框。

（8）选择菜单【首选项】|【注释】，弹出"注释首选项"对话框，在"符号"标签的"中心线"区域和"表面粗糙度"区域设置颜色为黑色。

（9）选择菜单【格式】|【图样】，弹出"图样"对话框；单击"调用图样"按钮，弹出"调用图样"对话框；在对话框中设置参数后单击"确定"按钮，弹出"调用图样"文件对话框。选择图样文件"BTL-A3(Li).prt"，连续两次单击"确定"按钮，弹出"点构造器"，指定图样插入点为坐标原点，单击"确定"按钮导入 A3 幅面立式放置的图样。填写标题栏中的信息，如图 8-17 所示。

底座			比例	1：1	图号	QJD-001
			件数	1	材料	HT200
设计	张三	2012-1-2				
制图	张三	2012-1-2	南京东盛机电有限公司			
审核	李四	2012-1-8				

图 8-17　填写标题栏信息

（10）单击"图纸"工具条上的"基本视图"按钮，弹出"基本视图"对话框，在对话框中"模型视图"区域"要使用的模型视图"下拉列表框选择"俯视图"，"比例"下拉列表框选择"1：1"，"视图原点"的"放置方法"下拉列表框选择"自动判断"，拖动鼠标将俯视图预览图像移动到绘图窗口的适当位置，单击鼠标左键生成俯视图，如图 8-18 所示。

（11）单击"图纸"工具条上的"断开视图"按钮，弹出"断开视图"对话框，在类型区域选择断开视图的类型为单侧；选择俯视图作为主模型视图，在对话框的方向区域指定 *YC* 方向为断裂方向；在设置区域取消选中"显示断裂线"复选框；在俯视图上指定断裂线位置。单击对话框中"确定"按钮 确定 完成操作，结果如图 8-19 所示。

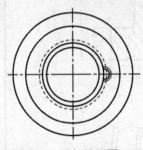

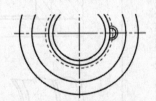

图 8-18　添加俯视图　　　　　图 8-19　生成断裂的俯视图

（12）选择菜单【首选项】|【对象】，设置线宽为细实线；单击"曲线"工具条上的"艺术样条"按钮，弹出"艺术样条"对话框，用样条曲线修复俯视图断裂处的边界，结果如图 8-20 所示。

（13）选择菜单【首选项】|【视图】，弹出"视图首选项"对话框，在"隐藏线"标签中选中"隐藏线"复选框，设置不可见轮廓线线型为"不可见"。单击"图纸"工具条上的"剖视图"按钮，弹出"剖视图"快捷工具栏，选择俯视图为父视图，选择俯视图上主孔的中心点为剖切线经过的位置，向上拖动鼠标在适当位置单击，生成全剖的主视图，如图 8-21 所示。

（14）选择菜单【首选项】|【注释】，弹出"注释首选项"对话框。在"直线/箭头"标签中设置尺寸线和尺寸箭头类型、尺寸文字类型和大小、尺寸标注样式、尺寸单位等。

（15）单击"尺寸"工具条上的相应按钮，标注主视图上水平尺寸、竖直尺寸、圆柱尺寸、圆角和倒角尺寸；单击"注释"工具条上的"表面粗糙度"按钮，标注相关表面的粗糙度，结果如图 8-22 所示。

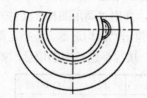

图 8-20　修复俯视图边界

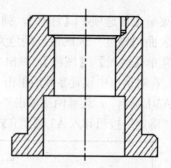

图 8-21　添加全剖的主视图

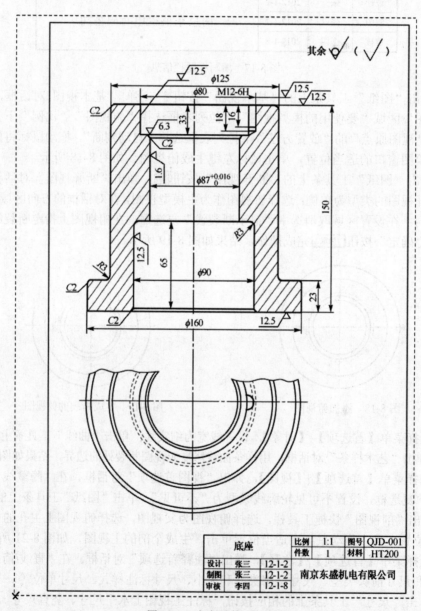

图 8-22　底座零件工程图

4．添加属性

选择菜单【GC 工具箱】|【GC 数据规范】|【属性工具】，弹出"属性工具"对话框，在"属性填写"标签中"Title"列文本框中输入文本"序号"，在"Value"列文本框中用阿拉伯数字输入该零件的序号 001，单击"应用"按钮建立"序号"属性；用同样方法依次建立"名称"、"材料"、"数量"、"备注"属性，如图 8-23 所示，单击"确定"按钮 确定 完成属性设置。

保存已修改的部件文件。

图 8-23 添加属性

8.2.2 螺套 2 设计

1．新建部件文件

新建部件文件 QJD002.prt，单位设置为"毫米"，在模板中选择建模模块。

2．三维建模

（1）单击"特征"工具条上的图标按钮"圆柱" ，弹出"圆柱"对话框，选择"轴、直径和高度"建模方式，ZC 正方向为轴线方向，坐标（0，0，0）为底面圆心位置，输入直径 67，高度 63，单击"确定"按钮 确定 ，生成如图 8-24 所示的圆柱体。

（2）单击"特征"工具条上的图标按钮"凸台" ，弹出"凸台"对话框，选择图 8-24 所示圆柱的顶面作为凸台放置面，在对话框中输入直径 80，高度 22，锥角 0°，单击"确定"按钮 确定 ，弹出"定位"对话框，选择"点落在点上"定位方式，将凸台底面圆心定位在图 8-24 所示圆柱顶面的圆心处，生成如图 8-25 所示的凸台。

（3）单击"特征"工具条上的图标按钮"孔" ，弹出"孔"对话框，在"类型"下拉列表中选择孔的类型为"常规孔"；单击"选择条"上的图标按钮"点构造器" ，选择图 8-25 所示凸台的顶面圆心作为孔的顶面中心位置；在"形状和尺寸"区域的"成形"下拉列表中选择孔的子类型为简单孔；在对话框"形状和尺寸"区域中输入直径 42，深度 100，顶锥角 0°，单击"应用"按钮 应用 ，生成如图 8-26 所示的中心孔。

（4）在"孔"对话框的"类型"下拉列表中选择孔的/类型为"螺纹孔"；单击"选择条"上的图标按钮"点构造器" ，选择图 8-26 所示凸台顶面圆周的象限点作为孔的顶面中心位置；在"孔方向"下拉列表中选择"沿矢量"，用"指定矢量"工具设置–ZC 作为孔的轴线方向；在"形状和尺寸"区域的"螺纹尺寸"区域的"大小"下拉列表中选择"M12×1.75"，螺纹深度 16，螺纹旋向选择"右手"；在"形状和尺寸"区域的"尺寸"区域"深度限制"下拉列表中选择"贯通体"，其他参数和选项默认，单击"确定"按钮 确定 ，生成如图 8-27 所示的半幅螺纹通孔。

图 8-24 创建圆柱体

图 8-25 创建凸台

图 8-26 生成孔

图 8-27 生成螺纹孔

（5）单击"特征"工具条上的图标按钮"倒斜角" ，弹出"倒斜角"对话框，选择图 8-27 所示底面外边缘，在对话框中设置对称型倒斜角，输入距离 2，单击"确定"按钮 确定 ，生成如图 8-28 所示的倒角。

（6）隐藏已生成的螺套实体。

（7）单击"曲线"工具条上的图标按钮"螺旋线" ，弹出"螺旋线"对话框，在对话框中输入圈数 15，螺距 8，半径 20，螺旋方向设置为"右旋"，如图 8-29①所示；单击"点构造器"按钮 点构造器 ，如图 8-29②所示，弹出"点构造器"对话框，输入相对于 WCS 的坐标（0，0，–20），此点作为螺旋线底面圆心位置，单击"确定"按钮 确定 ，如图 8-29③所示；返回"螺旋线"对话框，单击"应用"按钮 应用 ，如图 8-29④所示，生成如图 8-29⑤所示的第一条螺旋线。

图 8-28　倒斜角　　　　　　　　　　　　　　　图 8-29　创建第一条螺旋线

（8）在"螺旋线"对话框中输入圈数 15，螺距 8，半径 25.5，螺旋方向设置为"右旋"；其他参数及点的位置选择同上，单击"确定"按钮 确定 ，生成如图 8-30 所示的第二条螺旋线。

（9）选择菜单【编辑】|【移动对象】，弹出"移动对象"对话框，选择刚创建的两条螺旋线，在对话框中设置变换的运动方式为"距离"，输入距离 4，如图 8-31①所示；单击"矢量构造器"按钮 ，如图 8-31②所示，弹出"矢量构造器"对话框，选择 ZC 为移动方向，单击"确定"按钮 确定 ，返回"移动对象"对话框；设置"结果"选项为"复制原先的"，如图 8-31③所示，单击"确定"按钮 确定 ，生成如图 8-31④所示的两条复制的螺旋线和两条原先的螺旋线。

图 8-30　创建第二条螺旋线　　　　　　　　　　　图 8-31　复制螺旋线

（10）单击"曲线"工具条上的图标按钮"直线" ∕ ，弹出"直线"对话框，用"点构造器"依次捕捉四条螺旋线下端的四个端点，单击"确定"按钮 确定 ，生成如图 8-32 所示的四边形截面曲线。

（11）单击"标准"工具条上的图标按钮"开始" ，在下拉菜单中选择【外观造型设计】，系统进入外观造型设计界面。

（12）单击"曲面"工具条上的图标按钮"扫掠" ，弹出"扫掠"对话框。在对话框的"截面"选项中单击"选择曲线"，如图 8-33①所示，选择图 8-33②所示的四边形截面曲线；在对话框的"引导线"选项中单击"选择曲线"，如图 8-33③所示，选择如图 8-33④、⑤、⑥所示的三根螺旋线作为引导线；截面选项中截面位置设置成"引导线末端"，如图 8-33⑦所示，其他选项默认；单击"确定"按钮 确定 ，生成如图 8-33⑧所示的矩形截面螺旋体。

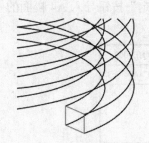
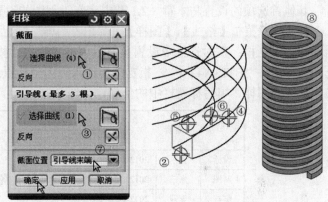

图 8-32　创建四边形截面曲线　　　　　　　图 8-33　创建矩形截面螺旋体

（13）返回建模模块，显示已生成的螺套实体，如图 8-34 所示。

（14）单击"特征"工具条上的图标按钮"求差" ，弹出"求差"对话框。在窗口中选择螺套实体作为目标体，选择矩形截面螺旋体作为工具体，其他选项默认；单击"确定"按钮 确定 ，隐藏无需显示的图线，生成如图 8-35 所示的螺套三维实体。

图 8-34　显示实体　　　　　　　　　　　图 8-35　生成螺套

3. 绘制工程图

（1）单击"标准"工具条上的"开始"按钮 开始▾ ，在打开的下拉菜单中选择【制图】，进入制图模块。

（2）单击"图纸"工具条上的"新建图纸页"按钮 ，弹出"图纸页"对话框。在对话框中"大小"区域选择"标准尺寸"单选框，在"大小"下拉列表框中选择"A4-210×297"，在"比例"下拉列表框中选择"1∶1"，"图纸页名称"默认，"设置"区域"单位"选择"毫米"，"投影"类型选择"第一角投影"，单击"确定"按钮 确定 创建横向放置的 A4 幅面的图纸页。

（3）选择菜单【首选项】|【视图】，弹出"视图首选项"对话框，在"隐藏线"标签中选中"隐藏线"复选框，设置不可见轮廓线为不可见；在"可见线"标签中设置可见轮廓线为实线，线宽为中粗线，颜色为黑色；在"光顺边"标签中取消选中"光顺边"复选框；在"截面线"标签中选中"剖面线"复选框，取消选中"前景"复选框。

（4）选择菜单【首选项】|【截面线】，弹出"截面线首选项"对话框，在"标签"区域取消选中"显示标签"复选框；在"设置"区域"标准"下拉列表框中选择剖切线的类型为"GB 标准"形式 ⊏ ⊐，颜色设置为黑色，剖切线"宽度"下拉列表框中选择粗线；"尺寸"区域设置 A=10，B=20，C=30，D=10，E=3。

其他首选项的设置与本章 8.2.1 节中底座工程图的设置相同，此处不再赘述。

（5）选择菜单【格式】|【图样】，弹出"图样"对话框；单击"调用图样"按钮，弹出"调用图样"对话框；在对话框中设置参数后单击"确定"按钮，弹出"调用图样"文件对话框。选择图样文件"BTL-A4.prt"，指定图样插入点为坐标原点，单击"确定"按钮导入 A4 幅面的横向放置的图样。填写标题栏中的信息，如图 8-36 所示。

螺套			比例	1∶1	图号	QJD-002
			件数	1	材料	ZCuAl10Fe3
设计	张三	2012-1-20		南京东盛机电有限公司		
制图	张三	2012-1-20				
审核	李四	2012-1-25				

图 8-36　填写标题栏信息

（6）单击"图纸"工具条上的"基本视图"按钮 🔲，弹出"基本视图"对话框，在对话框中"模型视图"区域"要使用的模型视图"下拉列表框选择"俯视图"，"比例"下拉列表框选择"1∶1"，"视图原点"的"放置方法"下拉列表框选择"自动判断"，拖动鼠标将俯视图预览图像移动到绘图窗口的适当位置，单击鼠标左键生成工程图中的左视图；选择菜单【插入】|【中心线】|【中心标记】，捕捉左视图中中心孔的圆心，放置中心标记，如图 8-37 所示。

（7）单击"图纸"工具条上的"剖视图"按钮 ⬡，弹出"剖视图"快捷工具栏，选择左视图为父视图，选择左视图上主孔的中心点为剖切线经过的位置，向左拖动鼠标在适当位置单击，生成全剖的主视图，如图 8-38 所示。

（8）单击"图纸"工具条上的"局部放大图"按钮 🔎，弹出"局部放大图"对话框，选择主视图上矩形螺纹牙作为放大对象，画圆指定放大部位，设置放大比例为 2∶1，拖动鼠标在适当位置单击，生成局部放大图，如图 8-39 所示。

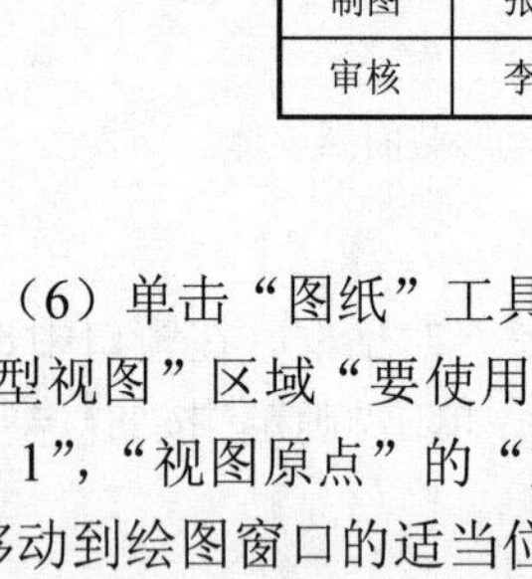

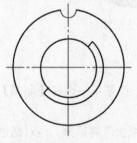
图 8-37　添加左视图

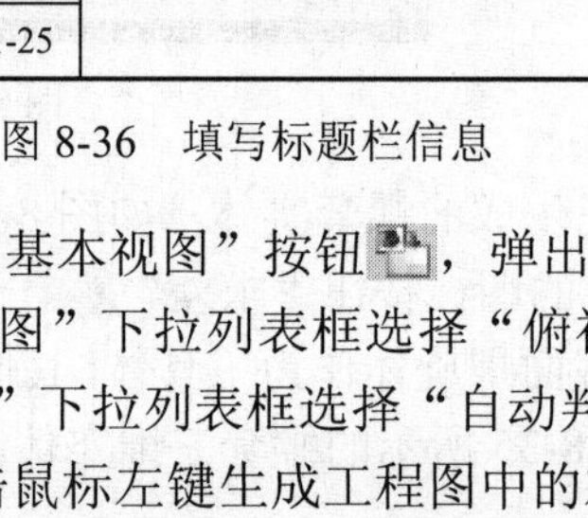

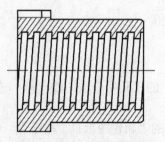
图 8-38　添加全剖的主视图

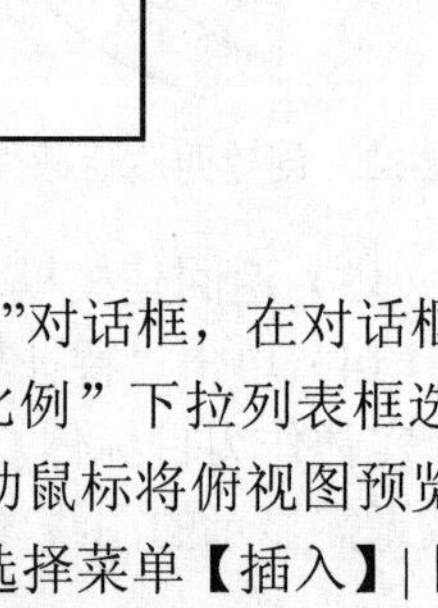

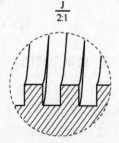
图 8-39　添加局部放大图

（9）选择菜单【首选项】|【注释】，弹出"注释首选项"对话框。在"直线/箭头"标签中设置尺寸线和尺寸箭头类型、尺寸文字类型和大小、尺寸标注样式、尺寸单位等。

（10）单击"尺寸"工具条上的相应按钮，标注水平尺寸、竖直尺寸、圆柱尺寸、圆角和倒角尺寸；单击"注释"工具条上的"表面粗糙度"按钮，标注相关表面的粗糙度，结果如图 8-40 所示。

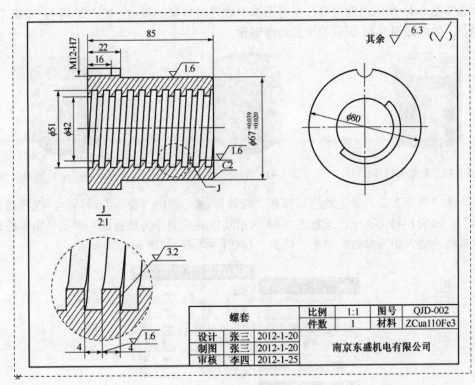

图 8-40　螺套零件工程图

4．添加属性

选择菜单【GC 工具箱】|【GC 数据规范】|【属性工具】，弹出"属性工具"对话框，在"属性填写"标签中"Title"列文本框中分别输入文本"序号"、"名称"、"材料"、"数量"、"备注"，在"Value"列文本框中分别输入对应的属性值 002、螺套、ZCuAl10Fe3、1、QJD-002，如图 8-41 所示，单击对话框中"确定"按钮 确定 完成操作。

保存已修改的部件文件。

8.2.3 紧定螺钉 3 设计

图 8-41　添加螺套属性

1．新建部件文件

新建部件文件 QJD003.prt，单位设置为"毫米"，在模板中选择建模模块。

2．三维建模

（1）单击"特征"工具条上的图标按钮"圆柱" ▣，弹出"圆柱"对话框，选择"轴、直径和高度"建模方式，*ZC* 正方向为轴线方向，坐标（0，0，0）为底面圆心位置，输入直径 12，高度 14，单击"确定"按钮 确定 ，生成如图 8-42 所示的圆柱体。

（2）单击"特征"工具条上的图标按钮"倒斜角" ，弹出"倒斜角"对话框，选择图 8-42 所示底边缘，在对话框中设置对称型倒斜角，输入距离 1.75，单击"应用"按钮 应用 ，生成如图 8-43 所示的底面边缘倒角。

（3）选择图 8-43 所示顶面边缘，在对话框中设置对称型倒斜角，输入距离 1，单击"确定"按钮 确定 ，生成如图 8-44 所示的顶面边缘倒角。

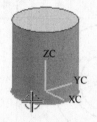　　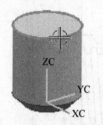　　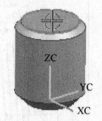

图 8-42　创建圆柱体　　　　　图 8-43　生成底面倒角　　　　　图 8-44　创建顶面倒角

（4）单击"特征"工具条上的图标按钮"腔体" ，弹出"腔体"对话框，选择腔体类型为"矩形"，如图 8-45①所示；选择图 8-44 所示实体的顶面作为放置面，弹出"矩形腔体"参数设置对话框，输入相应参数，单击"确定"按钮 确定 ，如图 8-45②所示。

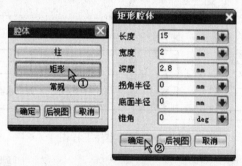

图 8-45　腔体选型与定位方式

系统弹出"定位"对话框，选择定位方式图标"竖直" ，如图 8-46①所示；选择顶面的边缘作为目标边，如图 8-46②所示；在对话框中选择"圆弧中心"选项，如图 8-46③所示；捕捉腔体对称线作为工具边，如图 8-46④所示。

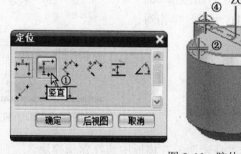　　

图 8-46　腔体定位

在弹出的"创建表达式"对话框中输入距离 0，单击"确定"按钮 确定 ，如图 8-47①所示；返回"定位"对话框，单击"确定"按钮 确定 ，生成如图 8-47②所示的腔体。

图 8-47 创建腔体

（5）单击"特征"工具条上的图标按钮"螺纹"，弹出"螺纹"对话框，螺纹类型选为"符号"，螺旋方向设置为"右旋"；选择图 8-48①所示圆柱面作为螺纹加工面；选择图 8-48②所示顶面作为螺纹起始面，调整螺纹轴线指向；在对话框中输入螺纹长度 16，其他参数和选项默认，单击"确定"按钮，生成如图 8-48③所示的螺纹。

3. 添加属性

选择菜单【GC 工具箱】|【GC 数据规范】|【属性工具】，弹出"属性工具"对话框，在"属性填写"标签中"Title"列文本框中分别输入文本"序号"、"名称"、"材料"、"数量"、"备注"，在"Value"列文本框中分别输入对应的属性值 003、紧定螺钉 3、45、1、GB/T 73—1985 M12×14，单击"确定"按钮建立属性，如图 8-49 所示。

保存已修改的部件文件。

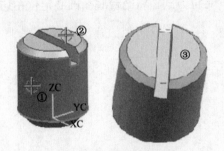

图 8-48 创建螺纹

图 8-49 添加紧定螺钉属性

8.2.4 螺杆 4 设计

1. 新建部件文件

新建部件文件 QJD004.prt，单位设置为"毫米"，在模板中选择建模模块。

2. 三维建模

（1）单击"特征"工具条上的图标按钮"球"，弹出"球"对话框，选择"中心点和直径"建模方式，指定坐标（0，0，0）为球心位置，输入直径 50，单击"确定"按钮，生成如图 8-50 所示的球体。

（2）单击"特征"工具条上的图标按钮"修剪体"，弹出"修剪体"对话框，选择新建的球体作为目标体；在"工具选项"中设置平面类型为"新建平面"，如图 8-51①所示；在指定平面选项中单击图标按钮"完整平面工具" 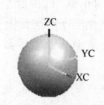，如图 8-51②所示；弹出"平面"对话框，在类型中选择"*XC-YC* 平面"，输入相对于 WCS 坐标系的偏置距离 21，通过对话框中"反向"图标调整要切除部分的方位，如图 8-51③所示；单击"确定"按钮 确定 ，返回"修剪体"对话框，单击"应用"按钮 应用 ，生成图 8-51④所示的切割体。

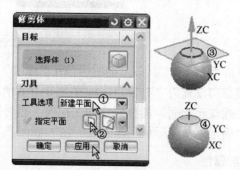

图 8-50　创建球体　　　　　　　　　图 8-51　创建切割体

（3）选择 8.51④所示的切割体作为目标体；切割平面确定方法与上一步相同，在"修剪体"对话框中输入相对于 WCS 坐标系的偏置距离–15，如图 8-52①所示；通过对话框中"反向"图标调整要切除部分的方位，如图 8-52②所示；切割位置和方位如图 8-52③所示；单击"确定"按钮 确定 ，返回"修剪体"对话框，单击"确定"按钮 确定 ，生成图 8-52④所示的切割体。

（4）单击"特征"工具条上的图标按钮"凸台" ，弹出"凸台"对话框，选择图 8-53①所示切割体的底面作为凸台放置面，在对话框中输入直径 36，高度 15，锥角 0°，单击"应用"按钮 应用 ，弹出"定位"对话框，选择"点落在点上"定位方式，将凸台底面圆心定位在切割体底面的圆心处，生成如图 8-53②所示的凸台。

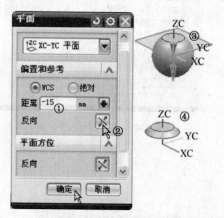

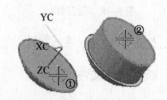

图 8-52　创建切割体　　　　　　　　　图 8-53　创建凸台

（5）再连续重复四次步骤（4），创建另四段凸台，各段参数分别为：直径 41、65、41、50，高度 10、50、10、130；生成如图 8-54 所示的实体。

（6）单击"特征"工具条上的图标按钮"倒斜角" ，弹出"倒斜角"对话框，选择图 8-54所示左端边缘，在对话框中设置对称型倒斜角，输入距离 2，单击"确定"按钮 确定 ，生成如图 8-55 所示的倒角。

（7）单击"实用工具"工具条上的图标按钮"WCS 定向" ，弹出"CSYS"坐标系变换对话框，在"类型"下拉列表中选择"动态"，捕捉最粗段下端面的圆心作为新的工作坐标系原点，如图 8-56 所示。

图 8-54 创建多段凸台

图 8-55 创建倒角

（8）单击"特征"工具条上的图标按钮"孔" ，弹出"孔"对话框，在"类型"下拉列表中选择孔的类型为"常规孔"；设置孔的方向为"沿矢量"，如图 8-57①所示；"指定矢量"区域的下拉列表中选择–XC 作为孔的轴线方向；在对话框中激活"指定点"区域，如图 8-57③，单击"选择条"上的图标按钮"点构造器" ，在弹出的"点构造器"对话框中输入点相对于WCS 的坐标（40，0，25）作为孔的端面中心位置，单击"确定"按钮 返回"孔"对话框；在"形状和尺寸"区域的"成形"下拉列表中选择孔的子类型为简单孔；输入直径 22，深度 80（大于实体厚度，生成通孔），顶锥角 0°，单击"应用"按钮 ，生成如图 8-57④所示的孔。重复以上操作，将孔的轴线方向设置成沿 YC 轴，孔的端面中心位置坐标设置成（0，–40，25），生成如图 8-57⑤所示的正交孔。

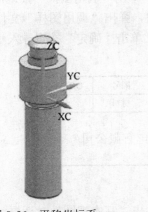

图 8-56 平移坐标系

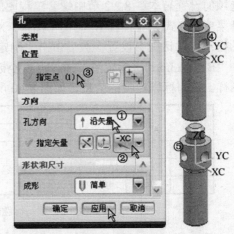

图 8-57 创建孔

（9）隐藏已生成的螺杆实体。

（10）创建螺杆上矩形螺纹。首先创建矩形截面螺旋体，创建方法与 8.2.2 节中步骤（8）～（13）相同，只需将参数设置为：第一根螺旋线圈数 18，螺距 8，半径 20.5，螺旋方向"右手"；第二根螺旋线圈数 18，螺距 8，半径 25.5，螺旋方向"右手"；生成的矩形截面螺旋体如图 8-58所示。

（11）显示已生成的螺杆实体。

（12）单击"特征"工具条上的图标按钮"求差" ，弹出"求差"对话框。在窗口中选择螺杆实体作为目标体，选择矩形截面螺旋体作为工具体，其他选项默认；单击"确定"按钮 ，隐藏多余的图线，生成如图 8-59 所示的螺杆。

图 8-58 创建矩形截面螺旋体

图 8-59 创建矩形螺纹

3．绘制工程图

（1）单击"标准"工具条上的"开始"按钮 ，在打开的下拉菜单中选择【制图】，进入制图模块。

（2）单击"图纸"工具条上的"新建图纸页"按钮 ，弹出"图纸页"对话框。在对话框中"大小"区域选择"标准尺寸"单选框，在"大小"下拉列表框中选择"A3-297×420"，在"比例"下拉列表框中选择"1∶1"，"图纸页名称"默认，"设置"区域"单位"选择"毫米"，"投影"类型选择"第一角投影"，单击"确定"按钮 创建横向放置的 A3 幅面的图纸页。

（3）选择菜单【首选项】|【视图标签】，弹出"视图标签首选项"对话框。对类型中"剖视图"及"其他"两种类型的视图取消选中"视图标签"和"视图比例"复选框；对类型中"局部放大图"选中"视图标签"和"视图比例"复选框，删除标签的前缀，其他选项默认。

其他首选项的设置与本章 8.2.2 节中螺套工程图的设置相同。

（4）选择菜单【格式】|【图样】，弹出"图样"对话框；单击"调用图样"按钮，弹出"调用图样"对话框；在对话框中设置参数后单击"确定"按钮，弹出"调用图样"文件对话框。选择图样文件"BTL-A3.prt"，指定图样插入点为坐标原点，单击"确定"按钮导入 A3 幅面的横向放置的图样。填写标题栏中的信息，如图 8-60 所示。

螺杆			比例	1∶1	图号	QJD-004
			件数	1	材料	45
设计	张三	2010-1-20	南京东盛机电有限公司			
制图	张三	2010-1-20				
审核	李四	2010-1-25				

图 8-60 填写标题栏信息

（5）单击"图纸"工具条上的"基本视图"按钮 ，弹出"基本视图"对话框，在对话框中"模型视图"区域"要使用的模型视图"下拉列表框选择"俯视图"，"比例"下拉列表框选择"1∶1"，"视图原点"的"放置方法"下拉列表框选择"自动判断"，拖动鼠标将该视图预览图像移动到绘图窗口的右侧左视图的位置，单击鼠标左键生成工程图中的左视图，如图 8-61 所示；向左拖动鼠标至适当位置单击鼠标左键，生成工程图中的主视图，如图 8-62 所示；删除左视图，调整主视图的位置。

（6）单击"图纸"工具条上的"剖视图"按钮 ，弹出"剖视图"快捷工具栏，选择主视图为父视图，选择图上孔的中心点为剖切线经过的位置，向左拖动鼠标在适当位置单击，生成全剖的断面图，如图 8-63 所示。

（7）选择主视图的边框，单击鼠标右键，在弹出的快捷菜单中选择"扩展"；单击"曲线"工具条上的"艺术样条"按钮，弹出"艺术样条"对话框，绘制样条曲线作为断裂线，将主视图上要剖开的矩形螺纹部位包围起来；选择主视图的边框，单击鼠标右键，在弹出的快捷菜单中取消"扩展"。

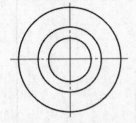

图 8-61 添加左视图

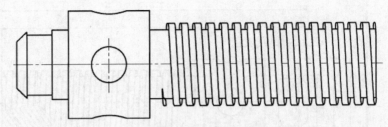

图 8-62 添加主视图

（8）单击"图纸"工具条上的"局部剖视图"按钮 ，弹出"局部剖视图"对话框，选择主视图作为要剖切的视图；断面视图上选择圆心作为剖切平面经过的位置，在断面图上定义剖切的撕扯方向向左（相当于主视图上向外）；选择断裂线，单击对话框中的"应用"按钮 应用 完成操作，生成局部剖视图如图 8-64 所示。

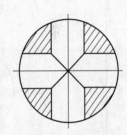

图 8-63 添加断面图

（9）单击"图纸"工具条上的"局部放大图"按钮 ，弹出"局部放大图"对话框，选择主视图上剖开的矩形螺纹牙作为放大对象，画圆指定放大部位，设置放大比例为 5∶1，拖动鼠标在适当位置单击，生成局部放大图；选择局部放大图，在右键快捷菜单中选择【转换为独立的局部放大图】，使局部放大图成为独立视图；单击"制图编辑"工具条上的"视图相关编辑"按钮 ，弹出"视图相关编辑"对话框，选择局部放大图作为要编辑的视图，在"添加编辑"区域单击"擦除对象"按钮，选择局部放大图上剖开的矩形螺纹牙背后的轮廓线予以擦除，结果如图 8-65 所示。

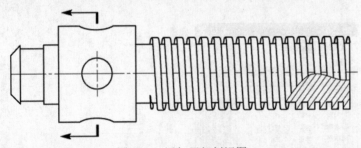

图 8-64 添加局部剖视图

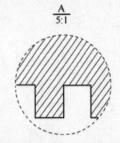

图 8-65 添加局部放大图

（10）选择菜单【首选项】|【注释】，弹出"注释首选项"对话框。在"直线/箭头"标签中设置尺寸线和尺寸箭头类型、尺寸文字类型和大小、尺寸标注样式、尺寸单位等。

（11）单击"尺寸"工具条上的相应按钮，标注水平尺寸、竖直尺寸、圆柱尺寸、圆角和倒角尺寸；单击"注释"工具条上的"表面粗糙度"按钮，标注相关表面的粗糙度，结果如图 8-66 所示。

4．添加属性

选择菜单【GC 工具箱】|【GC 数据规范】|【属性工具】，弹出"属性工具"对话框，在"属性填写"标签中"Title"列文本框中分别输入文本"序号"、"名称"、"材料"、"数量"、"备注"，在"Value"列文本框中分别输入对应的属性值 004、螺杆、45、1、QJD-004，单击"确定"按钮 确定 建立属性，如图 8-67 所示。

保存已修改的部件文件。

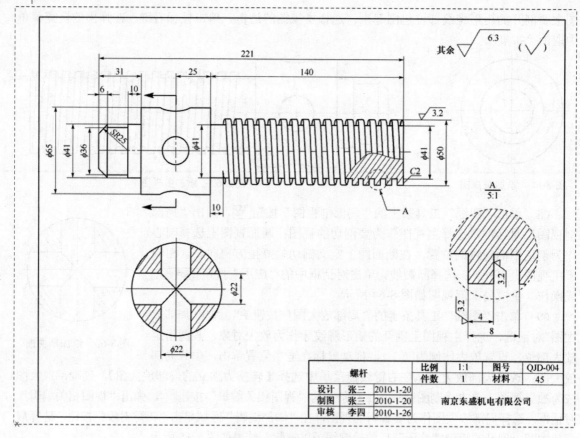

图 8-66　螺杆零件工程图

图 8-67　添加螺杆属性

8.2.5　绞杠 5 设计

1．新建部件文件

新建部件文件 QJD005.prt，单位设置为"毫米"，在模板中选择建模模块。

2．三维建模

（1）单击"特征"工具条上的图标按钮"圆柱" ，弹出"圆柱"对话框，选择"轴、直径和高度"建模方式,*XC* 轴正方向为轴线方向,坐标(0,0,0)为底面圆心位置,输入直径 20,高度 300,单击"确定"按钮 ,生成如图 8-68 所示的圆柱体。

(2)单击"特征"工具条上的图标按钮"倒斜角" ,弹出"倒斜角"对话框,选择图 8-68 所示圆柱体的两端边缘,在对话框中设置对称型倒斜角,输入距离 2,单击"确定"按钮 , 生成如图 8-69 所示的倒角。

图 8-68 创建圆柱体   图 8-69 创建倒角

3. 绘制工程图

(1)单击"标准"工具条上的"开始"按钮 开始▼,在打开的下拉菜单中选择【制图】进入制图模块;单击"图纸"工具条上的"新建图纸页"按钮 ,弹出"图纸页"对话框,在对话框中选择"标准尺寸""A4-210×297","比例"选择"1:1","单位"选择"毫米","投影"类型选择"第一角投影",创建横向放置的 A4 幅面的图纸页。

(2)选择菜单【首选项】|【视图标签】,弹出"视图标签首选项"对话框。对类型中所有类型的视图取消选中"视图标签"和"视图比例"复选框。

其他首选项的设置与本章 8.2.2 节中螺套工程图的设置相同。

(3)选择菜单【格式】|【图样】,弹出"图样"对话框;单击"调用图样"按钮,弹出"调用图样"对话框;在对话框中设置参数后单击"确定"按钮,弹出"调用图样"文件对话框。选择图样文件"BTL-A4.prt",指定图样插入点为坐标原点,单击"确定"按钮导入 A4 幅面的横向放置的图样。填写标题栏中的信息,如图 8-70 所示。

绞杠			比例	1:1	图号	QJD-005
			件数	1	材料	Q235A
设计	张三	2012-1-20	南京东盛机电有限公司			
制图	张三	2012-1-20				
审核	李四	2012-1-25				

图 8-70 填写标题栏信息

(4)单击"图纸"工具条上的"基本视图"按钮 ,弹出"基本视图"对话框,在对话框中"模型视图"区域"要使用的模型视图"下拉列表框选择"俯视图","比例"下拉列表框选择"1:1","视图原点"的"放置方法"下拉列表框选择"自动判断",拖动鼠标将该视图预览图像移动到绘图窗口的适当位置,单击鼠标左键生成工程图中的主视图。

(5)单击"图纸"工具条上的"断开视图"按钮 ,弹出"断开视图"对话框,在类型区域选择断开视图的类型为"常规"类型;捕捉现有的主视图作为主模型视图,在对话框的方向区域用矢量构造器指定轴线方向作为断裂方向;视图上指定左侧断裂线位置,通过输入偏置数值微调断裂线位置;再指定右侧断裂线位置;在对话框"设置"区域设置两条断裂线之间的间隔、断裂线的线型、断裂线弯曲的幅度、断裂线两端向轮廓线外延伸的距离为零、断裂线颜色

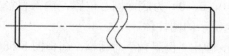

图 8-71 添加断裂的主视图

和线宽等；单击对话框中的"确定"按钮 确定 完成操作；选择菜单【插入】|【中心线】|【2D 中心线】，捕捉主视图两端的轮廓线，添加中心线，结果如图 8-71 所示。

（6）选择菜单【首选项】|【注释】，弹出"注释首选项"对话框。在"直线/箭头"标签中设置尺寸线和尺寸箭头类型、尺寸文字类型和大小、尺寸标注样式、尺寸单位等。

（7）单击"尺寸"工具条上的相应按钮，标注水平尺寸、圆柱尺寸和倒角尺寸；单击"注释"工具条上的"表面粗糙度"按钮，标注相关表面的粗糙度，结果如图 8-72 所示。

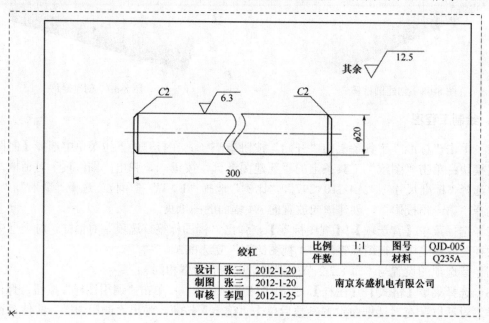

图 8-72 绞杠零件工程图

4．添加属性

选择菜单【GC 工具箱】|【GC 数据规范】|【属性工具】，弹出"属性工具"对话框，在"属性填写"标签中"Title"列文本框中分别输入文本"序号"、"名称"、"材料"、"数量"、"备注"，在"Value"列文本框中分别输入对应的属性值 005、绞杠、Q235A、1、QJD-005，单击"确定"按钮 确定 建立属性，如图 8-73 所示。

保存已修改的部件文件。

图 8-73 添加绞杠属性

8.2.6 压盖 6 设计

1．新建部件文件

新建部件文件 QJD006.prt，单位设置为"毫米"，在模板中选择建模模块。

2．三维建模

（1）单击"特征"工具条上的图标按钮"圆柱" ，弹出"圆柱"对话框，选择"轴、直径和高度"建模方式，*ZC* 正方向为轴线方向，坐标（0，0，0）为底面圆心位置，输入直径 65，高度 44，单击"确定"按钮 确定 ，生成如图 8-74 所示的圆柱体。

（2）单击"特征"工具条上的图标按钮"倒斜角" ，弹出"倒斜角"对话框，选择图 8-74 所示上底边缘，在对话框中设置非对称型倒斜角，距离 1 输入 10，距离 2 输入 14.5，利用"反向"图标按钮 设置倒角的方向，单击"确定"按钮 确定 ，生成如图 8-75 所示的倒角。

（3）隐藏已生成的压盖实体。

（4）单击"特征"工具条上的图标按钮"球" ，弹出"球"对话框，选择"中心点和直径"建模方式，指定坐标（0，0，5）为球心位置，输入直径 50，单击"确定"按钮 确定 ，生成如图 8-76 所示的球体。

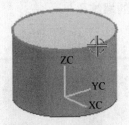
图 8-74 创建圆柱体

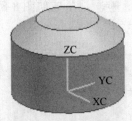
图 8-75 创建倒角

图 8-76 创建球体

（5）单击"特征"工具条上的图标按钮"修剪体" ，弹出"修剪体"对话框，选择新建的球体作为目标体；在工具选项中设置平面类型为"新建平面"，如图 8-77①所示；在指定平面选项中单击图标按钮"完整平面工具" ，如图 8-77②所示；弹出"平面"对话框，在类型中选择"*XC–YC* 平面"，输入相对于 WCS 坐标系的偏置距离 0，用"反向"图标切换切割平面法线的方位，如图 8-77③所示；单击"确定"按钮 确定 ，返回"修剪体"对话框，单击"确定"按钮 确定 ，生成图 8-77④所示的切割体。

（6）单击"特征"工具条上的图标按钮"圆柱" ，弹出"圆柱"对话框，选择"轴、直径和高度"建模方式，*ZC* 正方向为轴线方向，坐标（0，0，0）为底面圆心位置，输入直径 42，高度 35，单击"确定"按钮 确定 ，生成如图 8-78 所示的圆柱体。

图 8-77 创建球形切割体

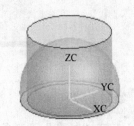
图 8-78 创建圆柱体

（7）单击"特征"工具条上的图标按钮"求交" ，弹出"求交"对话框。在窗口中选择圆柱体作为目标体，选择球形切割体作为工具体，其他选项默认；单击"确定"按钮 确定 ，生成如图 8-79 所示的交运算实体。

（8）显示已生成的压盖实体，如图 8-80 所示。

（9）单击"特征"工具条上的图标按钮"求差" ，弹出"求差"对话框。在窗口中选择压盖实体作为目标体，选择交运算实体作为工具体，其他选项默认；单击"确定"按钮 确定 ，生成如图 8-81 所示的空心压盖。

（10）单击"特征"工具条上的图标按钮"孔" ，弹出"孔"对话框，在"类型"下拉列表中选择孔的类型为"螺纹孔"；设置孔的方向为"沿矢量"，如图 8-82①所示；在"指定矢量"选项中选择–*XC* 作为孔的轴线方向；激活"指定点"区域，如图 8-82③所示，单击"选择条"上的图标按钮"点构造器" ，在弹出的"点构造器"对话框中输入点相对于 WCS 的坐标（35，0，10）作为孔的开口中心位置；在"形状和尺寸"区域的"尺寸"区域输入深度 35（大于实体厚度但不能穿入另一侧壁，生成通孔），顶锥角 0°；在"形状和尺寸"区域的"螺纹尺寸"区域的"大小"下拉列表中选择"M12×1.75"，螺纹旋向选择"右手"，"深度类型"选择"完整"；单击"确定"按钮 确定 ，生成如图 8-82④所示的螺纹孔。

图 8-79　创建交运算体

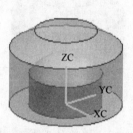

图 8-80　显示压盖实体

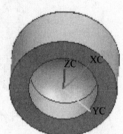

图 8-81　创建空心压盖

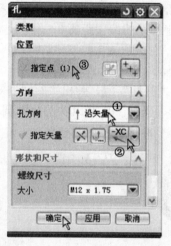

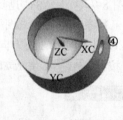

图 8-82　创建螺纹孔

3. 绘制工程图

（1）单击"标准"工具条上的"开始"按钮 开始▼ ，在打开的下拉菜单中选择【制图】进入制图模块。

（2）单击"图纸"工具条上的"新建图纸页"按钮 ，弹出"图纸页"对话框。在对话框中"大小"区域选择"标准尺寸"单选框，在"大小"下拉列表框中选择"A4-210×297"，在"比例"下拉列表框中选择"1：1"，"图纸页名称"默认，"设置"区域"单位"选择"毫米"，"投影"类型选择"第一角投影"，单击"确定"按钮 确定 创建横向放置的 A4 幅面的图纸页。

（3）选择菜单【首选项】|【视图标签】，在弹出的对话框中做相应的设置，设置方法同本章 8.2.2 节螺套零件工程图的设置。

（4）选择菜单【格式】|【图样】，弹出"图样"对话框；单击"调用图样"按钮，弹出"调用图样"对话框；在对话框中设置参数后单击"确定"按钮，弹出"调用图样"文件对话框。选择图样文件"BTL-A4.prt"，指定图样插入点为坐标原点，单击"确定"按钮导入 A4 幅面横向放置的图样。填写标题栏中的信息，如图 8-83 所示。

压盖			比例	1：1	图号	QJD-006
			件数	1	材料	45
设计	张三	2012-1-20	南京东盛机电有限公司			
制图	张三	2012-1-20				
审核	李四	2012-1-25				

图 8-83 填写标题栏信息

（5）单击"图纸"工具条上的"基本视图"按钮，弹出"基本视图"对话框，在对话框中"模型视图"区域"要使用的模型视图"下拉列表框选择"俯视图"，"比例"下拉列表框选择"1：1"，"视图原点"的"放置方法"下拉列表框选择"自动判断"，拖动鼠标将俯视图预览图像移动到绘图窗口的适当位置，单击鼠标左键生成俯视图，如图 8-84 所示；向上拖动鼠标将视图预览图像移动到绘图窗口主视图的位置，单击鼠标左键生成主视图，如图 8-85 所示。

（6）选择主视图的边框，单击鼠标右键，在弹出的快捷菜单中选择"扩展"；单击"曲线"工具条上的"艺术样条"按钮，弹出"艺术样条"对话框，绘制样条曲线作为断裂线，将主视图全部包围起来；选择主视图的边框，单击鼠标右键，在弹出的快捷菜单中取消"扩展"，如图 8-86 所示。

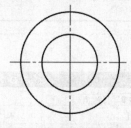

图 8-84 添加俯视图

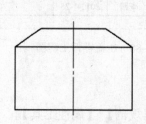

图 8-85 添加主视图

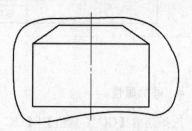

图 8-86 绘制断裂线

（7）单击"图纸"工具条上的"局部剖视图"按钮，弹出"局部剖视图"对话框，选择主视图作为要剖切的视图；俯视图上选择圆心作为剖切平面经过的位置，在俯视图上定义剖切的撕扯方向向下（相当于主视图上向外）；选择样条曲线作为断裂线，单击对话框中的"应用"按钮完成操作，生成主视图全范围的局部剖视图，如图 8-87 所示。

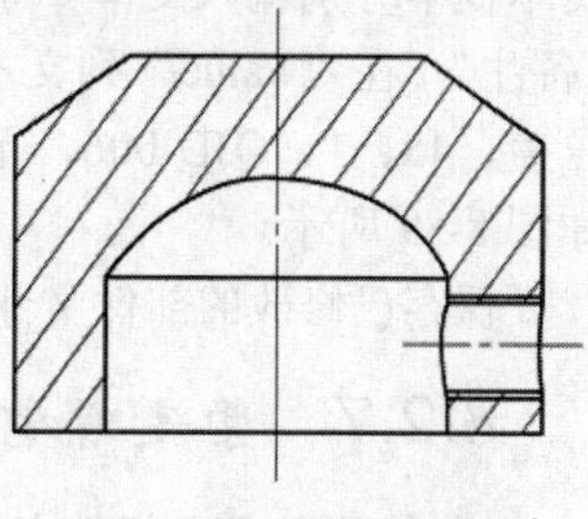

（8）删除俯视图，将主视图移动到图面的中央。

（9）选择菜单【首选项】|【注释】，弹出"注释首选项"对话框。在"直线/箭头"标签中设置尺寸线和尺寸箭头类型、尺寸文字类型和大小、尺寸标注样式、尺寸单位等。

图 8-87 剖切主视图

（10）单击"尺寸"工具条上的相应按钮，标注水平尺寸、竖直尺寸、圆柱尺寸、圆角和倒角尺寸；单击"注释"工具条上的"表面粗糙度"按钮，标注相关表面的粗糙度，结果如图 8-88 所示。

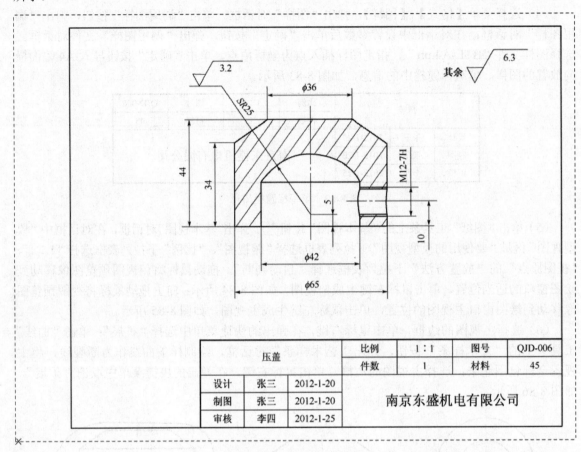

图 8-88　压盖零件工程图

4．添加属性

选择菜单【GC 工具箱】|【GC 数据规范】|【属性工具】，弹出"属性工具"对话框，在"属性填写"标签中"Title"列文本框中分别输入文本"序号"、"名称"、"材料"、"数量"、"备注"，在"Value"列文本框中分别输入对应的属性值 006、压盖、45、1、QJD-006，单击"确定"按钮 确定 建立属性，如图 8-89 所示。

保存已修改的部件文件。

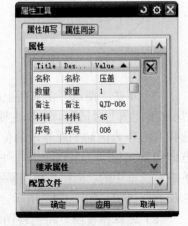

图 8-89　添加压盖属性

8.2.7　紧定螺钉 7 设计

1．打开并另存部件文件

打开部件文件 QJD003.prt。选择菜单【文件】|【另存为】，弹出"另存为"对话框，在同一文件目录下另存为文件名 QJD007.prt，单击"OK"按钮，建立螺钉 7 的部件文件。

2. 编辑与建模

（1）在部件导航器中选择圆柱并单击鼠标右键，在弹出的快捷菜单中选择【编辑参数】，如图 8-90 所示。在弹出的"圆柱"编辑参数对话框中将圆柱高度由 14 改为 7.7，单击"确定"按钮 确定 ，生成如图 8-91 所示的实体。

（2）单击"特征"工具条上的图标按钮"凸台" ，弹出"凸台"对话框，选择图 8-91 所示实体的底面作为凸台放置面，在对话框中输入直径 8.5，高度 6.3，锥角 0°，单击"确定"按钮 确定 ，弹出"定位"对话框，选择"点落在点上"定位方式，将凸台底面圆心定位在图 8-91 所示实体底面的圆心处，生成如图 8-92 所示的凸台。

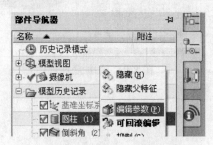

图 8-90　部件导航器快捷菜单　　　图 8-91　编辑后的实体　　　图 8-92　创建凸台

3. 添加属性

选择菜单【GC 工具箱】|【GC 数据规范】|【属性工具】，弹出"属性工具"对话框，在"属性填写"标签中"Title"列文本框中分别输入文本"序号"、"名称"、"材料"、"数量"、"备注"，在"Value"列文本框中分别输入对应的属性值 007、紧定螺钉 7、45、1、GB/T75—1985 M12×14，单击"确定"按钮 确定 建立属性，如图 8-93 所示。

保存已修改的部件文件。

图 8-93　添加紧定螺钉属性

8.3　千斤顶装配设计

本节将介绍采用自底向上的方法创建螺旋千斤顶装配模型的操作过程。首先新建部件文件 QJD000.prt，单位设置为"毫米"，在模板中选择装配模块。

8.3.1 导入底座 1

单击"装配"工具条上的图标按钮"添加组件" 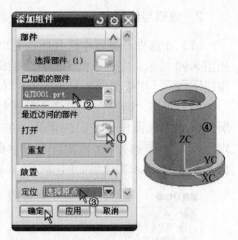，弹出"添加组件"对话框，在对话框的"打开"选项中单击图标按钮"打开" ，如图 8-94①所示；查找到底座的部件文件 QJD001.prt，将其导入到"已加载的部件"列表框中，选中该部件，如图 8-94②所示；"定位"选项设置成"选择原点"，如图 8-94③所示；其他选项用默认设置，单击"确定"按钮 确定 ，弹出"点构造器"，输入相对于 WCS 的坐标（0，0，0），将底座底面圆心定位在工作坐标系的原点处，添加结果如图 8-94④所示。

图 8-94　添加底座部件

由于底座的位置及放置方式直接影响整个装置的位置及放置方式，对工程图的绘制也会有直接的影响，因此，底座导入时必须准确定位。

8.3.2 安装螺套 2

1．添加螺套

单击"装配"工具条上的图标按钮"添加组件" ，弹出"添加组件"对话框，在对话框中导入螺套部件文件 QJD002.prt；其他选项同上，单击"确定"按钮 确定 ，弹出"点构造器"，用鼠标在窗口中空白处单击，将螺套底面圆心暂时定位在该点处，添加结果如图 8-95 所示。

2．建立装配关系

（1）单击"装配"工具条上的图标按钮"装配约束" ，弹出"装配约束"对话框；选择装配类型为"接触对齐"，如图 8-96①所示；在"要约束的几何体"|"方位"选项中选择"接触"，如图 8-96②所示；选择螺套外部的台阶平面作为装配件的接触面，如图 8-96③所示；选择底座内孔台阶的环形平面作为基准件的接触面，如图 8-96④所示；捕捉螺套台阶边缘的圆心，如图 8-96⑤所示；捕捉底座内台阶的环形平面边缘的圆心，如图 8-96⑥所示；单击"应用"按钮 应用 ，则两部件的位置关系如图 8-97 所示，所选的两表面处于同一平面，且外法线方向相反，所选两点重合。

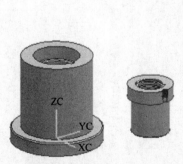

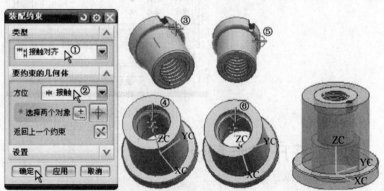

图 8-95　添加螺套部件　　　图 8-96　建立接触装配关系　　　图 8-97　接触装配结果

（2）在"装配约束"对话框中选择装配类型为"同心"，捕捉螺套上 M12 螺纹孔的上边缘半圆弧的圆心作为装配件的同心基点，如图 8-98①所示；捕捉底座上 M12 螺纹孔的上边缘半圆弧的圆心作为基准件的同心基点，如图 8-98②所示；单击"确定"按钮 [确定]，则两部件上 M12 的螺纹孔保持同心位置关系。

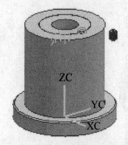

图 8-98　同心装配关系

8.3.3　安装紧定螺钉 3

1. 添加紧定螺钉 3

单击"装配"工具条上的图标按钮"添加组件" ，弹出"添加组件"对话框，在对话框中导入紧定螺钉 3 部件文件 QJD003.prt；其他选项同上，单击"确定"按钮 [确定]，弹出"点构造器"，用鼠标在窗口中空白处单击，将螺钉 3 底面圆心暂时定位在该点处，添加结果如图 8-99 所示。

2. 建立装配关系

（1）在装配导航器中去掉螺套部件名 QJD002 前面的对钩，将其隐藏。

（2）单击"装配"工具条上的图标按钮"装配约束" ，弹出"装配约束"对话框；选择装配类型为"接触对齐"；在"要约束的几何体"|"方位"选项中选择"对齐"；选择螺钉的顶面作为装配件的对齐平面，如图 8-100①所示；选择底座顶面作为基准件的对齐平面，如图 8-100②所示；捕捉螺钉顶面边缘的圆心，如图 8-100③所示；捕捉底座上 M12 螺纹孔的上边缘半圆弧的圆心，如图 8-100④所示；单击"确定"按钮 [确定]，则两部件的位置关系如图 8-100⑤所示，所选的两表面处于同一平面，且外法线方向相同，所选两点重合。

（3）显示隐藏的部件，装配结果如图 8-101 所示。

图 8-99　添加螺钉 3 部件

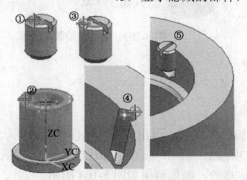

图 8-100　建立对齐装配关系

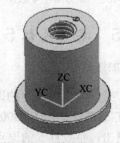

图 8-101　装配螺钉 3 部件

⚠ 建立装配关系时，已建立的装配关系不能处于抑制状态，否则会影响后续装配关系的正常建立。

8.3.4　安装螺杆 4

1. 添加螺杆 4

单击"装配"工具条上的图标按钮"添加组件" ，弹出"添加组件"对话框，在对话框中导入螺杆 4 部件文件 QJD004.prt；其他选项同上，单击"确定"按钮 [确定]，用鼠标在窗口中空白处单击，将螺杆 4 的原点暂时定位在该点处，添加结果如图 8-102 所示。

2．建立装配关系

（1）隐藏底座与紧定螺钉 3。

（2）单击"装配"工具条上的图标按钮"装配约束" ，弹出"装配约束"对话框；选择装配类型为"接触对齐"，在"要约束的几何体"|"方位"下拉列表中选择"自动判断中心/轴"，选择螺杆上任一段圆柱面的轴线作为装配件同轴的几何对象，如图 8-103①所示；选择螺套上任一段圆柱面的轴线作为基准件同轴的几何对象，如图 8-103②所示；单击"确定"按钮 确定 ，则螺杆与螺套处于同轴的位置关系。

（3）在对话框中选择装配类型为"距离"，捕捉螺杆下端面作为装配件测量距离的几何对象，如图 8-103③所示；捕捉螺套下底面作为基准件测量距离的几何对象，如图 8-103④所示；输入两者之间的距离以控制两个零件之间的轴向位置，单击"确定"按钮 确定 。

（4）在装配导航器中删除刚建立的距离约束。

显示被隐藏的部件，结果如图 8-103⑤所示。

图 8-102　添加螺杆 4 部件

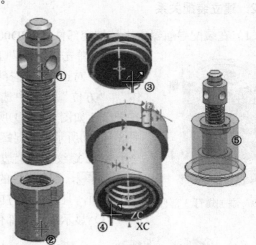

图 8-103　建立同轴装配关系

8.3.5　安装绞杠 5

1．添加绞杠 5

单击"装配"工具条上的图标按钮"添加组件" ，弹出"添加组件"对话框，在对话框中导入绞杠 5 部件文件 QJD005.prt；其他选项同上，单击"确定"按钮 确定 ，用鼠标在窗口中空白处单击，将绞杠 5 的原点暂时定位在该点处，添加结果如图 8-104 所示。

2．建立装配关系

单击"装配"工具条上的图标按钮"装配约束" ，弹出"装配约束"对话框；选择装配类型为"接触对齐"，在"要约束的几何体"|"方位"下拉列表中选择"自动判断中心/轴"，捕捉绞杠的轴线作为装配件中心线对齐的几何对象，如图 8-105①所示；选择螺杆上水平孔的轴线作为基准件中心线对齐的几何对象，如图 8-105②所示，则所选的两轴线处于共线状态；单击对话框中的"点构造器"图标 ，在弹出的"点构造器"对话框中选择"两点之间"捕捉方式，"位置百分比"为 50，分别捕捉绞杠两端边缘的圆心，将其连线的中点作为装配件测量距离的基点，如图 8-105③、④所示；用同样方法捕捉图 8-105⑤、⑥所示两圆心，将其连线的中点作为

基准件测量距离的基点；在"装配约束"对话框中输入距离 0，单击"确定"按钮 确定 ，则所选的两点位置重合，装配结果如图 8-105⑦所示。

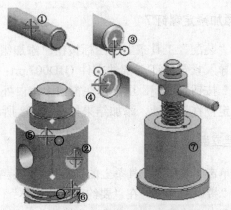

图 8-104 添加绞杠 5 部件   图 8-105 建立同轴装配关系

8.3.6 安装压盖 6

1. 添加压盖 6

单击"装配"工具条上的图标按钮"添加组件" ，弹出"添加组件"对话框，在对话框中导入压盖 6 部件文件 QJD006.prt；其他选项同上，单击"确定"按钮 确定 ，用鼠标在窗口中空白处单击，将压盖 6 的原点暂时定位在该点处，添加结果如图 8-106 所示。

2. 建立装配关系

（1）单击"装配"工具条上的图标按钮"装配约束" ，弹出"装配约束"对话框；选择装配类型为"接触对齐"，在"要约束的几何体"|"方位"中选择"接触"；捕捉压盖上 $SR25$ 的球面作为装配件接触面，如图 8-107①所示；选择螺杆上 $SR25$ 的球面作为基准件的接触面，如图 8-107②所示；单击"应用"按钮 应用 ，则两部件上 $SR25$ 的球面保持接触关系。

（2）在"装配约束"对话框中选择装配类型为"接触对齐"，在"要约束的几何体"|"方位"下拉列表中选择"自动判断中心/轴"，捕捉压盖的竖直轴线作为装配件中心线同轴的几何对象，如图 8-107③所示；捕捉螺杆的轴线作为基准件中心线同轴的几何对象，如图 8-107④所示；单击"确定"按钮 确定 ，则所选的两轴线处于共线状态，装配结果如图 8-107⑤所示。

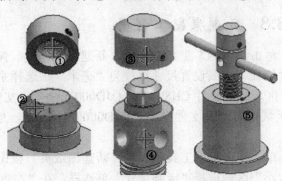

图 8-106 添加压盖 6 部件   图 8-107 建立接触与同轴装配关系

8.3.7 安装紧定螺钉 7

1. 添加紧定螺钉 7

单击"装配"工具条上的图标按钮"添加组件" ，在弹出的
对话框中导入紧定螺钉 7 部件文件 QJD007.prt；其他选项同上，单
击"确定"按钮 确定 ，用鼠标在窗口中空白处单击，将螺钉 7 的
原点暂时定位在该点处，添加结果如图 8-108 所示。

2. 建立装配关系

（1）单击"装配"工具条上的图标按钮"装配约束" ，弹出"装配约束"对话框；选择装
配类型为"接触对齐"，在"要约束的几何体"|"方位"下拉列表中选择"自动判断中心/轴"，
捕捉螺钉 7 中心线的上端，将此中心线作为装配件中心线对齐的几何对象，如图 8-109①所示；捕
捉压盖上螺纹孔中心线的外端，将此中心线作为基准件中心线对齐的几何对象，如图 8-109②所示；
单击"应用"按钮 应用 ，则所选的两轴线处于共线状态，装配结果如图 8-109③所示。

（2）在"装配约束"对话框中选择"距离"装配类型，捕捉螺钉 7 端面圆心作为装配件测
量距离的基点，如图 8-109④所示；捕捉螺杆凹槽圆柱面作为基准件测量距离的基准，如图 8-109
⑤所示；在对话框中输入距离 0；单击"确定"按钮 确定 ，则螺钉 7 端面与螺杆上凹槽的圆柱
面相切，如图 8-109⑥所示。

显示所有部件，最终的装配结果如图 8-110 所示。

图 8-108 添加螺钉 7 部件

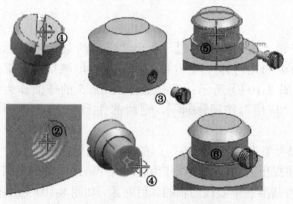

图 8-109 建立同轴与距离装配关系

图 8-110 千斤顶装配体

8.3.8 绘制装配工程图

（1）单击"标准"工具条上的"新建"按钮 ，弹出"新建"对话框，选择"图纸"标
签，在"模板"区域设置尺寸单位为"毫米"，选择系统提供的空白图纸；在"要创建图纸
的部件"区域打开文件 CH8\CZSL\QJD000.prt，在"文件夹"区域指定图纸文件存放的目录；
在名称区域指定图纸文件名称"QJD000_dwg.prt"，单击"确定"按钮 确定 进入制图工作
界面。

（2）单击"图纸"工具条上的"新建图纸页"按钮 ，弹出"图纸页"对话框。在对话
框中"大小"区域选择"定制尺寸"单选框，在"高度"文本框中输入 841，"长度"文本框
中输入 594，在"比例"下拉列表框中选择"1:1"，"图纸页名称"默认，"设置"区域"单

位"选择"毫米","投影"类型选择"第一角投影",单击"确定"按钮 确定 创建立向放置的 A1 幅面的图纸页。

（3）选择菜单【首选项】|【视图】,弹出"视图首选项"对话框,在"隐藏线"标签中选中"隐藏线"复选框,线型设置成"不可见";在"可见线"标签中设置可见轮廓线为实线,线宽为中粗线,颜色为黑色;在"光顺边"标签中取消选中"光顺边"复选框;为了使装配剖视图中相邻零件的剖面线方向相反,在"截面线"标签中选中"装配剖面线"复选框,其他标签及选项默认,单击"确定"按钮 确定 。

（4）选择菜单【首选项】|【视图标签】、【栅格和工作平面】、【截面线】、【制图】、【注释】,在弹出的对话框中做相应的设置,设置方法同本章 8.2.2 节螺套零件工程图的设置。

（5）选择菜单【格式】|【图样】,弹出"图样"对话框;单击"调用图样"按钮,弹出"调用图样"对话框;在对话框中设置参数后单击"确定"按钮,弹出"调用图样"文件对话框。选择图样文件"BTL-A1(Li).prt",指定图样插入点为坐标原点,导入 A1 幅面的立向放置的图样。填写标题栏中的信息,如图 8-111 所示。

（6）单击"图纸"工具条上的"基本视图"按钮 ,弹出"基本视图"对话框,选择"俯视图","比例"选择"1:1","放置方法"选择"自动判断",拖动鼠标将俯视图预览图像移动到绘图窗口的适当位置放置生成俯视图,如图 8-112 所示。

标记	处数	分区	更改	签名	年月日			南京东盛机电有限公司	
设计	签名	年月日	标准化	签名	年月日	重量	比例	螺旋千斤顶	
张三									
审核	李四						1:1	QJD000	
工艺		批准				共6张	第1张		

图 8-111 填写标题栏信息

（7）单击"图纸"工具条上的"剖视图"按钮 ,弹出"剖视图"快捷工具栏,选择俯视图为父视图,在"剖视图"快捷工具条上单击"设置"区域的"非剖切组件/实体"按钮 ,弹出"类选择"对话框,在"装配导航器"中按住"Ctrl"键选择不剖切的部件名称（QJD003、QJD004、QJD005、QJD007）,选择俯视图上底座的底面圆心确定剖切平面经过的位置,向上拖动鼠标在适当位置单击,生成剖切的主视图,如图 8-113 所示。

（8）标注装配图尺寸,填写技术要求,如图 8-114 所示。

（9）选择菜单【插入】|【表格】|【零件明细表】,将零件明细表添加到标题栏上方;将鼠标指向"QTY"框格单击右键,在弹出的快捷菜单中选择菜单【选择】|【列】,选中"QTY"列后将鼠标指向该列并单击右键,在弹出的快捷菜单中选择菜单【镶块】|【在右侧插入列】,用同样方法在"QTY"列右侧再插入一列;选择"PC NO"单元格并单击鼠标右键,在弹出的快捷菜单中选择菜单【编辑单元格】,将该列标题"PC NO"改为"序号"。

（10）选择"PART NAME"列并单击鼠标右键,在弹出的快捷菜单中选择菜单【样式】,弹出"注释样式"对话框,在对话框中选择"列"标签,在"列类型"下拉列表框中选择"常规";单击"属性名"右侧的"属性名称"按钮,弹出"属性名"对话框,从中选择"名称",

单击两次"确定"按钮 ![确定]，在明细表的"名称"列中自动输入各部件的中文名称以代替现有的名称。用同样方法依次导入数量、材料、备注信息。

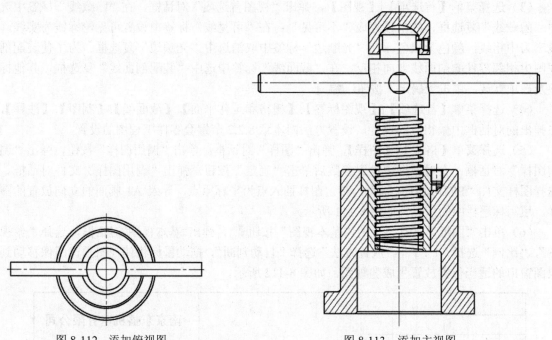

图 8-112 添加俯视图   图 8-113 添加主视图

（11）选择明细表中所有文字，单击鼠标右键，在弹出的快捷菜单中选择"样式"，弹出"注释样式"对话框。在"文字"标签中设置明细表中字符大小等数据，选择字符类型为"仿宋"，在"单元格"标签中设置文本对齐方式为"中心"，单击对话框中的"确定"按钮，完成明细表文本格式设置。

技术要求

（1）最大顶起质量1.5吨；

（2）整机外表面涂防锈漆。

图 8-114 注释技术要求

（12）在零件明细表左上角单击明细表标识符，选择整个明细表，单击右键，在快捷菜单中选择【排序】，弹出排序对话框，选择列表中"序号"、"名称"，单击"确定"按钮，则明细表各行按序号大小排列，结果如图 8-115 所示。

7	紧定螺钉 7	1	45	GB/T 75—1985 M12×14
6	压盖	1	45	QJD-006
5	绞杠	1	Q235A	QJD-005
4	螺杆	1	45	QJD-004
3	紧定螺钉 3	1	45	GB/T 73—1985 M12×14
2	螺套	1	ZCuAl10Fe3	QJD-002
1	底座	1	HT200	QJD-001
序号	名称	数量	材料	备注

图 8-115 填写零件明细表信息

（13）将鼠标指向相邻两列分界线，出现箭头状拖动光标时拖动鼠标，按标准要求调整各列宽度，并使整个明细表与标题栏宽度相同。

（14）选择菜单【插入】|【表格】|【自动符号标注】，弹出"零件明细表自动符号标注"对话框，选择零件明细表，选择需要标注零件 ID 符号的主视图，单击"确定"按钮，则在主视图上生成 ID 符号。选择所有 ID 符号，从右键快捷菜单中选择【样式】，弹出"注释样式"对话框，

设置"直线/箭头"、"文字"、"符号"等标签，单击"确定"按钮；用鼠标按住 ID 符号拖动调整排放位置；个别无法按顺序排列的 ID 符号，可将其删除，然后单击"注释"工具条上"标识符号"按钮，在弹出的对话框中设置后手动添加；完成装配图全部设计内容，结果如图 8-116 所示。

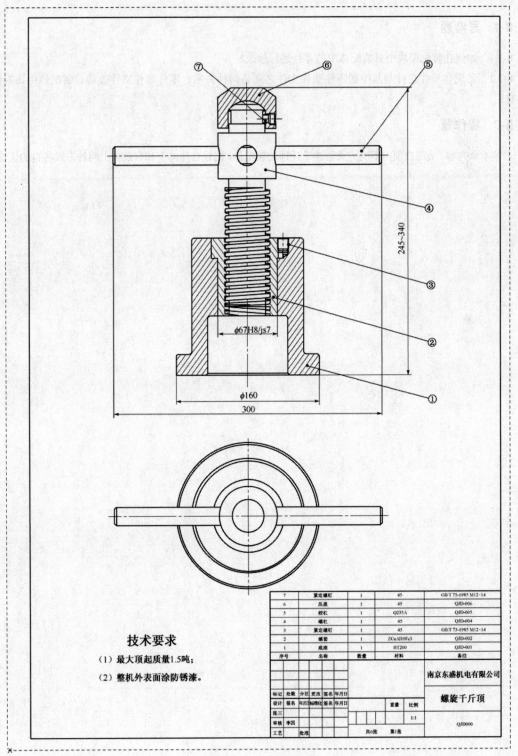

图 8-116　装配工程图

思考题与操作题

8-1 思考题

8-1.1 如何在装配模块中对装配体中的零件进行修改？

8-1.2 装配体部件文件与其中的零件部件文件之间是何种关系？零件部件文件改动对装配体中该零件有无影响？

8-2 操作题

参照本章内容，采用自顶向下的方式创建千斤顶的装配体，比较自顶向下和自底向上两种方式各自的优缺点。

参 考 文 献

[1] 毛炳秋，等. 中文版 UG NX 7.0 基础教程. 北京：电子工业出版社，2010.

[2] 江洪，等. UG NX 5.0 基础教程. 3 版. 北京：机械工业出版社，2008.

[3] 关振宇，等. UG 中文版实用教程. 北京：人民邮电出版社，2009.

[4] 李志国，邵立新. UG NX 6 机械设计与装配案例教程. 北京：清华大学出版社，2009.

[5] 张宏兵，徐春林，等. UG NX 5.0 曲面设计典型范例. 北京：电子工业出版社，2008.

[6] 云杰漫步多媒体科技 CAX 设计教研室. UG NX 6.0 曲面造型设计. 北京：清华大学出版社，2009.

[7] 洪如瑾，邓兵. UG NX 6 CAD 应用最佳指导. 北京：清华大学出版社，2010.

[8] 高长银，等. UG NX 5 完美自学手册（图例导学版）. 北京：电子工业出版社，2008.

[9] 胡仁喜，等. UG NX 6.0 入门与提高. 北京：化学工业出版社，2009.

[10] 张瑞萍，等. UG NX 6 中文版标准教程. 北京：清华大学出版社，2009.

[11] 龙马工作室. UG NX 4.0 中文版完全自学手册. 北京：人民邮电出版社，2007.

[12] 洪如瑾. UG NX 5 设计基础培训教程. 北京：清华大学出版社，2007.

[13] 肖世宏，朱凯. UG NX 4 习题精解. 北京：人民邮电出版社，2007.

[14] 苗盈、李志广，等. UG NX 6 三维造型技术教程. 北京：清华大学出版社，2009.

[15] 展迪优. UG NX 8.0 曲面设计教程. 北京：机械工业出版社，2012.

[16] 麓山文化. UG NX 7 从入门到精通. 北京：机械工业出版社，2010.

[17] 高新红，杨安春. UG NX 5 中文版标准教程. 北京：中国青年出版社，2008.

[18] 江洪，郦祥林. UG NX 7.0 基础教程. 第 4 版. 北京：机械工业出版社，2011.